L'ingénierie territoriale

Le GRALE (Groupement de Recherche sur l'Administration Locale en Europe) est un groupement d'intérêt scientifique (GIS) fondé sur un contrat pluriannuel associant plusieurs institutions ou entreprises : les universités Paris-I - Panthéon-Sorbonne, Reims-Champagne-Ardenne – CRDT, et Lille – CERAPS, l'Institut d'études politiques d'Aix-en-Provence, Électricité de France, le Centre national de la fonction publique territoriale, la Mutuelle nationale territoriale et d'autres institutions ou entreprises, en fonction des projets.

Le GRALE, qui réunit une quarantaine de centres de recherches et institutions scientifiques nationales et internationales, a pour mission de promouvoir des recherches sur les collectivités locales, l'action publique territorialisée et des problèmes juridiques qui s'y rapportent. Il trouve sa raison d'être dans le réseau dense et diversifié des équipes de recherche ou associations scientifiques des diverses disciplines qu'il contribue à entretenir et à stabiliser. Ce réseau forme la base de l'Observatoire national de la décentralisation mis en place par le GRALE en 2004 en partenariat avec le ministère de l'Intérieur, et qui continue son activité de manière indépendante.

Le GRALE est également au centre d'un réseau international associant des chercheurs de plus de trente pays.

Contacts :
Université Paris-I – 9 rue Malher – 75181 PARIS CEDEX 04
Tél. : 01 44 78 33 44 ; Mel : grale@univ-paris1.fr.site :
http://grale.univ-paris1.fr

Nicolas Kada, Directeur des publications du GRALE
Maud Lesueur, Chargée des publications

Dernières parutions

– H. Pongérat-Payet (dir.), Préface de Loïc Grard, *L'Union européenne et la coopération régionale des Outre-mers, Vers un renforcement du soutien européen ?*, 2018
– N. Fabry et J. Spindler (dir.), *Le tourisme : un domaine de compétence partagé*, 2018.
– R. Allemand et N. Dantonel-Cor (dir.), *La contractualisation de l'action publique locale*, 2018.
– J.-L. Pissaloux (dir.), *Des contentieux de l'action publique locale*, 2017.
– J.-L. Pissaloux et A. Rainaud (dir.), *Les trente ans de la loi littoral*, 2017.
– G. Gourgues et M. Houser (dir.), *Austérité et rigueur dans les finances locales*, 2017.
– S. Bédé et J. Spindler (dir.), *Les contrats de destination, un outil d'attractivité et de valorisation des territoires*, 2017.

Sous la direction de
Florence Lerique et Jean-Luc Pissaloux

L'ingénierie territoriale

Quels prolongements à la réforme territoriale ?

Préface de Nicolas Kada

L'Harmattan

5-7, rue de l'Ecole-Polytechnique, 75005 Paris

http://www.editions-harmattan.fr

ISBN : 978-2-343-16722-0
EAN : 9782343167220

Remerciements

LE PARTENARIAT ENTRE LE GRALE ET LA CAISSE DES DÉPÔTS

Une convention entre la Caisse des dépôts et le GRALE a été signée début 2016, renouvelée par avenant en 2017, visant à soutenir une recherche au sein du GRALE en rapport avec les enjeux territoriaux. Ceci renvoie à la vocation de l'Institut CDC pour la Recherche au sein du Département de la stratégie de la Caisse, qui a pour objet le soutien de projets de recherche, notamment dans le vaste domaine du développement territorial. Le GRALE a ainsi bénéficié d'un financement de 30000 euros sur deux ans pour mener cette recherche. Celle-ci s'est exécutée en deux phases, portant respectivement sur l'identification (en 2016) et l'évaluation (en 2017 et 2018) des différentes formes d'ingénierie territoriale (IT). Un suivi a été assuré par un comité de pilotage sous la coordination de Jacques Fialaire pour le GRALE et d'Isabelle Laudier pour la Caisse des dépôts. Selon les souhaits de la CDC, la recherche a revêtu une dimension interdisciplinaire, incluant des regards de juristes, d'économistes et de sociologues.

La notion d'ingénierie territoriale se définit globalement comme « l'ensemble des moyens humains, des méthodes et des missions concourant à l'élaboration et à la conduite d'un projet territorial, ainsi qu'à la définition, au montage et à la mise en œuvre d'actions » à différentes échelles locales, sens où l'entend l'Union nationale des acteurs et structures du développement local (UNADEL). La recherche s'est située donc au croisement entre deux aires de réflexion : l'action publique locale et le développement économique local.

Les tendances actuelles de l'ingénierie territoriale ont été d'abord analysées, se déployant sous différentes structures – GIP, entreprises publiques locales (EPL) rassemblant SEML, SEMOP et SPL, agences de développement. L'action publique locale se décline ainsi autour des actions de planification, d'assistance aux entreprises, de promotion et de communication ; de l'ingénierie financière et du « management environnemental » des zones d'activité.

Dans un deuxième temps, il s'est agi d'évaluer l'efficacité des principales structures porteuses de ressources IT. On a pu relever à la fois :

- le dynamisme des EPL, particulièrement dans les secteurs des équipements touristiques, de l'eau ainsi que les énergies renouvelables (EnR) ;
- une présence significative de l'économie sociale et solidaire (ESS) dans les territoires locaux.

Il a aussi été procédé à des tests de pertinence de certains documents de planification, tels les SRDEII, au regard de critères organiques matériels de mesure de leur adaptabilité des SRDEII aux enjeux de la ruralité.

Le rapport final débouche sur des préconisations, telles que :

- abolir l'interdiction « faite aux SPL d'intervenir pour d'autres personnes que leurs collectivités actionnaires », ce bridage les privant de certains ressorts liés à la logique sociétale ;
- revenir sur le caractère par définition réduit de l'objet de la SEMOP ;
- réduire le recours par les intercommunalités à une IT externalisée, au coût excessif ;
- prendre mieux en compte les inégalités territoriales.

Le partenariat s'est poursuivi par l'organisation d'un colloque à l'IADT de Clermont-Ferrand, soutenu par la CDC, consacré à l'ingénierie territoriale en milieu rural. Les travaux sont accessibles sur le site de l'IADT grâce à Laurent Rieutort, directeur de l'IADT. Enfin, le GRALE a réuni un certain nombre de ses membres pour confectionner un ouvrage présentant la conception de chacun des auteurs de la notion d'ingénierie territoriale qui leur est personnelle.

Que les auteurs qui ont participé activement à ce travail de réflexion, comme tous ceux qui ont aidé et apporté leur soutien, soient ici, par ces quelques lignes, remerciés. Le résultat est un ouvrage qui intègre des perspectives interdisciplinaires, lesquelles forgent l'identité du GRALE. Nul doute que le sujet traité prendra une importance croissante dans les travaux du GRALE à l'avenir.

Notre ultime pensée sera pour le regretté Gérard Marcou, Directeur du GRALE pendant de nombreuses années, qui nous a quitté en octobre 2016. Il reste pour nous un modèle et une source d'inspiration.

Jacques Fialaire

Professeur émérite à l'université de Nantes

Préface

DE L'INGÉNIERIE TERRITORIALE AU GÉNIE TERRITORIAL

Nicolas KADA

Professeur de droit public
Codirecteur du GRALE, Université Paris-I - Panthéon-Sorbonne
Codirecteur du Centre de Recherches Juridiques
Université Grenoble Alpes

Si le territoire est généralement présenté comme un élément constitutif de l'État, les rapports entre décentralisation et territoire présentent eux aussi un rapport étroit. C'est l'existence de l'un qui justifie le développement de l'autre et tout progrès de la décentralisation est désormais requalifié en réforme territoriale. Mais ce triangle notionnel État-territoires-décentralisation laisse malheureusement dans l'ombre les acteurs locaux eux-mêmes ou ne les envisagent que de manière passive : ils sont pourtant bel et bien aux commandes (même si les règles et les ressources sont largement déterminées par l'État) et à l'origine de nombreuses initiatives. Leur expertise est incontestable et l'énergie déployée largement reconnue, si bien que le terme d'ingénierie territoriale s'est progressivement imposé dans le champ lexical de l'action publique. C'est à cette forme d'action ou plutôt d'innovation que cet ouvrage entend rendre hommage, sous la direction des professeurs Florence Lerique et Jean-Luc Pissaloux, tous deux membres du GRALE (Groupement de Recherche sur l'Administration Locale en Europe).

Le GRALE est un groupement d'intérêt scientifique (GIS) fondé sur un contrat de quatre ans renouvelable associant plusieurs institutions universitaires, collectivités territoriales, associations et entreprises. Tous ces partenaires partagent la conviction que le développement de la recherche est nécessaire à une meilleure connaissance des processus sociopolitiques et économiques locaux, de l'action publique territorialisée et des problèmes juridiques qu'ils soulèvent. Leur coopération avec les chercheurs aidera ces derniers à identifier plus rapidement les problèmes nouveaux et en facilitera l'étude. La recherche est en effet indispensable au renouvellement de la capacité d'expertise ; si elle ne s'alimente pas d'une recherche créative, l'expertise se périme rapidement. Le GRALE se donne donc pour mission de promouvoir des recherches, sur la base d'un programme pluridisciplinaire. Ce groupement d'intérêt scientifique trouve sa raison d'être dans le réseau dense et diversifié des équipes de recherche ou associations scientifiques des diverses disciplines qu'il contribue à entretenir et à stabiliser. Ce réseau forme la base de l'Observatoire national de la décentralisation mis en place par le GRALE depuis 2004 et offre de nouvelles opportunités de développer ou de renouveler les activités scientifiques. L'ingénierie universitaire étudie donc, dans cet ouvrage, une autre forme d'ingénierie sans doute moins identifiée et pourtant très performante : l'ingénierie territoriale. Et celle-ci se révèle finalement à l'image du territoire, c'est-à-dire multiforme.

Tout d'abord parce que le territoire a beau être, par définition, un espace délimité, il n'en est pas moins mouvant. À partir du milieu du XIXe siècle, le territoire a en effet été conçu comme légitime par « sa nature géographique » et a donc appelé à ce titre des limites nettes, justifiées par des faits géographiques, des évidences historiques ou des permanences culturelles. Ainsi cartographié puis cadastré, le territoire connaît donc des limites nettes et rassurantes. Mais ces territoires, supports de collectivités politiques, n'excluent pas pour autant l'existence de territoires dotés de limites imprécises, mouvantes, variables selon les temps, les contextes, les relations : l'ingénierie territoriale est ici à l'œuvre, dans ce qu'elle a de plus dynamique. Si les territoires aux limites floues et instables se cartographient et s'administrent moins facilement et qu'il est moins aisé de les reconnaître, ils semblent néanmoins prendre de plus en plus de place dans la vie sociale.

L'ingénierie territoriale se manifeste aussi dans l'exercice du pouvoir politique, c'est-à-dire d'une autorité et d'une organisation collective : les territoires locaux n'échappent pas à cette exigence de gouverner de manière singulière ou d'articuler des formes de gouvernance multiples. La décentralisation a ainsi parfois inventé de nouvelles formes de pouvoir sans permettre que se stabilisent limites, étendue et substance : l'exemple des schémas de cohérence territoriale (SCoT) est ici emblématique de ce que l'ingénierie territoriale peut produire.

Dans la mesure où la décentralisation a historiquement fabriqué des territoires en mimant, en confortant et en transformant des territoires existants, il est logique que les acteurs locaux fassent preuve d'intelligence collective pour dépasser ces contraintes originelles. Certes, les entités sur lesquelles la décentralisation s'est construite au démarrage n'étaient pas toutes semblables, mais la décentralisation n'a finalement créé que peu de nouvelles délimitations spatiales. Et pourtant, en quelques années seulement, les trois principaux niveaux de collectivités territoriales se sont installés dans leurs périmètres et les ont défendus, administrés, équipés, gérés, fiscalisés et représentés de manière différente. L'ingénierie territoriale fait donc tout autant œuvre de légitimation et d'identification que de différenciation.

Enfin, l'ingénierie territoriale est multiforme car elle mobilise des acteurs très divers. Comme la décentralisation, cette ingénierie est en effet produite de manière conjointe par l'État, ses services, les collectivités territoriales, ses élus comme ses agents, et d'innombrables interactions sociales avec d'autres acteurs territoriaux. Les individus, habitants, citoyens et usagers, sont eux-mêmes sources d'ingénierie. Car les territoires possèdent, dans l'opinion, intérêts et vertus. Ceux-ci sont innombrables : « le territoire » possède une dimension cognitive. Les qualités que l'on prête « aux territoires » sont considérées comme stables, sûres et fiables; la notion présente ainsi une double dimension assurantielle et projective. D'ailleurs, les individus se servent du « territorial » dans son sens collectif bien au-delà de ce que la décentralisation leur permettait initialement de faire, à savoir élire des représentants, prélever des impôts, rendre des services publics, reconnaître l'existence de problèmes collectifs et s'efforcer de les régler.

L'ingénierie territoriale ne saurait donc se réduire à sa seule dimension technique : elle revêt en effet un aspect politique indéniable qui lui permet, de manière presque imperceptible, de se muer en véritable génie territorial. On passe ainsi de la simple maîtrise du développement du territoire à une véritable intelligence territorialisée, comme en attestent les différentes contributions à suivre. C'est tout l'honneur de cet ouvrage que de mettre en évidence cette évolution.

Sommaire

Partie II

QUELQUES APPROCHES SPÉCIFIQUES ET SECTORIELLES

Auteurs

ABIDI Abdelhamid	Maître-assistant en sociologie, Université de Carthage, Tunisie, Chercheur associé au GRALE
BOURREL Romain	Maître de conférences en droit public, Centre de recherches juridiques (CRJ), Université Grenoble Alpes
DEGRON Robin	Conseiller référendaire à la Cour des comptes, Professeur associé à l'université Paris-I - Panthéon-Sorbonne
DEVÈS Claude	Professeur émérite de droit public, Université de Clermont-Ferrand
FIALAIRE Jacques	Professeur de droit public, Université de Nantes, Codirecteur du GRALE
GAUSSIER Nathalie	Maître de conférences HDR en économie, Université de Bordeaux, GREThA, UMR CNRS 5113
GIRARDOT Jean-Jacques	PhD in Economics, President of the Scientific Council of the International Network of Territorial Intelligence
KADA Nicolas	Professeur de droit public, Codirecteur du GRALE, Université Paris-I - Panthéon-Sorbonne, Codirecteur du Centre de Recherches Juridiques, Université Grenoble Alpes
LACOUR Claude	Professeur émérite en économie, Université de Bordeaux, GREThA, UMR CNRS 5113
LERIQUE Florence	Professeur, Université de Bordeaux Montaigne, IATU, Passages, Membre du GRALE

LEROUSSEAU Nicole	Professeur émérite de droit public, Université de Tours
PISSALOUX Jean-Luc	Professeur de droit public, Institut d'Études Politiques de Lyon, Laboratoire Triangle CNRS UMR 5206, Vice-président du Conseil scientifique du GRALE
PONTIER Jean-Marie	Professeur émérite de droit public, Université d'Aix-Marseille
RAINAUD Anne	Maître de conférences HDR de droit public, Université de Nice Côte d'Azur, CERDACFF
RIEUTORT Laurent	Professeur de géographie, Université Clermont-Auvergne, Directeur de l'Institut d'Auvergne du Développement des Territoires, UMR Territoires
SPINDLER Jacques	Professeur émérite en gestion, Université Nice Sophia Antipolis, IAE de Nice-GRM
WOLOSZYN Philippe	Chargé de recherche au CNRS, UMR 3519 Passages

Préparation et mise en pages : Maud Lesueur, SG GRALE.

Liste des principales abréviations

ADEME	Agence de l'environnement et de la maîtrise de l'énergie
ADIL	Agence départementale d'information sur le logement
ALUR *(loi)*	loi nº 2014-366 du 24 mars 2014 pour l'accès au logement et un urbanisme rénové
AMO	Assistance à maîtrise d'ouvrage
ANCT	Agence nationale de la cohésion des territoires
ANIL	Agence nationale pour l'information sur le logement
ANRU	Agence nationale pour la rénovation urbaine
ATD	Agence technique départementale
ATESAT	Assistance technique pour des raisons de solidarité et d'aménagement du territoire
AVISE	Agence de valorisation des initiatives socio-économiques
CAP *(loi)*	Loi nº 2016-925 du 7 juillet 2016 relative à la liberté de création, à l'architecture et au patrimoine
CAUE	Conseil d'architecture, urbanisme et environnement
CEREMA	Centre d'études et d'expertise sur les risques, l'environnement, la mobilité et l'aménagement
CGEDD	Conseil général de l'environnement et du développement durable
CGEFi	Contrôle général économique et financier
CGET	Commissariat général à l'égalité des territoires
CIADT	Comité interministériel d'aménagement et de développement du territoire
CLE	Commission locale de l'eau
CNER	Conseil national des économies régionales
CODIRDU	Comité des directeurs pour le développement urbain
CPER	Contrat de plan État-région
CTAP	Conférence territoriale de l'action publique
DATAR	Délégation interministérielle à l'aménagement du territoire et à l'attractivité régionale
DICRM	Document d'information communale sur les risques naturels majeurs
DNO	Directive nationale d'orientation
DRAF	Direction régionale de l'agriculture et de la forêt
DREAL	Direction régionale de l'environnement, de l'aménagement et du logement

DDRM	Dossier départemental des risques majeurs
DDT	Direction départementale des territoires
DNP	Dotation nationale de péréquation
DSR	Dotation de solidarité rurale
DSU	Dotation de solidarité urbaine et de cohésion sociale
DTA	Directive territoriale d'aménagement
DTADD	Directive territoriale d'aménagement et de développement durables
EPAGE	Établissement public d'aménagement et de gestion de l'eau
EPCC	Établissement public de coopération culturelle
EPL	Entreprise publique locale
EPTB	Établissement public territorial de bassin
ESS	Économie sociale et solidaire
FNAU	Fédération nationale des agences d'urbanisme
GIE	Groupement d'intérêt économique
GEMAPI	Gestion des milieux aquatiques et prévention des inondations
GIP	Groupement d'intérêt public
IGA	Inspection générale de l'administration
IGAC	Inspection générale de l'administration des affaires culturelles
IT	Ingénierie territoriale
MAPTAM *(loi)*	Loi nº 2014-58 du 27 janvier 2014 de modernisation de l'action publique territoriale et d'affirmation des métropoles
MEEDDAT	Ministère de l'Écologie, de l'Énergie, du Développement durable et de l'Aménagement du territoire
MLETR	Ministère du Logement, de l'Égalité des territoires et de la Ruralité
MURCEF *(loi)*	Loi nº 2001-1168 du 11 décembre 2001 portant mesures urgentes de réformes à caractère économique et financier
NCT	Nouveau Conseil aux Territoires
NOTRe *(loi)*	Loi nº 2015-991 du 7 août 2015 portant nouvelle organisation territoriale de la République
OIN	Opération d'intérêt national
PAGD	Plan d'aménagement et de gestion durable de la ressource
PAPI	Programme d'actions de prévention des inondations
PDU	Plan de déplacements urbains
PETR	Pôle d'équilibre territorial et rural
PIG	Projet d'intérêt général

PLH	Programme local de l'habitat
PLUi	Plan local d'urbanisme intercommunal
PPE	Programme prioritaire d'exécution
PPRI	Plan de prévention du risque inondation
RGGP	Révision générale des politiques publiques
SAGE	Schéma d'aménagement et de gestion des eaux
SCHAE	Schéma de cohérence hydraulique et d'aménagement d'ensemble
SCIC	Société coopérative d'intérêt collectif
SCOP	Société coopérative participative
SCORAN	Stratégie de cohérence régionale et d'aménagement numérique
SCoT	Schéma de cohérence territoriale
SDAGE	Schéma directeur d'aménagement et de gestion des eaux
SDCI	Schéma départemental de coopération intercommunale
SDDAN	Schéma directeur départemental d'aménagement numérique
SEM	Société d'économie mixte
SEML	Société d'économie mixte locale
SEMOP	Société d'économie mixte à opération unique
SGAR	Secrétariat général pour les affaires régionales
SLGRI	Stratégie locale de gestion du risque inondation
SPL	Société publique locale
SPLA	Société publique locale d'aménagement
SRADDET	Schéma régional d'aménagement, de développement durable et d'égalité des territoires
SRADDT	Schéma régional d'aménagement et de développement durable du territoire
SRCAE	Schéma régional climat air énergie
SRDEII	Schéma régional de développement économique, d'innovation et d'internationalisation
SRI	Schéma régional de l'intermodalité
SRIT	Schéma régional des infrastructures de transport
TRI	Territoire à risque important d'inondation
UNADEL	Union nationale des acteurs et structures du développement local
ZAC	Zone d'aménagement concerté
ZAD	Zone d'aménagement différé

AVANT-PROPOS

par

Florence LERIQUE

Professeur
Université de Bordeaux Montaigne, IATU, Passages
Membre du GRALE

L'ingénierie, l'ingénierie publique, l'ingénierie territoriale font partie intégrante de la science administrative. Pourtant, il faut bien reconnaître qu'il n'existe pas de définition précise et définitive de cette notion. Cela ne doit pas, cependant, constituer un frein à la volonté de s'emparer du sujet, afin de l'explorer et de le cerner avec plus de rigueur.

L'ingénierie territoriale mobilise la recherche en ce que les réformes administratives se sont accumulées dans le champ des collectivités territoriales et de la décentralisation. Un premier rapport significatif en 2009 avait relancé la réflexion en matière de réforme territoriale, il s'intitulait *Faire confiance à l'intelligence territoriale*[1]. C'est un fait que le paysage local n'a plus rien de commun avec ce qu'il était au début des années 1980. L'ouvrage entend présenter des formes d'ingénierie territoriale qui décrivent en quoi celle-ci prend en compte la réforme des collectivités. En quelque sorte, l'ingénierie territoriale serait aux collectivités territoriales et à leurs groupements ce qu'était l'ingénierie publique d'État avant les processus de refonte et, voire dans certains cas, de disparition dont elle a fait l'objet depuis 2007. C'est en partie le propos d'Y. Daudigny en 2010, quand il

1. Y. KRATTINGER et J. GOURAULT, *Faire confiance à l'intelligence territoriale*, Rapport d'information n° 471, Sénat, juin 2009.

évoque la création des agences départementales. Le sénateur considère également que « l'ingénierie publique de demain appartiendra aux collectivités territoriales ou disparaîtra »[2].

En guise d'introduction, deux articles présentent et circonscrivent ce que l'on peut entendre par ingénierie territoriale. J.-L. Pissaloux évoque sous la forme de libres propos sa conception de l'ingénierie territoriale. N. Gaussier et Cl. Lacour, quant à eux, définissent le contenu de l'ingénierie territoriale en développant une approche critique qui s'attache à présenter l'ingénierie territoriale pour, avec ou contre les territoires.

La première partie de l'ouvrage est consacrée à de l'ingénierie caractérisée par sa transversalité. R. Degron présente une ingénierie territoriale en question, quels territoires avec quels soutiens financiers ? L'auteur fait notamment le lien entre les besoins d'ingénierie et les difficultés de financement de celle-ci. Autre transversalité étudiée par J. Fialaire, la question du développement économique et le paradoxe dans lequel se trouvent les territoires ruraux face aux schémas régionaux de développement économique d'innovation et d'internationalisation prévus par la loi NOTRe du 7 août 2015.

Autre thématique chère à la réforme territoriale, celle de la participation. J.-J. Girardot et Ph. Woloszyn considèrent que c'est dans l'intelligence des territoires qu'il est possible de repenser la question de la participation. Sur un niveau de collectivités spécifiques, Fl. Lerique évoque les agences régionales qui constituent une ingénierie méconnue, diversifiée et illustrant les changements à l'œuvre dans les relations que l'État entretient avec ses territoires.

N. Lerousseau s'attache à analyser les partenariats des agences d'urbanisme en évoquant les points forts et faibles de ces relations institutionnelles. Les agences constituent des piliers de la réflexion et de l'action urbaine et territoriale et subissent, elles aussi, le contrecoup des réformes administratives.

Pour développer une approche en termes d'aménagement du territoire, L. Rieutort se demande quelle ingénierie face aux fractures territoriales ? Il présente les changements à l'œuvre dans cette ingénierie et aborde la question des ressources humaines en relevant, par exemple, l'absence des ingénieurs.

Différentes approches spécifiques et sectorielles sont, ensuite, abordées dans la seconde partie. A. Abidi présente les résultats d'une enquête conduite sur le processus d'appropriation et d'élaboration des schémas régionaux d'aménagement de développement durable et d'égalité des territoires prévus dans le cadre de la

2. Y. Daudigny, *Les collectivités territoriales : moteurs de l'ingénierie publique*, Sénat, Rapport d'information n° 557, 10 juin 2010.

loi NOTRe du 7 août 2015. R. Bourrel, quant à lui, dépeint les réformes relatives aux finances locales et relève en quoi celles-ci ont une incidence sur l'ingénierie territoriale.

Les sociétés coopératives d'intérêt collectif font l'objet d'une étude de Cl. Devès qui détaille les forces et les faiblesses de ces sociétés comme outil du développement économique local et vecteur d'adaptation de l'action locale à de nouveaux enjeux. L'exercice de compétences plus précises est illustré par l'article de J.-L. Pissaloux sur la compétence GEMAPI qu'il détaille notamment au regard des modes de gestion et du financement de celle-ci en les rattachant à l'évolution de l'ingénierie territoriale. Dans le domaine de la culture, J.-M. Pontier dresse un panorama des modes d'intervention et des qualifications juridiques des acteurs du droit de la culture pour mieux révéler les spécificités de cette ingénierie.

L'opération d'intérêt national Eco-Vallée Plaine du Var fait ensuite l'objet d'une analyse territorialiste réalisée par A. Rainaud qui décrit les aléas de ce territoire dans son contexte institutionnel et urbain. Pour finir, l'ingénierie touristique et son financement sont examinés par J. Spindler à la lumière des modifications récentes dont il a fait l'objet comme l'externalisation de l'intervention publique et le renforcement des partenariats.

Les différentes contributions présentées dans cet ouvrage n'épuisent pas le sujet, il est inépuisable en quelque sorte, mais elles ouvrent la réflexion qui ne manquera pas de se poursuivre. En effet, au regard des évolutions majeures que les acteurs de la sphère locale ont connues, ainsi que des réformes à venir, nul doute que l'ingénierie des territoires sera à l'ordre du jour de la science administrative de demain.

L'INGÉNIERIE TERRITORIALE : UNE NOTION JURIDIQUE ?

Libres propos

par

Jean-Luc PISSALOUX

Professeur de droit public
Institut d'Études Politiques de Lyon
Laboratoire Triangle CNRS UMR 5206
Vice-président du Conseil scientifique du GRALE

L'expression « ingénierie territoriale » est incontestablement dans l'air du temps ; on peut même dire qu'elle est devenue à la mode : politiques, élus locaux, hauts fonctionnaires de l'État ou des collectivités territoriales, universitaires, et notamment les géographes, les urbanistes-aménageurs, les sociologues, mais aussi – et de plus en plus – les juristes s'intéressant au secteur local, l'utilisent souvent, voire même ont tendance à en user et abuser.

Et ce surtout depuis quelques années, lorsqu'a été engagé, en 2014, le dernier acte de la décentralisation, qui a vu la poursuite – pour ne pas dire l'accélération – du désengagement progressif de l'État dans son soutien aux collectivités locales, alors même que commençaient à s'accroître le rôle de celles-ci en matière de politiques publiques ainsi que les contraintes budgétaires pour l'ensemble des acteurs du développement territorial[1].

Il est vrai qu'au demeurant, et au surplus, l'expression « ingénierie territoriale » est – ou paraît – sémantiquement valorisante !

1. Voir *Localtis*, Lettre n° 17 du 27 novembre 2013.

Mais que signifie-t-elle au juste précisément ? Et, question qui intéresse, ou devrait intéresser tout particulièrement les juristes, est-elle – ou renvoie-t-elle à – une notion juridique ?

Il semble que l'on puisse dire, à propos de cette expression « ingénierie territoriale », ce que Valéry disait à propos du mot *liberté* : « C'est un de ces détestables mots qui ont plus de valeur que de sens ; qui chantent plus qu'ils ne parlent[2] ! »

Essayons, dès lors, sinon de définir du moins de circonscrire cette notion.

Dans « ingénierie territoriale », il y a d'abord le substantif *ingénierie* : que signifie donc ce terme ?

Selon le dictionnaire *Larousse*, l'ingénierie est

> l'« étude d'un projet industriel sous tous ses aspects (techniques, économiques, financiers, monétaires et sociaux) et qui nécessite un travail de synthèse coordonnant les travaux de plusieurs équipes de spécialistes ».

Le *Larousse* donne comme synonyme le terme anglais *engineering*, et fournit comme exemples : l'*ingénierie assistée par ordinateur* (IAO), définie comme l'ensemble des méthodes associées à la conception assistée pour les calculs de définition et de simulation de l'objet à concevoir ; l'*ingénierie génétique*, synonyme de génie génétique ; ou encore l'*ingénierie linguistique*, pour industries de la langue.

Pour *Linternaute*, l'ingénierie est plus simplement

> « l'ensemble des études encadrant la conception et la réalisation d'un projet industriel ».

On trouve une définition largement analogue, voire similaire, dans le dictionnaire en ligne *Wikipédia* : selon celui-ci,

> « l'ingénierie est l'ensemble des fonctions qui mènent de la conception et des études, de l'achat et du contrôle de fabrication des équipements, à la construction et à la mise en service d'une installation technique ou industrielle ».

Et *Wikipédia* d'ajouter que :

> « Par extension, le terme est aussi souvent utilisé dans d'autres domaines : on parle par exemple d'ingénierie informatique. »

Le terme *ingénierie*, qui est un terme introduit assez récemment dans la langue française, par oubli du terme *génie* désignant l'art de l'ingénieur, renvoie donc à une activité se voulant rigoureuse et devant s'exécuter selon les règles en vigueur de conceptualisation et de réalisation d'ensembles fonctionnels, lesquels peuvent relever de diverses disciplines scientifiques et/ou techniques[3].

2. Valéry, *Regards sur le monde actuel*, 1945.

3. Par exemple : des ensembles structuraux, mécaniques, chimiques, électriques, électromécaniques, électroniques ou mécatroniques.

C'est pourquoi il n'y a pas que – il ne peut pas y avoir que – l'« ingénierie informatique » ; on trouve également par exemple : *l'ingénierie aéronautique ou aérospatiale, l'ingénierie automobile, l'ingénierie clinique, l'ingénierie cognitive, l'ingénierie financière, l'ingénierie génétique, l'ingénierie numérique*, et donc aussi... *l'ingénierie territoriale*.

Existe-t-il une définition juridique de l'*ingénierie territoriale* ? Est-ce un *concept*, voire même plus simplement une *notion* juridique ?

Sauf erreur de notre part, on ne trouve nulle trace d'une définition juridique de l'ingénierie territoriale, et même nulle référence à cette expression dans les principaux textes juridiques dédiés aux collectivités territoriales.

En particulier, il est particulièrement significatif que ni la partie législative ni la partie réglementaire du Code général des collectivités territoriales (CGCT) dans sa version actuelle n'emploient cette expression. Il en va de même de la loi n° 2015-991 du 7 août 2015 portant nouvelle organisation territoriale de la République, dite « loi NOTRe », qui ne recourt qu'une seule fois au mot *ingénierie* en visant « la mise en œuvre d'opérations d'ingénierie financière à vocation régionale »[4].

Seule, une norme juridique récente, de portée moindre, à savoir la directive nationale d'orientation (DNO) sur l'ingénierie d'État dans les territoires (Premier ministre, 10 mars 2016)[5], emploie le terme *ingénierie*, mais ne le définit cependant pas.

On l'a déjà fait observer, les principes sur lesquels reposent l'*ingénierie* et sa mise en œuvre sont *a priori* rationnels : ses référents sont – ou devraient être – d'ordres scientifique et/ou technique. Mais est-ce toujours bien le cas ? L'est-ce en particulier lorsque l'on parle de l'« ingénierie territoriale » ?

Depuis un comité interministériel d'aménagement et de développement du territoire (CIADT) qui, selon un auteur, aurait lancé la carrière « officielle » de cette notion d'« ingénierie territoriale »[6], et avant même son renouveau d'un point de vue opérationnel depuis quelques années, plusieurs interprétations plutôt que des définitions ont été proposées par des spécialistes de sciences sociales (géographes, urbanistes-aménageurs avant tout) ou des praticiens du développement local pour sinon définir, du moins circonscrire ou caractériser au plus près et au mieux cette expression.

4. Voir le 12° de l'article L. 4211-1 du CGCT modifié par le 10° du I de l'article 3 de la loi NOTRe.

5. DNO adressée aux préfets dès le 11 mars 2016.

6. Voir P.A. LANDEL, « Entre politique publique et action publique : l'ingénierie territoriale », *in* A. FAURE *et al.* (dir.), *Critiques de la territorialisation, les politiques publiques à l'épreuve de l'action locale*, 2007.

Ainsi, en 2004, le comité des directeurs pour le développement urbain (CODIRDU) a proposé comme première définition de l'ingénierie territoriale de définir celle-ci comme « l'ensemble des savoir-faire professionnels dont ont besoin les collectivités publiques et les acteurs locaux pour conduire le développement territorial ou l'aménagement durable des territoires »[7].

Cette première définition a donc mis d'emblée l'accent sur les acteurs et les professionnels du développement des territoires, et sur leurs compétences (au sens usuel du terme et non au sens juridique de ce mot), lesquelles compétences ou plutôt savoir-faire recouvrent – doivent en vérité recouvrir – à la fois le champ des sciences et techniques de l'ingénieur, mais aussi celui des sciences sociales.

Il nous semble que les diverses « définitions » ou typologies de l'« ingénierie territoriale » proposées par la suite, toujours par des spécialistes de sciences sociales et/ou des praticiens du développement local, n'ont fait qu'approfondir ou développer cette première définition en soulignant soit le rôle des différents acteurs[8] et la synergie de leurs connaissances[9], soit la fonction instrumentale de l'ingénierie territoriale au service d'un projet de territoire[10], soit une approche qui peut être qualifiée de managériale[11] de celle-ci.

C'est pourquoi, en fin de compte, paraît pertinente et opérationnelle la définition donnée par la DATAR[12], selon laquelle cette expression d'« ingénierie territoriale » recouvrirait

> « l'ensemble des savoir-faire professionnels dont ont besoin les collectivités publiques et les acteurs locaux pour conduire le développement territorial ou l'aménagement durable des territoires et complété par l'ensemble des concepts, outils et dispositifs mis à la disposition des acteurs du territoire pour accompagner la conception, la réalisation et l'évaluation de leurs projets de territoire ».

7. CODIRDU, *L'ingénierie territoriale, réflexions et propositions*, Document de synthèse, décembre 2004.

8. Voir S. Lardon, P. Moquay et Y. Poss (dir.), *Développement territorial et diagnostic prospectif. Réflexions autour du viaduc de Millau*, Éditions de l'Aube, 2007.

9. Voir C. Janin et E. Grasset, *Ingénierie, intelligence et culture territoriales : interrelations dans la construction des territoires*, XLVIe colloque de l'ASRDLF, 2009. Ces auteurs parlent de : « Production, mobilisation, mutualisation des connaissances pour aider les acteurs dans la compréhension de leur territoire et les aider dans l'action et la décision. »

10. Voir S. Lardon, P. Moquay et Y. Poss (dir.), *op. cit.* ; ces auteurs définissent l'ingénierie territoriale comme : « L'ensemble des concepts, méthodes, outils et dispositifs mis à disposition des acteurs des territoires, pour accompagner la conception, la réalisation et l'évaluation des projets de territoire. »

11. Voir C. Demazière, « Définir l'ingénierie territoriale pour l'imposer », *Gazette des communes*, 45/1863, 11, 2006. Dans la mesure où l'ingénierie territoriale est censée proposer « des méthodes et des approches qui permettent de conduire le changement sur un territoire à des coûts économiques, sociaux et environnementaux acceptables ».

12. Voir *Localtis*, Lettre n° 17 du 27 novembre 2013.

Cette définition renvoie donc clairement aux compétences de certains agents ou de services auxquels doivent faire appel les collectivités locales pour le développement (*id est* la conception, la réalisation et l'évaluation) de leurs projets de territoire dans un contexte de raréfaction du soutien financier et logistique de l'État. Elle met bien en avant trois éléments : des acteurs de l'ingénierie territoriale, des savoir-faire professionnels, et des projets territoriaux.

Ces acteurs de l'ingénierie territoriale sont potentiellement nombreux et variés : des services techniques des maîtres d'ouvrage publics locaux (communes, EPCI, départements, régions) à divers acteurs privés comme des bureaux d'études voire même des associations, sans oublier d'autres acteurs publics susceptibles d'intervenir auprès des maîtres d'ouvrage publics locaux, à commencer par l'État lui-même (voir la DNO précitée sur l'ingénierie de l'État du 10 mars 2016)[13], ou des structures d'accompagnement publiques ou parapubliques comme les agences d'urbanisme, les conseils d'architecture, urbanisme et environnement (CAUE), les agences techniques départementales (ATD), les agences de développement économique, les sociétés d'économie mixte (SEM), les sociétés publiques locales (SPL) ou encore les sociétés publiques locales d'aménagement (SPLA).

Le sujet du développement économique local est à l'évidence, depuis quelques années, une question en pleine ébullition : les besoins ne cessent d'augmenter; aussi, les initiatives et des solutions plus ou moins pragmatiques et efficaces se multiplient, et une meilleure coordination s'avère dès lors absolument nécessaire.

Contraints en effet depuis la loi NOTRe d'évoluer, nombre de départements ont renouvelé – ou sont en train de renouveler – leur offre en matière d'aide(s) aux territoires, cela notamment en procédant à la refonte de leurs agences techniques.

Par ailleurs, de plus en plus souvent également, des SEML et/ou des SPL[14] ont dû, sous la pression de leurs actionnaires publics, repenser leurs missions d'assistance à la maîtrise d'ouvrage (AMO) à destination des territoires, ce qui a pu fréquemment entraîner des dissolutions ou des fusions.

Il convient d'y ajouter la crise propre à certains intervenants du secteur : sont ici visés nombre de CAUE, victimes de suppression de crédits.

Dès lors, depuis quelques années, chaque acteur potentiel de l'ingénierie territoriale doit se positionner (ou se repositionner !), et est en train de le faire, et ce à tous les étages du fameux « millefeuille » territorial.

13. Mais on peut y ajouter la Caisse des dépôts ou encore des structures de coopération comme les parcs régionaux.

14. En particulier des SPLA, dans le domaine de l'aménagement par conséquent, lequel est tout particulièrement propice à des actions d'ingénierie territoriale.

Car, comme on l'a déjà fait observer, les acteurs de l'ingénierie territoriale sont à la fois fort nombreux et très souvent concurrentiels ; cependant, ils s'avèrent rarement bien coordonnés. Sans oublier les différences – en termes de moyens matériels, financiers et humains – qui peuvent être considérables d'un département à l'autre, pour pouvoir réaliser des prestations aussi diverses que le montage de dossiers, l'aide juridique, ou encore des logiciels de gestion municipale.

Dans ce contexte en pleine évolution voire en pleine ébullition, l'État, alors même que, depuis une vingtaine d'années, il assume de moins en moins les politiques de planification, passées des secrétariats généraux pour les affaires régionales (SGAR) aux régions, alors qu'au demeurant également, les ex-DDE n'avaient plus guère depuis longtemps les moyens de faire des missions d'AMO, et que le contrôle de légalité tend à s'étioler comme peau de chagrin, prétend à nouveau se positionner en tant qu'« expert, incitateur et facilitateur » : aux termes de la DNO précitée, il est ainsi supposé mettre son ingénierie publique, au niveau déconcentré (préfectures, voire sous-préfectures[15]), au service des territoires pour les aider à élaborer et à suivre leurs projets de développement, cela au travers d'une « approche territorialisée des politiques publiques », et dans le but d'organiser « l'expertise des services en assurant, notamment, une veille des évolutions juridiques et du suivi des bonnes pratiques ».

En dépit de ces belles affirmations, quelque peu incantatoires, tous les échelons territoriaux (régions, départements, intercommunalités, structures de type pôle d'équilibre territorial et rural [PETR] ou autres…) ont cependant tout intérêt à s'auto-organiser et à s'organiser entre eux pour travailler au mieux avec tous les autres acteurs de l'ingénierie territoriale.

À cet égard, on l'a déjà fait observer, les départements, en ces temps où tant de politiques et de Français souhaitent leur suppression, ont sans doute trouvé dans l'« ingénierie territoriale » une nouvelle raison de (sur)vivre, et ont su renouveler

15. Tant que celles-ci ont encore quelques moyens avant leur suppression programmée…

leur offre en la matière : que ce soit *via* les Atesat[16] ou *via* les ATD[17], ils en ont en effet au moins les moyens juridiques[18], et l'on peut constater que ces diverses modalités d'action en faveur des territoires se développent – effectivement – de plus en plus.

Au demeurant, tous les acteurs de l'ingénierie territoriale doivent posséder, sont censés posséder, et mettre en œuvre des savoir-faire multiples relevant à la fois des sciences et techniques de l'ingénieur, mais aussi des sciences sociales.

Ils travaillent souvent de concert : en vérité, ils sont priés – voire contraints de plus en plus – de travailler de concert, étant mobilisés dans le cadre de *projets*. L'« ingénierie territoriale » renvoie bien souvent, pour ne pas dire toujours, à une *synergie* d'acteurs dans un but précis et opérationnel, entrant de façon générale dans le cadre du développement économique d'un territoire plus ou moins étendu (de celui d'une commune, ou plutôt de plus en plus d'un EPCI, à celui d'une zone qui peut être de niveau régional).

---

16. Voir art. L. 3232-1-1, CGCT : (modifié par la loi nº 2017-1838 du 30 décembre 2017, art. 8 [V]).
Pour des raisons de solidarité et d'aménagement du territoire, le département met à la disposition des communes ou des établissements publics de coopération intercommunale qui ne bénéficient pas des moyens suffisants pour l'exercice de leurs compétences dans le domaine de l'assainissement, de la protection de la ressource en eau, de la restauration et de l'entretien des milieux aquatiques, de la prévention des inondations, de la voirie, de l'aménagement et de l'habitat une assistance technique dans des conditions déterminées par convention.
Le département peut déléguer ces missions d'assistance technique à un syndicat mixte constitué en application de l'article L. 5721-2 dont il est membre.
Dans les départements d'outre-mer, cette mise à disposition est exercée, dans les domaines de l'assainissement, de la protection de la ressource en eau, de la restauration et de l'entretien des milieux aquatiques et de la prévention des inondations, par les offices de l'eau prévus à l'article L. 213-13 du Code de l'environnement.
En Corse, les missions d'assistance technique prévues au premier alinéa du présent article peuvent être exercées par la collectivité territoriale de Corse ou par l'un de ses établissements publics.
Un décret en Conseil d'État précise les modalités d'application du présent article, notamment les critères de détermination des communes et des établissements visés au premier alinéa et les conditions de rémunération de cette mise à disposition. Les critères précités tiennent compte des contraintes spécifiques des communes et établissements mentionnés au même premier alinéa, situés en zone de montagne.
17. Voir art. L. 5511-1, CGCT : (créé par loi 96-142 1996-02-21, *JORF* 24 février 1996). Le département, des communes et des établissements publics intercommunaux peuvent créer entre eux un établissement public dénommé agence départementale. Cette agence est chargée d'apporter, aux collectivités territoriales et aux établissements publics intercommunaux du département qui le demandent, une assistance d'ordre technique, juridique ou financier.
18. Sur cette question, voir É. LANDOT, « Ingénierie territoriale : mais que font les départements ? », *Lettre du cadre* 8 juin 2016, *http://www.lettreducadre.fr/13442/ingenierie-territoriale-mais-que-font-les-departements/*.

La disparité des moyens (financiers et techniques) dont disposent les collectivités territoriales et la complexité croissante des projets en eux-mêmes et de leur montage (en particulier financier), qui induisent à l'évidence un risque accru de déséquilibre entre les territoires, impliquent – pour ne pas dire imposent – un travail d'équipe, un ensemble d'acteurs travaillant de concert et en synergie.

Car, il est évident qu'aujourd'hui, en raison de la diversité des territoires, aucun échelon territorial ne peut revendiquer d'être le seul pivot pertinent et *a fortiori* exclusif de l'ingénierie[19] ; aucun échelon n'a en vérité les moyens humains, financiers et techniques pour assurer – seul – l'exercice de ses compétences au sens juridique du terme ou les moyens de ses ambitions sinon de sa « souveraineté ». Ce qui peut s'exprimer autrement : nombre de collectivités locales, surtout au niveau communal, n'ont pas à coup sûr ces moyens, et, de toute façon, le plus souvent, peineront à optimiser leurs moyens réels dans un contexte durable de contrainte, voire de raréfaction budgétaire.

C'est pourquoi, encore une fois, il est indispensable que tous les acteurs de l'ingénierie territoriale travaillent en synergie, et qu'ils mettent en œuvre – au sein du bloc local – des mutualisations qu'au demeurant, à l'heure actuelle, encourage et facilite la loi. C'est pourquoi la construction d'un « système d'ingénierie publique locale » s'appuyant sur la complémentarité, la coopération, la mobilisation et l'optimisation des ressources existantes est sans doute la seule possibilité vraiment viable en l'état actuel des choses. Et, comme on l'a déjà souligné, c'est à cela qu'en vérité, travaillent depuis quelques années déjà nombre de départements.

En vue de satisfaire les besoins actuels et futurs des maîtres d'ouvrage publics, la mise en œuvre de l'ingénierie territoriale ou d'une action relevant de celle-ci doit en effet poser – et répondre à – bien des questions : la cohérence des opérations des multiples acteurs de l'ingénierie territoriale, la répartition des rôles entre les différents niveaux de collectivités, le pilotage des actions d'ingénierie, le degré de mutualisation des moyens mis en œuvre. Sans compter qu'il s'agit de ne pas créer un déséquilibre en (re)créant une offre publique susceptible de concurrencer de façon déloyale l'offre privée.

***
*

En conclusion, l'« ingénierie territoriale », expression et notion en prise directe avec l'actualité et la vie de nos territoires, n'est certes pas une notion *intrinsèquement* juridique, même si sa mise en œuvre peut générer des effets juridiques ; mais c'est, à l'évidence, une notion *fonctionnelle* et *opérationnelle*, qui s'organise autour du triptyque « acteurs (publics pour l'essentiel, mais aussi privés)/savoir-faire

19. Voir « À chaque territoire de construire son modèle d'ingénierie », *Lettre du cadre* 14 juin 2016, *http://www.lettreducadre.fr/13459/a-chaque-territoire-de-construire-son-modele-dingenierie/*

professionnels/approche synergétique et coordonnée », et que l'on peut aussi qualifier de notion administrative, dans la mesure où elle est mise en œuvre avant tout par des acteurs publics, même si ceux-ci peuvent aussi recourir à des dispositifs ou des mécanismes de droit privé[20].

20. Au demeurant, il nous semble que nombre de contributions du présent ouvrage illustrent et corroborent cette vision.

INGÉNIERIE TERRITORIALE : POUR, AVEC OU CONTRE LES TERRITOIRES ?

par

Nathalie GAUSSIER

Maître de conférences HDR en économie
Université de Bordeaux, GREThA, UMR CNRS 5113

Claude LACOUR

Professeur émérite en économie
Université de Bordeaux, GREThA, UMR CNRS 5113

L'ingénierie publique a profondément évolué depuis la fin du XVIIIe siècle. Dédiées à l'accompagnement technique des collectivités territoriales par l'État, dans le cadre de prestations d'ingénierie concernant les voiries et l'aménagement du territoire, ces missions de service public ont été relayées par les services déconcentrés de l'État en tant que prestations de conseil ou de maîtrise d'œuvre définies par conventions entre le préfet de département et les communes ou leurs groupements. Si l'on suit les rapports De Legge (2011) et Jarlier (2012), dès la fin des années 1990, l'État s'est peu à peu retiré de ces prestations d'ingénierie publique sous l'effet combiné à la fois de l'Europe avec le respect des règles communautaires de la concurrence, du rapport critique de la Cour des comptes (1999) sur la légitimité de l'ingénierie publique au regard des modalités de son financement, et de la requalification à l'échelle nationale des conventions d'accompagnement technique dans le cadre des marchés publics.

La RGPP, Révision générale des politiques publiques, initiée en 2007 dans un contexte économique contraint, entérine ainsi le processus de retrait de l'État des prestations de services en matière d'ingénierie publique et définit les nouveaux contours de l'ingénierie articulés sur un recentrage autour de l'expertise auprès des collectivités territoriales, notamment en matière de développement durable et de la mise en œuvre des Grenelle de l'environnement (circulaire du 19 mai 2009 du

MEEDDAT)[1]. Dès 2012, l'arrêt des missions d'ingénierie publique concurrentielle, à l'exception des communes et de leurs groupements ne disposant pas d'expertise faute de ressources financières et humaines suffisantes (ATESAT, loi ATR, 6 février 1992, loi MURCEF, 11 décembre 2011)[2], entraîne une réorganisation des effectifs déconcentrés, qui provoque à son tour un brouillage et un manque d'informations des collectivités sur les modalités nouvelles de l'ingénierie déployée par l'État.

La rationalisation et la restructuration des services déconcentrés sont perçues par de nombreuses collectivités comme une forme de désengagement de l'État : l'ingénierie doit-elle et peut-elle se faire à l'échelle des collectivités décentralisées ? Le rapport De Legge (2011) ne manque pas ici de souligner les écueils auxquels les collectivités territoriales se trouvent confrontées : l'appel au secteur privé, souvent coûteux et nécessitant des coûts d'entrée élevés dans des domaines dont il n'avait pas jusqu'alors la compétence, mais aussi la recherche d'une échelle territoriale adaptée à l'ingénierie publique posée par la question de la mutualisation et dont les départements et l'intercommunalité se font les fers de lance. Dès la fin des années 2000, on assiste ainsi à un glissement terminologique de *l'ingénierie publique* vers *l'ingénierie territoriale*, conçue dans la logique du développement territorial portée par les acteurs du territoire (« incarnée », Trognon *et al.*, 2012), à la fois instrument au service d'un projet de territoire (Lardon *et al.*, 2007) et véritable défi en matière de gouvernance (Piveteau, 2011).

La richesse de la littérature sur l'ingénierie territoriale (IT) est telle que nous ne reviendrons pas au fond sur les définitions, par exemple les travaux de Gouttebel (2010), dans *Le consultant et le développement territorial*, avec le chapitre préliminaire consacré aux questions terminologiques, notamment à l'IT, ni à ceux de Trognon *et al.* (2012) qui interrogent plus directement *« Ingénierie territoriale : de quoi parle-t-on ? »* Là n'est pas le propos. L'appel à propositions porte sur « Les évolutions de l'ingénierie consécutives aux réformes territoriales », et Lerique et Pissaloux (2018) articulent la réflexion à partir de la naissance de l'expression

1. Le MEEDDAT, ministère de l'Écologie, de l'Énergie, du Développement durable et de l'Aménagement du territoire, définit dans sa circulaire du 19 mai 2009 les 5 fonctions et 9 domaines prioritaires qui définissent les nouveaux contours de l'ingénierie publique : 1. les fonctions régaliennes et de régulation, 2. de maîtrise d'ouvrage concernant les infrastructures de transport et le bâtiment, 3. de connaissance, d'évaluation et d'étude, 4. de prestations pour tiers dans le cadre de convention ou prévues par la loi, 5. d'impulsion et d'animation. L'ensemble de ces fonctions se déclinent dans des domaines prioritaires : connaissances, intégration du développement durable, stratégie et action territoriale, climat air énergie, bâtiment, logement, gestion intégrée de la ressource en eau, biodiversité et milieux vivants, prévention des risques.

2. Dans le prolongement des dispositions de la loi ATR, administration territoriale de la République du 6 février 1992, la loi MURCEF du 11 décembre 2001 sur les mesures urgentes à caractère économique et financier ouvre une porte à l'assistance technique de l'État pour des raisons de solidarité et d'aménagement du territoire (ATESAT) concernant les communes et leurs groupements ne disposant pas d'expertise faute de ressources financières et humaines suffisantes.

pensée comme un « ensemble des savoir-faire professionnels dont ont besoin les collectivités publiques et les acteurs locaux pour conduire le développement territorial ou l'aménagement durable des territoires » (CIADT, 2003 et CODIRDU, 2004).

Il est alors question d'acquisition de compétences à la fois individuelles et collectives (Lenormand, 2012), de construction d'un cadre cognitif et de la transformation de la rationalité bureaucratique (Lapostolle, 2010) : « L'ingénierie territoriale est une bureaucratie professionnelle territoriale coincée entre les injonctions autoritaires de l'État et les velléités d'autonomie du pouvoir local » qui questionne « une tendance forte à la recentralisation territoriale ». La directive nationale d'orientation sur l'ingénierie d'État dans les territoires (2016) souligne ainsi la volonté de l'État « de clarifier le rôle et le positionnement des services de l'État en matière d'ingénierie territoriale », en complémentarité (et non en substitution, indique la directive) de l'ingénierie propre aux territoires, en affirmant le rôle de l'État comme « expert, facilitateur et incitateur », permettant de coordonner et aider la mise en synergie des initiatives locales pour le développement des territoires. La directive indique la nécessité de renouveler l'organisation dédiée en mobilisant l'ensemble des échelons de l'administration, mais aussi par le déploiement de moyens à l'échelle départementale.

L'IT se ferait ainsi pour et avec les territoires, dans la logique du développement territorial, comprise comme un ensemble de méthodes, peut-être davantage même une culture. Et les territoires et plus particulièrement les collectivités, les intercommunalités, ont compris l'importance et les opportunités qu'elle offre. Pourtant il n'est sans doute pas excessif de s'interroger sur le point de savoir si les territoires ne se voient pas, peu à peu et de manière implicite et contrainte, imposer des règles et un raisonnement qu'ils avaient jusqu'alors toute latitude de mener : l'IT pourrait-elle alors se retourner insidieusement contre les territoires ? Notre propos s'articule autour de trois arguments forts, en n'oubliant pas l'ancrage d'une réflexion à sa date de référence qui caractérise une manière de penser et d'agir (I), au service des territoires (II), ouvrant aujourd'hui sur de nouvelles questions et des méthodes renouvelées (III).

I. Ingénierie et ingénierie territoriale : penser et agir

A. Les multiples facettes de l'ingénierie territoriale

Il est d'abord question de *compétences* – les savoir-faire professionnels. Elles doivent être mises à disposition des acteurs et des institutions, comprises implicitement ici comme des décideurs ayant déterminé des stratégies, programmes, orientations, voire même des opérations. C'est bien dans ces cadres que l'on fait appel à l'IT : en quelque sorte les monteurs, les techniciens, qui vont offrir « l'ensemble des concepts, méthodes, outils et dispositifs mis à disposition des acteurs des territoires pour accompagner la conception, la réalisation et l'évaluation de leurs projets territoriaux » (Lardon, 2007). D'un côté, il s'agit d'élargir l'IT à la conception et à l'évaluation et de l'autre, de la ramener rapidement à n'être qu'une boîte à outils : dans de nombreuses situations, les institutions tiennent à garder la main sur la conception et sur les évaluations.

Ensuite, sont évoquées les *collectivités publiques (locales)*, et même si le terme n'est pas cité, on comprend bien qu'elles sont privilégiées et que l'on parle en fait d'institutions qui sont tête de file, à la fois maîtresses des processus, demandeuses et chefs opérationnels. Bien entendu, elles peuvent faire appel en tant que de besoin à d'autres intervenants, dont par exemple les consultants, les structures universitaires, des chercheurs et des étudiants en ex-DESS, aujourd'hui en Masters 1 et 2 : « Des formations universitaires ont mis en œuvre des méthodes » (Gouttebel, 2010, p. 14). Le terme même d'IT se retrouve dans de nombreuses formations actuelles et d'autres plus anciennes ou disparues comme celle de la maîtrise Sciences et Techniques « Ingénierie du développement territorial » de l'université thématique d'Agen voulue, conçue et lancée par le président du conseil général du Lot-et-Garonne, Jean François-Poncet, privilégiant alors l'aménagement du territoire et ses évolutions (Lacour *et al.*, 2015), soulignant notamment le passage progressif de l'*Aménagement du Territoire*, avec des majuscules, et le rôle éminent et dominant de l'État central qui avait le quasi-monopole du savoir, des financements et des ingénieurs type DDE-DDA, aux *aménagements durables des territoires*, en minuscules et au pluriel.

Comment doivent être entendus, compris et retenus les multiples aspects de l'IT ? Ce terme générique renvoie en réalité à une grande variété de champs, de préoccupations de méthodologies, d'instruments, et donc de compétences, qui, de surcroît, peuvent apparaître de manière séquentielle dans le temps, *via* par exemple la dimension de projet – un moment privilégié par Guigou et la DATAR, « un territoire + un projet = un contrat » –, et être mobilisées un moment donné dans un processus, sur une question particulière ou une « partie de territoire » pour laquelle les collectivités ou les acteurs locaux n'ont pas en interne leurs propres ingénieurs-techniciens-experts-architectes-urbanistes…

Cette multiplicité de compétences repose aussi sur des visions sociétales, des modes politiques d'un moment, des questionnements scientifiques ou théoriques venant de différentes disciplines, voire des « paradigmes », même si le mot est ambitieux et en grande partie excessif.

Par ingénierie, on a pu entendre la voix, ou une des voix impératives ou possibles pour conduire au progrès technique, reconnaissant le poids et les possibilités offertes pour le *développement économique*, puis, même s'il ne s'agit pas de construire *ex post* une chronologie, une attention au progrès social. L'IT apparaît alors comme une réponse à des « territoires » condamnés par l'histoire, la géographie, des technologies et des industries dépassées, mais sauvées potentiellement par les idées et les projets. Ingénierie encore dans des visions organisationnelles nécessaires face aux transformations des cartes et des agencements institutionnels, face et avec les réformes concernant les territoires et les métropoles par exemple, et avec la montée en puissance des intercommunalités reposant sur les volontés plus ou moins poussées des communes ou imposées par l'État dans la voie de regroupements.

L'IT se voit aussi sollicitée pour mettre en œuvre ou favoriser le progrès démocratique en appelant à de nouvelles formes de partenariat, de représentation, de mobilisation des secteurs associatifs, des usagers et finalement des citoyens. Mais aussi, l'IT mobilise les financements privés, des montages mixtes, dont on ne peut plus maintenir la bonne et pratique distinction privé-public, donneur d'ordre et délégation de compétences. Les porosités s'avèrent permanentes, les liens plus subtils (et surtout efficaces), les arrangements opérationnels fréquents, souvent sous les contraintes financières, les échanges d'informations informels et les avantages des circuits courts et des confiances personnelles que les acteurs sur des territoires peuvent se faire. La thèse de Gimat (2017), dans le domaine du logement social, est par exemple singulièrement éclairante : elle illustre les ambitions, les limites et les modalités périphériques pour assurer les deux principes généraux dont s'imprègne et s'inspire l'IT :

– « La volonté de rationaliser les institutions et les procédures existantes » dans un esprit qui n'en finit pas de se référer souvent sans le dire au *New Public Management* et qui privilégie le théorème de la grande taille qui procurerait les avantages des économies d'échelle et imposerait des organisations plus efficaces, des contrats plus contraignants, notamment pour les grandes villes : on pourrait parler du *principe de Bercy revisité* plus contraignant que jamais, plus normatif qu'auparavant, au point que les associations des Régions, des Maires de France boycottent la conférence des territoires. L'État qui aurait abandonné ou réduit certaines de ses compétences techniques les reprendrait par le contrôle des finances locales et en favorisant le recours au privé.

– Des modalités de mise en œuvre d'une IT participative, plus *Soft Power*, citoyenne, directe à la place d'une vision moins techniciste-fiscaliste-normative de l'IT. Un principe de l'IT populaire, voire même populiste : le peuple contre les élites, les citoyens-usagers contre les énarques et experts. On se nourrit alors de terminologies apparemment plus sympathiques et moins exclusives pour retrouver par exemple les modalités évoquées par Gouttebel (2010) : *co-fonder, co-construire, co-piloter l'IT*.

B. L'ingénierie territoriale dans la presse : des réformes territoriales au nom de l'IT

L'ensemble de ces différentes facettes se retrouve très nettement dans la presse quotidienne. Une exploration sous *Factiva* montre que le terme, à la mode, est de plus en plus cité conjointement avec la question des réformes territoriales. *Factiva* est une base de presse et de données d'actualité nationale et internationale. Elle recense tout un ensemble de revues locales et nationales généralistes, de journaux parmi les plus connus comme en France : *Le Monde*, *Les Échos*, *Le Figaro*,

La Tribune, *Libération*, *L'Humanité*, *Le Point*…, voire locales, spécifiques à des territoires comme *Sud-Ouest*, *La Dépêche du Midi*, *Midi Libre*, *La Montagne*, ainsi que des revues plus spécialisées comme *La Gazette des Communes, des Départements et des Régions* (*La Gazette*, par la suite), *Le Moniteur*. La liste complète est disponible sous *Factiva.*

Le graphique ci-dessous présente, à partir de l'ensemble des journaux français disponibles sous *Factiva*, le nombre d'articles citant séparément et conjointement les termes de « réforme territoriale » et « ingénierie territoriale ». Les occurrences sont représentées en logarithme décimal, pour permettre les comparaisons et apprécier directement les évolutions des expressions concernées (les données sont disponibles sur demande). Nous avons testé aussi tout un ensemble de formes proches de type « réforme des territoires », « ingénierie des territoires » qui donnent des résultats proches ou encore « réforme institutionnelle » et « réforme administrative » qui sont aussi représentées pour montrer dans le temps, la dynamique des sujets d'intérêt.

Le graphique montre bien *la montée en puissance* des questions liées à la réforme des collectivités territoriales de 2010 ainsi qu'aux volets de la réforme territoriale de 2015. En même temps, il souligne l'intérêt croissant porté à l'IT dès 2003 avec le CIADT et son extension déjà observée par Piveteau (2010, 2011) indiquant que l'IT est un « miroir de la gouvernance » qui s'inscrit dans une organisation de savoirs articulés autour de systèmes devenus de plus en plus instables. Il s'agit, selon Piveteau (2011), de développer des « savoirs adaptés au pilotage du changement » appelant à s'interroger sur « l'organisation spatiale et territoriale de cette ingénierie territoriale ».

Le graphique illustre l'évolution concomitante de l'IT et des réformes territoriales ; les mots-clés des articles soulignant tout autant l'importance des moyens et des processus, la nécessité d'un « mécano territorial » (2016) ou encore de « territoires ingénieux » (2015), que les résultats et finalités recherchés au nom de la réforme territoriale.

Graphique 1

Nombre de citations dans la presse (1997-2017)

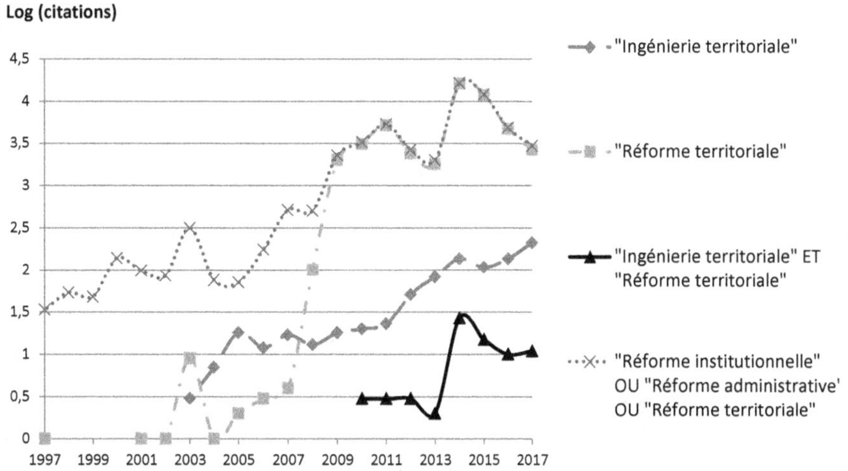

Source : *La Gazette des Communes, des Départements et des Régions*, France.

La Gazette et son site *LaGazette.fr* apportent un éclairage intéressant des pratiques et discours qui se développent sur les territoires et qui sont largement dédiés aux métiers de la fonction publique territoriale, aux textes de loi, à la jurisprudence ainsi qu'à l'expertise des territoires ; nous faisons l'hypothèse qu'ils apportent une image, dans le cadre de débats et articles, des différentes formes d'ingénierie qui se développent et des transformations que nous associons aux réformes territoriales. Nous n'avons pas eu de résultats concernant les années antérieures à 2011, alors que la revue existe depuis 1981 fusionnant *La Gazette des communes et du personnel communal* et *l'Action municipale*. Il s'agit peut-être ici d'une limite propre à la base *Factiva* et à la définition de son bouquet de revues. En même temps, le graphique à l'échelle de l'ensemble des revues montre bien que le croisement des deux termes IT et « réforme territoriale » n'apparaît à juste titre que depuis 2010 avec la Loi de réforme des collectivités territoriales.

Le graphique ci-dessous montre, en pratique, que les réformes territoriales interrogent systématiquement l'IT, les articles illustrant le cadre des nouvelles régions, des schémas régionaux, des normes coûteuses, d'antennes, de déconcentration et de décentralisation, si bien que les réformes territoriales semblent se déployer au nom de l'IT.

Graphique 2

Nombre de citations dans la presse (2011-2017)

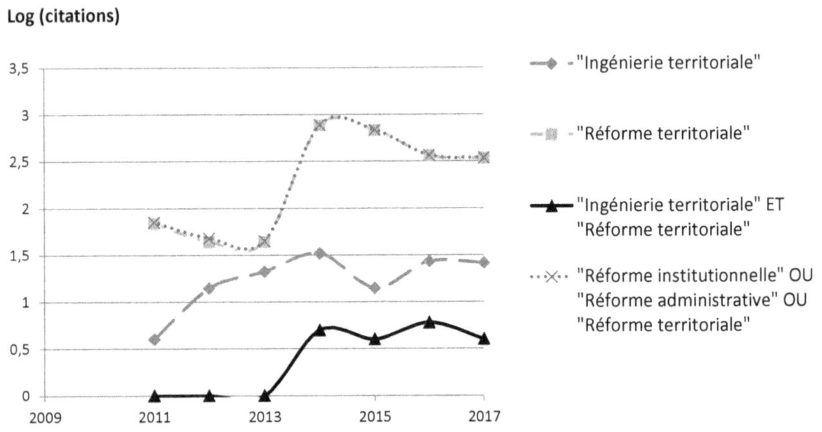

Source : *La Gazette des Communes, des Départements et des Régions*, France.

L'IT se déclinerait ainsi au service des territoires. Plusieurs remarques ou interrogations nous semblent pouvoir être émises. D'abord, en ce qui concerne les territoires et les échelles territoriales, puis au sujet des processus qu'il s'agit de maîtriser.

II. L'ingénierie territoriale au service des territoires

A. Des territoires qu'il faut créer, circonscrire et gérer

Il est frappant de voir que couramment est acceptée sans discussion l'évidence de l'IT, décidément largement convoquée sans que l'on prenne la peine de dire à quoi renvoie cet appel au territoire. De manière générale, le *territoire* n'apparaît généralement que par le recours à l'adjectif *territorial* : manière de poser l'évidence ou modalité de contournement d'une question centrale ?

– Il peut s'agir « de la réforme territoriale » entendue au sens des institutions et procédures existantes. Concrètement et simplement, comment constituer et assurer le fonctionnement des nouvelles régions, que faire des anciennes capitales régionales, Poitiers et Limoges sans parler de Montpellier, que leur laisser comme fonctions, comment répartir les personnels, comment assurer l'accès aux services, comment les services vont-ils fonctionner ? On peut voir des réponses et des adaptations directes dans les TGV du matin qui partent de Bordeaux et qui desservent Angoulême et Poitiers. Des questions de même nature se retrouvent dans les nouveaux découpages de conseils départementaux et des formations des super-intercommunautés.

– On peut entendre aussi des services internes aux collectivités qui veulent ou doivent plus ou moins frontalement appliquer à des collectivités publiques locales des politiques décidées et imposées par le haut, comme celles venant de Bruxelles ou de Paris. On pense par exemple aux opérations Feder, à celles des quartiers, des bourgs ruraux, des Actions cœur de villes des villes moyennes. Dans ces cas, les structures universitaires peuvent être invitées, mobilisées pour réaliser des diagnostics et des bases de scénarios. La Caisse des dépôts et consignations se lance dans la création de « la banque des territoires » pour soutenir les espaces en décrochage, même si ladite banque « n'est pas une banque à proprement parler, mais une marque » à fort effet de levier.

– Si souvent on assimile territoire à des institutions clairement définies, si on postule le fait que les acteurs locaux sont liés à des circonscriptions territoriales à frontières, légitimités, gouvernance et compétences globalement connues et stables au moins sur le moyen terme, cette vision territoriale nous paraît cependant limitée et insatisfaisante, et limite du coup l'intérêt porté à l'IT. Il nous paraît qu'il faut aussi comprendre l'intérêt de l'IT dans la compréhension de ce qu'est ou peut être un territoire, comment peuvent apparaître et être mises en valeur ses spécificités et son identité ? Sans entrer ici dans des débats sur l'*Économie territoriale* au sens de Courlet et Pecqueur, on dira seulement que le territoire pour nous, *c'est une organisation sociospatiale ancrée sur des acteurs, des facteurs et des réseaux à dominante locale, reposant sur un sentiment d'appartenance et identitaire réel ou opportuniste. Cette organisation fonctionne par des logiques de coopération et de conflit avec d'autres organisations avec des modes de composition de spécificité, de recouvrement et d'emboîtement.* Il semble alors indispensable de faire appel à des processus, des modalités, à des intervenants internes et externes et l'IT.

B. Des processus à maîtriser

On sait décomposer les différentes modalités et phases de l'IT sur le temps et sur les différentes échelles, porter une attention par un diagnostic ou sur un projet à un moment donné, mais on a plus de mal à penser et à agir dans la continuité, dans l'interscalaire, dans les processus qui à la fois portent sur un lieu et une opération donnée, mais qui s'imbriquent et se développent, bifurquent s'opposent, se renversent, s'interrompent pour des raisons variées : changement de majorité électorale, conflit des services de la même administration ou au sein de la Métropole, querelle égotique des directeurs et sous-directeurs, méfiance partagée à la place de la mise en commun des informations, bataille pour savoir qui va définir et gérer les blocs d'information (Courmont, 2016), l'usage des données pour construire la *Smart City* et une IT sur un territoire, mais tout le territoire, telle partie avec quelles autres ?

Les évolutions de la société, l'apparition de nouvelles attentes ou de valeurs sociétales ainsi bien entendu que les réformes territoriales imposent des adaptations, des destructions et recompositions de modes de pensée, d'agir et des réorganisations des bureaux, des tâches, des chaînes de décision et de réalisation. Et souvent, pour ne pas dire toujours, se manifestent des incompréhensions, des antagonismes entre les « inventeurs et les principes des réformes » – meilleure lisibilité, modernisation, efficacité, compétitivité, avantages de la grande taille, etc. –, et les personnels et les services qui doivent mettre en œuvre ces évolutions, et enfin les populations, les usagers et les citoyens. Ils ressentent, à tort ou à raison, souvent à raison, un éloignement, une opacité accrue entre les décideurs – peu locaux –, et les « bénéficiaires potentiels pour lesquels on mène ces transformations ». Éloignement encore des relations personnelles, compensées, est-il dit, par l'efficacité d'un pool de réponses ou le déroulement d'un algorithme géré par l'intelligence artificielle (*The Economist*, 31 mars-6 avril 2018, qui titre *AI-Spy* en couverture générale et *GrAIt expectations*), regroupement sur des lieux géographiques qui sont favorables à ceux qui sont déjà les plus centraux et centralisateurs, « externalisation de services et d'activités » dont toutes ne favorisent pas le service public même revu et repensé à l'aune des services au public et qui peuvent entraîner des fermetures et des non-renouvellements de personnels partant en retraite.

Alors souvent, il faut composer, prôner la coordination, inventer des instances interservices, interlieux, recomposer les organigrammes, mettre en place de manière formelle ou non des modalités de conciliation, faire jouer le principe de compensation et l'analyse des réorganisations des dévolutions d'activités, de responsabilité (et de personnels) entre les anciennes capitales régionales et celle qui devient la seule, de même lorsque l'on change les localisations des chefs-lieux des cantons. En face de la rationalisation, de l'optimisation si l'on veut faire pompeux, une des attentes de l'IT techniciste et centralisatrice de fait, se développent des comportements de résistance, d'inertie, d'initiatives aussi pour le cas échéant contourner les effets négatifs ou mal perçus des avantages attendus d'une IT rationalisée et rationalisante : du coup, d'autres modalités de l'IT se construisent, s'organisent et l'IT prend corps dans le territoire, par le territoire et en principe pour le territoire même si l'invocation de l'*intérêt général local* peut servir à cacher et à habiller des intérêts localistes, corporatistes et prendre parfois en otage les usagers et les citoyens que l'on prétend servir et défendre.

Des interfaces sont ainsi nécessaires, comme le sont des retours sur expériences et comme le souhaite Lerique (2018) ; en effet, « la question de l'évaluation devrait être traitée de manière systématique dans la mesure du possible » : remarque de bon sens et en partie vœu pieux, réaffirmation de principes qui ont eu leurs belles heures dans la fin des années 1990 et au début des années 2000. On rappellera que l'évaluation est notamment apparue et faisait partie des procédures des contrats État-régions, qu'elle est consubstantielle aux programmes européens ; et pourtant, elle a régulièrement eu des difficultés à être mise en œuvre. Plus généralement, elle est liée à la *quête des bonnes pratiques*, se fonde sur une certaine exemplarité dont on suppose qu'elle est reproductible et est souvent à relier aux thématiques de la gouvernance. Mais il faut se méfier des arguments d'autorité des experts et des conseillers : (Albert, dans *Le Monde* du 10 juillet 2018 sur Goldman Sachs qui « raconte n'importe quoi »).

Certes, il y a de nombreuses questions de méthodes, normalisation et comparaison des données de référence, compétences et modalités des évaluateurs, les choix des programmes à évaluer – les plus coûteux ou les plus symboliques ? –, les grilles de lecture financière ou physique : un « bon » programme est celui qui a consommé en temps les montants financiers, alors qu'une opération non totalement consommatrice des crédits sera notée négativement même si les responsables ont constaté en route qu'il fallait revoir et réorienter les montants financiers, mais – hélas ! – ils ne sont pas de même nature ou n'entrent pas dans les bonnes nomenclatures ou classifications.

Mais, à la légitimité des évaluateurs et à la question circulaire et classique de savoir qui évalue les évaluateurs, s'oppose celle des politiques, qui, par exemple, dans le cas d'une région posait que les objectifs généraux, la stratégie émanant directement ou non de la campagne électorale, n'avaient pas à entrer dans l'évaluation, n'avaient pas à être inclus dans l'évaluation, les électeurs ayant tranché. Dans la même série de questionnements, comment transformer des principes politiques généraux – améliorer le bien-être des populations, prendre en compte le changement climatique, faire participer les usagers et les citoyens –, en modalités d'évaluation ? Il faut ainsi procéder à des « décodages » des discours, voir s'il est possible de trouver des indicateurs pas nécessairement quantitatifs ou quantifiables et apprécier, quand c'est possible et accepté, que l'on puisse entrer dans la boîte noire des évolutions qui ne se mesurent pas seulement en normes, en textes réglementaires, en schémas et réorganisations des organigrammes. Rescan et Tonnelier (dans *Le Monde* du 13 juillet 2018) relèvent que « l'évaluation [est] la nouvelle mode des députés LRM », compte tenu disent-ils que la majorité des députés « en partie venue du secteur privé, rompue à la culture du contrôle de gestion, est convaincue que l'argent public est trop souvent gaspillé » : des prémisses qui peuvent être inquiétantes quant à la philosophie punitive, restrictive *via* les implicites de contrôle et de gaspillage. On devrait quand même savoir que l'évaluation n'est pas la sanctification ni automatiquement une sanction, qu'avant ou avec le contrôle il y a l'apprentissage, l'expérience et la transmission et que l'IT c'est aussi du tâtonnement, de la modestie autant que de l'ambition, de la ténacité, de l'interrogation plus que le déroulement et l'application de protocoles généraux qui oublient les éléments fondamentaux de la contextualisation, des situations locales des entremêlements nationaux, internationaux, mondiaux et locaux à maints égards. L'IT est d'emblée une insertion et la prise en compte indirecte et parfois dérivée, peu apparente des effets positifs ou néfastes de la mondialisation et de la métropolisation ! L'arrivée de la LGV, son attente, ses anticipations font apparaître de nouveaux acteurs « locaux », dont Lisea (groupe Vinci), « expert ferroviaire au service des territoires ». L'IT, c'est encore l'émergence de l'écosystème des

Start-up dont on peut relever des ADN de type personnel et d'autres de type spatial sans pouvoir à ce stade et à ce jour prétendre pouvoir hiérarchiser les composantes. Faut-il pour autant que cela soit possible ? L'idée même d'écosystème (Lacour et Gaussier, 2017) ne pousse pas dans cette direction, comme elle conduit à penser que l'IT, s'il faut évidemment la décortiquer, la sectoriser, la comprendre par période, par fonction, par type d'acteur et de collectivité, doit être du moins potentiellement comprise comme un ensemble aux effets complexes, rétroactifs avec des bifurcations, des ruptures… Au point qu'il faudrait des déchiffreurs, des transcripteurs, des prescripteurs de la compréhension de l'IT, d'autres ou les mêmes qui assureraient les tâches d'*intermédiation* (Nadou, 2013, Pecqueur, Talandier, 2018). L'IT est une manière de comprendre les dynamiques des réformes, notamment territoriales, et de les mettre en œuvre. Faudrait-il de nouveaux acteurs pour nous aider à assumer les interfaces, les rencontres, les ajustements ? Mode ou modification profonde : derrière l'IT ou à sa place ? On parle de plus en plus du besoin de médiation, de médiateurs pour réaliser souvent ce qu'on attend (attendait ?) de l'IT.

III. De nouvelles questions et des méthodes renouvelées ?

A. Des principes annoncés d'inspiration efficace et intelligente

Gouttebel (2010), dans la quête de terminologie et de définition de l'IT retient la proposition de Demazière suivant laquelle, « l'IT recouvre les méthodes et les approches qui permettent de concevoir et de réaliser des projets à des coûts économiques, sociaux et environnementaux acceptables » (p. 15). Notons, au passage, cette prédilection pour le *projet*, impliquant un objectif et une finalité, un processus plus ou moins clairement retenu et globalement mis en œuvre, alors que bien souvent l'IT doit gérer les impondérables, les aléas ; d'un côté, une vision assez puissante maîtrisant des techniques, mobilisant des compétences normées et dédiées et de l'autre, celle que l'on oublie sans doute trop souvent, un art formidable du bricolage intelligent.

L'IT vient en effet des territoires, qui proposent des solutions « improvisées », des disponibilités des acteurs et des populations (dont celles du bénévolat), c'est ce qui ressort des normes préfectorales, des réglementations multiples, ce sont encore des nécessités qui imposent des métiers et des compétences non référencées par les conventions collectives ou par le CNFPT. La thèse de Gangloff (2017) sur Nantes, par exemple, souligne ces aspects : l'IT, c'est de la créativité permanente, de l'improvisation contrôlée, de la mise en branle et en mouvement de structures, des personnes que les organisations administratives, institutionnelles et hiérarchiques ne peuvent anticiper ni mettre en organigramme.

L'IT doit faire face et utiliser le numérique et le digital, et c'est probablement à la fois la plus grande transformation qui va l'atteindre, la concerner et aussi la conduire à se repenser profondément. Il faut en effet « repenser les services publics à l'heure du numérique », selon Putois (dans *Le Monde* du 17 février

2018) qui parle et invoque l'*État plate-forme* de la même manière que nous affirmons que la ville tend à devenir une plate-forme digitale. Cet État plate-forme, « c'est, d'une part une véritable coordination entre les systèmes d'information des administrations, et d'autre part, une infrastructure technologique ouverte sur les partenaires extérieurs ». Ce modèle fondé sur la digitalisation systématique, sur des connectivités généralisées, sur la conviction de la pertinence et de la puissance des ordinateurs, des *clouds* et des algorithmes de traitement peut devenir le maître-mot des espérances technologiques, une des voies royales conduisant l'IT à assurer ou porter la *Smart City*. On voit les formidables perspectives de la digitalisation, la capacité de réactivité quasi instantanée, la mobilisation et l'expression des réseaux sociaux, etc. Sans tourner le dos à ces évolutions, à ces mutations essentielles, attention toutefois à ne pas enfourcher béatement les chemins de la croyance au tout technologique : à Bordeaux, tout particulièrement, on n'oublie pas les analyses de J. Ellul ni les craintes de 1984 !

B. Des tuyauteries et des réseaux à optimiser

L'IT est composée d'un grand nombre de composantes de nature différente, imposant des logiques, des organisations et des cultures généralement spécifiques et pas nécessairement compatibles. Par *tuyauterie*, on entend les infrastructures plus ou moins lourdes, visibles et apparentes, nécessitant des financements et des entretiens de masse, y compris pour la mise en œuvre des réseaux « invisibles » du type 3 ou 4G, assurant l'accessibilité la plus généralisée dans les zones à faible densité ou dans les campagnes les plus reculées. Il en va de même pour la modernisation et l'entretien des réseaux d'adduction d'eau, de traitement des eaux usées et de pluie ainsi que des services de ramassage des déchets de toute nature. La tendance générale, y compris pour l'électricité, le téléphone fixe et mobile, va dans le double sens de la privatisation de fait et dans de la concentration des grands fournisseurs et distributeurs. Les arguments se fondent là encore sur les avantages de la grande taille, sur l'agilité dans les capacités de distribution, sur des logiques et des principes d'organisation qui tendent à s'échapper des territoires et du champ d'action des acteurs locaux.

Pour autant, ceux-ci, surtout ceux des petites communes, souvent plus discrètement, loin des échos médiatisés, inventent tous les jours des formes d'IT reposant sur les urgences et les contraintes, mais aussi les formidables capacités de réponse et *d'adaptation de la quotidienneté et de la solidarité*. On l'a vu, récemment, quand il a fallu gérer les services périscolaires ; on le voit dans les fêtes patronales, dans la mobilisation locale pour maintenir une équipe de football ou de rugby, premier critère discriminant de la dynamique et de la capacité à créer de l'IT dans les villages. Ici, il y a rarement de service dédié et de personnel affecté, peu ou pas de matériel technique disponible en propre, même en mettant en coopération plusieurs communes.

Mais plus fondamentalement peut-être, on sait mobiliser les hommes, les acteurs les associations, les bénévoles, les résidents secondaires et tous les jours, on crée de l'IT sans que l'on utilise le terme, sans même que l'on en connaisse les subtilités et les débats des experts et spécialistes. On sait jouer sur les proximités partagées, les sentiments d'appartenance, la participation à son échelle, la capacité à concevoir, à monter et à réaliser des projets, tant dans le moyen terme que dans l'extrême urgence. On nous opposera, à juste titre, que ces réalités ne sont pas forcément liées aux *réformes territoriales*, encore que le redécoupage des cantons n'ait pas été neutre, que les effets de la reconnaissance des métropoles n'aient pas directement d'effets sur les espaces ruraux. On répondrait que l'IT est née, du moins est liée aux enjeux de développement local/territorial, et que s'il est en effet indispensable de faire le point sur les *conséquences de la réforme territoriale*, il faut rebondir sur ces opportunités pour examiner l'ensemble des phénomènes.

***
*

En conclusion, plusieurs hypothèses nous semblent pouvoir être posées, qui remettent en partie en cause des idées et des politiques, comme des procédures que l'on aurait tendance à accepter comme des évidences.

1. La thèse du désengagement de l'État doit être discutée ; nous aurions tendance certes à acter une volonté de désengagement financier, mais à souligner une reprise en main de la centralité sous le pilotage de Bercy par une réadaptation des logiques des contrats et de contrôle par la régulation de l'augmentation des dépenses de fonctionnement des collectivités territoriales.

2. L'IT se construit chemin faisant, enserrée dans des injonctions, des appels à projets qui l'orientent et tendent à homogénéiser les pratiques. En même temps, l'évolution connue des appels à projets des agendas 21 a permis de s'approprier une IT et aujourd'hui le développement des Objectifs de développement durable dans le cadre du débat d'orientation budgétaire incite à élaborer une IT en connaissance de cause, qui implique toute la chaîne de la décision à l'action.

3. Cette concentration et cette centralité de l'IT se voient confortées par les besoins énormes en termes d'infrastructures, tant pour le ferroviaire que pour les réseaux 3-4 G. Il en va de même pour des grosses opérations type Euratlantique : on est amené à poser l'hypothèse que l'IT est de plus en plus commandée par Paris, par les grands groupes et les opérateurs financiers.

4. En contrepoint, l'IT non normée, plus qualitative, moins théorisée et enseignée, est de plus en plus nécessaire dans les petites villes, les communes qui savent quotidiennement inventer des formes des processus de coopération, d'arrimage au terrain. Le lien des *Start-up* bordelaises et l'émergence d'un écosystème

entrepreneurial soulignent ainsi la rapidité des évolutions, l'agilité des acteurs, des capacités d'adaptation plus fortes, plus immédiates alors que l'on tend à attendre des mouvements longs en matière d'IT.

Bibliographie

- BECKOUCHE P., « La révolution numérique va reformuler la géographie économique » *in* TALANDIER et PECQUEUR, 2018.
- COURMONT A., *Politiques des données urbaines. Ce que l'open date fait au gouvernement urbain*, thèse de doctorat sous la direction de D. Boullier, IEP Paris, 2016.
- COUR DES COMPTES, *La fonction publique de l'État*, décembre, 1999.
- DE LEGGE D., *Les conséquences de la révision générale des politiques publiques pour les collectivités territoriales et les services publics locaux*, Rapport d'information n° 666, 2010-2011.
- GANGLOFF E., *Quand la scénographie devient urbaine. Nantes comme observatoire des fonctions du scénographe dans la fabrique de la ville*, Thèse en aménagement du territoire et urbanisme, Université d'Angers, 2017.
- GIMAT M., *Produire le logement social. Hausse de la construction, changements institutionnels et mutations de l'intervention publique en faveur des HLM* (2004-2014), thèse en géographie, Université Paris-I, 2017.
- GOUTTEBEL J.-Y., *Le consultant et le développement territorial*, Economica, 2010.
- JANIN C., GRASSET E., LAPOSTOLLE D. et TURQUIN E., *L'ingénierie, signe d'intelligence territoriale*, éditions Economica, 2011.
- JARLIER P., *Pour une nouvelle architecture territoriale de l'ingénierie en matière d'urbanisme*, Rapport d'information n° 654 (2011-2012) fait au nom de la délégation aux collectivités territoriales, 2012.
- LACOUR Cl., DELAMARRE A. et THOIN M., *50 ans d'aménagement du territoire, Commissariat général à l'égalité des territoires (CGET)*, 2015.
- LACOUR Cl. et GAUSSIER N., « Un écosystème sur la vague ? L'arrivée de la LGV à Bordeaux et l'écosystème start-up », *Cahiers du GREThA*, n° 2017-19, 2017.
- LAPOSTOLLE D., *L'ingénierie territoriale vue des pays : une bureaucratie professionnelle territoriale en gestation*, Thèse de doctorat sous la direction de C. Journès, Université Lyon 2, 2010.
- LARDON S., MOQUAY P., POSS Y. (dir.), *Développement territorial et diagnostic prospectif*, L'Aube, 2007.
- LENORMAND P., *L'ingénierie territoriale à l'épreuve des observatoires territoriaux : analyse des compétences des professionnels du développement dans le massif pyrénéen*, Thèse de doctorat sous la direction de C. Albaladejo et L. Barthe, Université Toulouse le Mirail, 2012.
- LEVET J.-L., *L'intelligence économique, mode de pensée, mode d'action*, Economica, 2001.

– Loubet F., Dissart J.-C. et Lallau B., « Contribution de l'approche par les capabilités à l'évaluation du développement territorial », *RERU*, 2011, p. 681-704.

– Nadou F., *Intermédiation territoriale et spatialisation des activités économiques, Cohérences et contradictions de l'action publique locale. Investigations par la planification stratégique*, thèse en aménagement de l'espace et urbanisme, Université de Tours, 2013.

– Pecqueur B. et Nadou F. (dir.), *Dynamiques territoriales et mutations économiques. Transition, intermédiation, innovation*, L'Harmattan, 2018.

– Piveteau V., « Ingénierie territoriale et prospective : conditions et configurations » *in* L. Dayan, A. Joyal et S. Lardon (dir.), *L'ingénierie territoriale à l'épreuve du développement durable*, L'Harmattan, 2010, p. 259-270.

– Piveteau V., « L'ingénierie territoriale, défi pour la gouvernance », *Pour* 2011/2, n° 209-210, 2011, p. 159-164.

– Talandier M. et Pecqueur B. (dir.), *Renouveler la géographie économique*, Economica, Anthropos, 2018.

– Trognon L., Cayre P., Lardon S., Maury C. « Ingénierie territoriale : de quoi parle-t-on ? », *in* Trognon, Baumont, Ingrand, Lardon, Turpin, Vollet (dir.), *Revue d'Auvergne « Productions, Gouvernance et Ingénierie Territoriales »*, 2012, 602-603, 321-342.

Partie I

UNE APPROCHE TRANSVERSALE DE L'INGÉNIERIE TERRITORIALE

L'INGÉNIERIE TERRITORIALE EN QUESTION : QUELS « TERRITOIRES » AVEC QUELS SOUTIENS FINANCIERS ?

par

Robin DEGRON

Conseiller référendaire à la Cour des comptes
Professeur associé à l'université Paris-I - Panthéon-Sorbonne

Les territoires sont à l'honneur. Partout, le vocable « territorial » fleurit. Qui du « projet territorial » ou de « l'ingénierie territoriale » ! Qui encore du renouveau de « l'intelligence des territoires » ou de la « Banque des territoires » ! À ce printemps des mots et des concepts flous, correspond cependant l'hiver des faits et des chiffres : jamais le droit administratif des collectivités territoriales n'a été aussi complexe, ni leur situation financière aussi difficile.

Suite au « mécano » institutionnel des années 2010 à 2015[1], les acteurs publics locaux ont perdu leur référence géographique : référence à la commune troublée par l'émergence des communes nouvelles ; référence à l'intercommunalité bousculée par la série de réformes de la carte des EPCI dont la taille a sensiblement augmenté par le jeu de fusions successives accumulées en quelques années à travers deux générations de schémas départementaux de coopération intercommunale ; référence aux départements compliquée par le jeu de l'apparition/disparition de la clause de compétence générale même si le pourtour des conseils départementaux reste stable nonobstant le développement de coopérations interdépartementales disséminées sous la contrainte de mutualisation des moyens ; dilution enfin, et peut-être surtout, des identités régionales, le plus souvent dans des ensembles sans cohérence géohistorique. Il n'est pas excessif de dire que « les territoires ont

1. Nous faisons ici référence à la période définie par la loi du 16 décembre 2010 relative à la réforme des collectivités territoriales (loi RCT) et la loi du 7 août 2015 relative à la nouvelle organisation territoriale de la République (loi NOTRe).

perdu la boussole » et qu'il faudra du temps pour redonner du lien et du sens à la couverture des espaces juridiques emboîtés d'une République à l'organisation dite décentralisée aux termes de l'article 1er révisé en 2003 de la Constitution de 1958.

Après des années de douce insouciance budgétaire, les collectivités sont par ailleurs rentrées dans une ère de disette : déjà la première loi de programmation des finances publiques 2009-2011 avait gelé les dotations de l'État en volume. Depuis lors, l'érosion des dotations n'a pas cessé pour porter aujourd'hui les prélèvements sur recettes au bénéfice des collectivités territoriales à un niveau historiquement bas[2] avec, en plus, la contrainte nouvelle de contractualiser avec l'État pour juguler l'évolution des dépenses de fonctionnement à environ +1,2 % par an pour les principales entités (R. Degron, 2018a). Rappelons que l'excédent de la section de fonctionnement est la première ressource de la section d'investissement, un investissement local en berne depuis déjà quatre ans, bien au-delà des effets normalement escomptés du cycle électoral communal qui donne le *La* des dépenses d'équipement dans les territoires (R. Degron, 2017).

Et l'État, où en est-il de sa propre organisation des services déconcentrés ? En théorie, il est partout et reste le garant de la légalité des actions publiques et de l'égalité des territoires devant les lois et règlements. En pratique, on le retrouve difficilement tant ses services techniques ont été rabotés et ont dû se replier sur la « ligne de front » régional en attendant que jouent pleinement les effets de la RéATE 2. Il y a en effet fort à parier que la refonte de la carte politique des régions ne presse encore davantage les directions régionales de l'État de fusionner et, globalement, de s'amenuiser après une RéATE 1 qui avait plutôt affecté les directions départementales interministérielles.

Quid par ailleurs des financements portés par l'État ? L'État n'est pas un important investisseur dans le domaine civil. Il l'est encore moins pour le compte des collectivités territoriales nonobstant le rehaussement des subventions d'équipement corollaire de l'accompagnement de la disette des budgets de fonctionnement locaux. Sans doute les programmes d'investissement d'avenir et, désormais, le Grand Plan d'Investissement, participent-ils d'un nouveau souffle pour des projets structurants, susceptibles d'améliorer la croissance potentielle du pays à moyen-long terme. Il reste que l'effet de ces vastes plans demeure incertain pour les territoires. Les acteurs ont-ils l'habitude et les moyens humains pour répondre à des appels d'offres d'envergure nationale, apanages des grands opérateurs publics ou des grandes entreprises privées ?

2. Selon la loi de finances du 30 décembre 2017 pour 2018, le montant des prélèvements sur recettes au bénéfice des collectivités territoriales (PSR-CT) se monte à 40,3 Md€. Par comparaison, le montant des PSR-CT était de 51,2 Md€ dans la loi de finances pour 2008 : en dix ans, ce type de transfert de l'État vers les collectivités a baissé de près de 21 %.

Prise plus globalement, la contrainte financière est croissante pour l'ensemble des administrations publiques qui se voient imposer des objectifs de déficits nominaux et structurels de plus en plus pesants. Et encore, la résorption de la dette européenne prévue à l'article 4 du traité budgétaire de 2012 ne joue-t-elle pas encore pleinement. C'est tout le paradoxe de l'Union européenne que de presser les pouvoirs publics d'investir alors que les dépenses sont comprimées à l'extrême (R. Degron, 2018b).

Dans ce contexte, le sens des mots et leur dérive sémantique présentent une certaine sensibilité. Il n'est pas neutre de confondre dans un grand tout la notion de développement territorial et celle d'ingénierie territoriale lorsque les compétences sont dispersées et diluées ou que les financements sont épars et réduits. Il convient de revenir aux termes du sujet : qu'est-ce que l'ingénierie ? Quelle est la place de l'ingénierie publique aujourd'hui dans le paysage administratif? Qu'entend-t-on par territoire ? Est-ce un espace géographique ou un champ d'application de compétences juridiques, comme le souligne Jean-Luc Pissaloux ? Qui finance quoi et selon quelles modalités ? Dotations générales, subventions ciblées, fonds thématiques dédiés, prêts bonifiés sont quelques-unes des solutions pour financer l'investissement public local, mais qu'en est-il au juste du soutien à l'ingénierie au sens de l'assistance à la maîtrise d'ouvrage des projets de territoires supportés par les édiles ? *Quid* du financement de l'expertise technique dans les territoires face à des projets de plus en plus complexes ?

L'ingénierie territoriale est une notion trop floue pour être totalement opérationnelle en soi. Il convient de préciser le rôle désormais dévolu aux corps techniques de l'État, en particulier au sein des services déconcentrés, aux ingénieurs des collectivités territoriales ou aux entreprises délégataires de services publics ou prestataires de services. Le territoire doit par ailleurs être dissocié des compétences juridiques qui sont attachées aux collectivités qui l'animent (I). Derrière les mots et les concepts, la question des moyens humains à disposition, de l'intelligence au service du développement local et des financements à disposition non seulement des travaux à conduire, mais également des études préalables à mener est cruciale. La situation apparaît des plus incertaines en la matière dans le contexte macro-budgétaire dépressif que nous connaissons (II).

I. L'ingénierie « territoriale », une notion floue

A. Un ingénieur, une compétence scientifique et technique

Pour ingénieux qu'il doive être en général, un ingénieur s'appuie sur une culture scientifique et technique qui oblige, compte tenu de la complexité des champs du savoir, à une certaine spécialisation. Force est de constater que les corps ou cadres d'emploi d'ingénieur du secteur public ont eu tendance à perdre leur repère disciplinaire au cours des dernières décennies. En contrepoint, le secteur privé a développé des expertises pointues afin de répondre aux besoins de ses clients, en particulier des administrations publiques. L'ingénierie utile au développement des territoires s'est privatisée.

1. La dérive des corps ou cadres d'emploi d'ingénieurs publics vers le généralisme

En marge des ingénieurs de l'armement globalement cantonnés au champ militaire, l'État aménageur bénéficie aujourd'hui de deux grands corps d'ingénieur : les ingénieurs des mines (IM) et les ingénieurs des ponts, des eaux et des forêts (IPEF). Ces deux corps résultent d'une série de fusions de corps techniques qui ont brassé des champs de compétences assez larges. Ainsi, le corps des Mines procède-t-il de la réunion des IM, spécialistes de l'énergie et des matériaux, de ceux des télécoms[3], spécialistes des NTIC[4] et des infrastructures associées[5] et du corps des contrôleurs des assurances, pointus en microéconomie et calcul actuariel[6]. De son côté, le corps des IPEF s'appuie sur l'histoire composite des ingénieurs des ponts et chaussées[7], spécialistes des réseaux en particulier routiers et ferroviaires, des ingénieurs géographes naturellement versés dans la topologie et la cartographie, ainsi que des ingénieurs du génie rural, des eaux et des forêts[8]. Ce dernier segment est lui-même même le produit de la fusion[9] de l'ancien corps des IGREF[10] qui était assis sur une compétence d'aménagement de l'espace rural, de la gestion des réseaux de l'eau et de la planification forestière[11] avec celui des ingénieurs d'agronomie plutôt spécialisés dans l'agriculture et son économie[12].

---

3. Décret n° 2009-63 du 16 janvier 2009 portant statut particulier du corps des ingénieurs des mines.
4. NTIC : Nouvelles technologies d'information et de communication.
5. Voir le décret n° 51-855 du 5 juillet 1951 relatif aux statuts particuliers du corps interministériel des ingénieurs des télécommunications et des corps provisoires d'ingénieurs des postes et télécommunications et de la radiodiffusion-télévision française ainsi que le décret n° 67-715 du 16 août 1967 relatif au statut particulier du corps des ingénieurs des télécommunications et le décret n° 2006-96 du 1er février 2006 modifiant le décret de 1967 relatif au statut particulier du corps des ingénieurs des télécommunications.
6. Décret n° 2011-1521 du 14 novembre 2011 modifiant le décret de 2009 portant statut particulier du corps des ingénieurs des mines qui emporte la fusion du corps de contrôle des assurances avec le corps des ingénieurs des mines.
7. Décret n° 2002-523 du 16 avril 2002 portant statut particulier du corps des ingénieurs des ponts et chaussées.
8. Décret n° 2009-1106 du 10 septembre 2009 portant statut particulier du corps des ingénieurs des ponts, des eaux et des forêts.
9. Décret n° 2002-261 du 22 février 2002 relatif au statut particulier du corps des ingénieurs du génie rural, des eaux et des forêts.
10. IGREF : Ingénieurs du génie rural, des eaux et des forêts.
11. Décret n° 65-426 du 4 juin 1965 relatif au statut particulier du corps des ingénieurs du génie rural, des eaux et des forêts.
12. Décret n° 65-427 du 4 juin 1965 relatif au statut particulier du corps des ingénieurs d'agronomie.

De ces vagues successives de fusion, il résulte finalement deux corps d'ingénieur très hétérogènes qui, sans perdre l'excellence intellectuelle de ses membres pris individuellement, ont beaucoup perdu en termes de cohérence technique d'ensemble : un ingénieur des mines, en fonction dans les services déconcentrés de l'État, peut-il être compétent pour discuter et travailler à la fois sur l'entretien du parc électronucléaire, le développement des éoliennes, le câblage en fibre noire d'un territoire, la gestion d'un *cloud* ou encore la réforme du système bancaire ? Il est vraisemblable qu'au-delà d'un vernis de culture, la capacité technique d'intervention ne se soit estompée au fil des réformes statutaires. Il en va de même pour les IPEF, devenus des généralistes de l'aménagement de l'espace avec des logiques techniques cependant assez différentes selon que l'on considère la sylviculture, la gestion des primes PAC ou celle du trafic routier sur le réseau national, de plus en plus décentralisé il est vrai.

En réalité, les ingénieurs des grands corps techniques de l'État sont devenus des ingénieurs-administrateurs avec la difficulté de conserver un haut degré d'expertise face à des entreprises, pourvoyeuses de solutions technologiques de plus en plus sophistiquées. Cette évolution n'est pas sans poser de problème à l'État dans sa capacité à négocier de grands plans d'aménagement du territoire et à débattre avec des interlocuteurs privés. Le rapport public thématique de la Cour des comptes sur le développement du très haut débit en France (2017) témoigne des limites de l'État aménageur à imposer une vision technique qui permette la couverture THD du territoire dans des délais maîtrisés et à des coûts raisonnables face à des opérateurs qui ont l'expertise pour eux, expertise que l'État n'a plus :

> « Le déploiement des réseaux de communications électroniques se déroule dans un environnement technologique dynamique. La France a choisi de privilégier la construction de réseaux en fibre optique jusqu'à l'abonné à partir de 2011 en raison de leurs performances. D'autres solutions existent cependant (montée en débit sur cuivre, utilisation de la 4G en situation fixe, accès satellitaire) ; elles permettraient d'apporter du haut voire du très haut débit à de nombreux foyers, et à des conditions de qualité plus satisfaisantes que ne l'autorise le WiMax déployé dans de nombreux réseaux d'initiative publique en zone rurale. [...] L'annonce faite par l'État de plans comportant des objectifs chiffrés en matière de très haut débit comporte une part de paradoxe : d'une part, les initiatives des collectivités locales ont préexisté et il n'est intervenu que tardivement pour les coordonner et les soutenir financièrement ; d'autre part, la réalisation des réseaux et ultérieurement leur exploitation sont pour une grande partie dépendants des décisions des opérateurs privés. Cela pose la question des moyens dont l'État dispose pour mener à bien les plans en faveur du très haut débit et notamment influer sur les décisions des opérateurs. »

À travers cet exemple emblématique par sa technicité et les enjeux financiers associés, on mesure que la question de l'encadrement des opérateurs privés et de leurs offres touche aussi la sphère des collectivités territoriales et de leurs ingénieurs dans le cadre de la mise en œuvre de politiques d'aménagement du territoire largement décentralisées.

Le cas des ingénieurs territoriaux[13] présente des analogies avec celui des ingénieurs d'État. Pour le coup, le choix même d'un seul cadre d'emploi illustre parfaitement la tendance à l'hypergénéralisme[14], tendance peu compatible avec une capacité propre d'expertises fines qui puissent faire contrepoids aux offres de services proposées par le secteur privé, que ce soit dans le domaine des réseaux de transports, de l'assainissement, des NTIC, autant de domaines techniques au cœur des compétences du bloc communal, des départements pour ce qui concerne les routes ou des régions s'agissant des trains, mais également des autoroutes de l'information. Nonobstant le transfert de compétences historiquement détenues par l'État *via* la mise à disposition, en général suivie de l'intégration dans les cadres d'emploi territoriaux, les collectivités ont accompagné le mouvement vers des ingénieurs publics-administrateurs, voire des administrateurs techniciens.

En poussant la réflexion à l'extrême, la question se pose aujourd'hui d'une dilution des métiers d'administrateurs techniciens dans le corps des administrateurs tout court. La récente évolution du concours d'accès à l'ENA par la voie réservée aux docteurs en sciences[15] paraît emblématique de la volonté d'une école, qui s'affirme comme généraliste de l'administration publique, d'incorporer en son sein et dans ses corps de sortie, une culture scientifique et technique. Les prises de position du nouveau directeur de l'ENA, Patrick Gérard, confirment une volonté d'ouverture aux profils scientifiques :

> « La plupart des élèves passés par le concours externe possèdent une culture juridique, historique, politique, économique et sociale. Il est dommage qu'on trouve peu de scientifiques parmi eux. Aussi, je réfléchis à la création d'un quatrième concours réservé aux titulaires d'un doctorat, notamment en

---

13. Décret n° 2016-201 du 26 février 2012 portant statut particulier du cadre d'emploi des ingénieurs territoriaux.

14. Selon les termes de l'article 2 du décret de 2012 précité, le champ des compétences des ingénieurs territoriaux s'étend « notamment » « 1. À l'ingénierie ; 2. À la gestion technique et à l'architecture ; 3. Aux infrastructures et aux réseaux ; 4. À la prévention et à la gestion des risques ; 5. À l'urbanisme, à l'aménagement et aux paysages ; 6. À l'informatique et aux systèmes d'information. »

15. Décret n° 2015-1449 du 9 novembre 2015 relatif aux conditions d'accès et aux formations à l'École nationale d'administration. Notons que l'ouverture aux docteurs est soulignée par la prise en compte de trois ans d'ancienneté dans le cadre du 3e concours ainsi que par la prise en compte de la période passée en contrat doctoral, assimilé à du service public effectif, pour le concours interne. L'accès à l'ENA des docteurs reste par ailleurs possible *via* le concours externe qui ne prévoit qu'un niveau socle d'« au moins trois années d'études supérieures » sans donner de bonus à des docteurs de l'université.

> sciences. En avoir dans nos rangs 5 % (contre moins de 2 % aujourd'hui) me paraîtrait raisonnable[16]. »

Fabrice Dambrine (2011), ingénieur général des mines, défendant la position des ingénieurs d'État, converge vers l'idée d'un rapprochement de la culture scientifique et technique vers les domaines de compétences de l'administrateur en termes de conduite de projets complexes, incluant vue des ingénieurs, des notions de droit, d'économie, de management et plus globalement de capacité à gérer des gouvernances complexes incluant des dimensions politiques et administratives. Dépassant les regrets d'une dilution de la culture des ingénieurs dans celle des administrateurs, force aujourd'hui est de constater qu'il n'y aurait plus que quelques pas à franchir pour intégrer administrateurs et ingénieurs dans un même ensemble en charge de l'encadrement supérieur de l'État, par ailleurs ouvert à des profils émanant du secteur privé.

2. La professionnalisation croissante des ingénieurs, des opérateurs et des entreprises

Le progrès fulgurant des sciences et techniques fait de son côté le lit de champs d'expertises diversifiées et compliquées. Sans doute, le numérique illustre-t-il la nécessité de disposer de compétences multiples et pointues pour les constructeurs de réseaux physiques ou hertziens de télécommunication, de centres de stockage de l'information, mais aussi en termes de développement des usages et de programmation des applications, notamment des API. Aux limites de la physique et des mathématiques, des nanotechnologies et des langages experts, de nombreuses entreprises, grands groupes, filiales, PME-PMI ont investi le vaste secteur d'activité de la société de l'information.

Dans le secteur de l'énergie, là encore, pas de place si ce n'est à l'amateurisme, du moins au généralisme, avec le développement d'une nouvelle génération de réacteur nucléaire (EPR), la technicité afférente au traitement des déchets radioactifs, l'intégration de la science des matériaux dans la production de panneaux photovoltaïques ou la technologie combinée de l'électricité, de l'électronique, de la mécanique des solides et de la mécanique des fluides pour le dimensionnement des éoliennes ou des hydroliennes.

L'industrie du BTP, pilier de l'économie française et de sa capacité à exporter des savoir-faire, n'est pas en reste d'innovation avec la montée en puissance non seulement de nouveaux *process* de fabrication des bâtiments et des routes, mais également l'incorporation devenue indispensable des technologies de l'information (ex. domotique) et de solutions énergétiques innovantes pour assurer des immeubles bas carbone, voire à énergie positive.

16. Voir l'entretien avec Patrick Gérard, dans *La Croix* 19 octobre 2017.

Face à la technicité des sujets, Fabrice Dambrine (2011, *op. cit.*) note, d'ailleurs, que les pouvoirs publics doivent être en capacité, *via* leurs ingénieurs ou du moins leurs cadres supérieurs, de pouvoir discuter avec les opérateurs devenus producteurs de solutions techniques à la place d'un État « bâtisseur » qui a définitivement laissé la place. De là découle une interrogation sur l'équilibre à trouver entre compétences techniques et indépendance vis-à-vis des *lobbies* privés. Le débat se porte ici sur la déontologie des acteurs privés de l'expertise et de l'assistance à maîtrise d'ouvrage qui ne va pas de soi et qui appelle la plus grande vigilance du côté d'un État devenu « régulateur » et « contrôleur ». Dans la recherche de cet équilibre, la question demeure de savoir ajuster le point de rupture des compétences du côté de l'État : jusqu'où aller dans le gradient généraliste/spécialiste pour rester crédible techniquement? Jusqu'où ne pas aller dans la collaboration avec les experts du secteur privé pour ne pas sombrer dans une forme de collusion, vraisemblablement préjudiciable aux intérêts publics?

B. Le territoire, espace géographique ou référence à une entité juridique géoréférencée ?

Si la notion d'ingénieur appelle un certain degré de précision scientifique et technique, la notion de territoire impose obligatoirement un découplage de l'analyse géographique et juridique. Sur un même territoire physique se superposent en effet plusieurs collectivités territoriales emboîtées. En revanche, à une collectivité territoriale donnée correspondent un espace de référence, mais également un champ de compétence légale. Il n'y a donc pas bijection entre territoire et collectivités territoriales. Les termes ne sont pas équivalents et la confusion des sujets est susceptible de masquer une évaporation des compétences ou un désengagement de certains acteurs publics.

1. La ventilation des compétences juridiques et techniques des collectivités territoriales

Sans procéder à l'inventaire à la Prévert des types de collectivités territoriales et de leurs compétences juridiques associées, rappelons rapidement la dispersion des responsabilités d'aménagement du territoire, pris au sens large et dans le cadre de la notion de développement durable (R. Degron, 2014).

Associés à un chef de filat économique qui s'incarne *via* les schémas régionaux de développement économique, d'innovation et d'internationalisation (SRDEII), les conseils régionaux ont un rôle clé dans l'organisation des réseaux de transports ferroviaires ou par autocar à travers notamment les schémas régionaux d'aménagement, de développement durable et d'égalité des territoires (SRADDET). La planification des besoins et de l'offre énergétique leur incombe par ailleurs sous le couvert des schémas régionaux climat air énergie (SRCAE).

En matière de réseaux numériques, la législation a laissé une zone de partage entre les conseils régionaux et départementaux *via* l'établissement de schémas directeurs, et non départementaux, d'aménagement numérique (SDAN) et des stratégies de cohérence régionale d'aménagement numérique (SCORAN). Force est de constater que les collectivités départementales ont joué et jouent encore un rôle fondamental dans la couverture très haut débit de la France (C. comptes, 2017, *op. cit.*). Sans doute, les conseils départementaux, ex-conseils généraux, étaient-ils préparés techniquement à jouer un rôle grâce à leur compétence en matière de réseaux routiers dont la construction présente des analogies avec celles des réseaux filaires THD. Par ailleurs, en marge des collectivités disposant d'une fiscalité propre, il conviendrait d'ajouter que plusieurs syndicats départementaux, cofinancés par les conseils départementaux et les communes participent de l'électrification rurale ou encore de la gestion des eaux, parfois dans le cadre d'établissements publics territoriaux de bassin où se mêlent différents financeurs publics.

Le bloc communal, où les communes assurent une grande diversité de compétences en matière d'aménagement de l'espace et de gestion de réseaux, introduit la complexité supplémentaire du jeu des relations avec des intercommunalités de projet dotées d'importants budgets d'investissement qui assument les équipements les plus sophistiqués et coûteux comme les lignes de tram ou de métro, les usines de traitement des eaux usées ou le développement du réseau routier au sein des agglomérations (M.-Ch. Steckel-Assouère, 2014).

Cas à la fois très singulier en droit, mais très intégrateur en termes d'aménagement de l'espace intercommunal et communal, l'urbanisme apparaît comme un champ juridique d'une particulière complexité, de plus en plus empreint des apports du droit de l'environnement avec une répartition variable des compétences selon les statuts des EPCI (H. Jacquot, F. Priet, 2015) : aux communes les plans locaux d'urbanisme (PLU) dans le cas le plus général, et aux intercommunalités, du moins aux communautés de communes et d'agglomération, la définition de schéma de cohérence territoriale (SCoT) avec le cas particulier des communautés urbaines et des métropoles où le plan local d'urbanisme intercommunal (PLUI) est la règle. S'agissant des SCoT, l'échelle de définition peut dépasser le périmètre des entités juridiques qui structurent le bloc communal pour aller vers des espaces plus larges, souvent assis sur la notion purement statistique d'aire urbaine qui commence par faire sens politique par référence à l'espace de vie des gens, de leur déplacement pendulaire domicile-travail (J.-P. Lebreton, N. Lerousseau, 2009).

Autant de compétences juridiques et techniques ventilées le long de la « dorsale des pouvoirs locaux » auxquelles il conviendrait sans doute d'ajouter celle de la biodiversité et des espaces naturels sensibles (Y. Petit, 2009) qui mêlent, à dire vrai, la compétence de planification régionale *via* les schémas régionaux de cohérence écologique, celle des départements dans la gestion des espaces naturels sensibles (ENS) et des communes, voire des grandes intercommunalités, en matière de zonage naturel des PLU, d'espaces boisés classés (EBC), voire de patrimoine remarquable *via* des zones de protection du patrimoine architectural, urbanistique et paysager (ZPPAUP). Nous sommes ici à la frontière des mondes entre les champs scientifiques et le domaine culturel qui mobilise d'autres acteurs ou profils intellectuels.

En restant dans le champ des aménageurs, sans toutefois prétendre à l'exhaustivité, on voit qu'en droit, les compétences des collectivités sur les territoires sont nombreuses, parfois orthogonales, parfois très imbriquées entre elles. Le développement des territoires appelle une vision matricielle qui combine à la fois la réalité physique des espaces de référence et la diversité juridique des capacités à agir. De là naît un jeu complexe d'interactions entre ingénierie – au sens de corps de compétences techniques –, et territoire – au sens double d'objet géographique et d'acteurs juridiques en charge de leur administration.

2. La montée en puissance d'une ingénierie au service du développement local

Des constats établis, découle toute la complexité de la notion de développement local, ne serait-ce que dans sa dimension technique d'accompagnement des dynamiques économiques, sociales et environnementales. On mesure, par exemple, la multiplicité des acteurs, des technicités et des financements à mobiliser autour d'un projet de développement de zones d'activité avec ce que cela comprend de réseaux, d'accès physique et numérique, d'alimentation électrique et d'efficience énergétique, de prise en compte des aménités socioenvironnementales.

Les acteurs des territoires, élus, services, parties prenantes du projet de développement local, ont besoin d'assembliers polyvalents, pas forcément ingénieurs, mais directeurs de projet susceptibles de faire travailler ensemble décideurs, juristes, économistes, techniciens au bénéfice de la construction collective d'un bien commun territorial. Les questions de gouvernance apparaissent alors centrales en matière « d'ingénierie territoriale » au sens couramment donné à un terme qui se confond en réalité avec le développement local dans une large mesure. Encore faut-il avoir les moyens financiers pour porter des projets. De là provient l'indispensable ouverture vers « l'ingénierie financière », curieux vocable qui renvoie, de manière très concrète, à la complexité de gérer des financeurs multiples, aux exigences distinctes et aux calendriers d'engagement et de décaissement des fonds le plus souvent non coordonnés.

Une étude commanditée au Centre national de la fonction publique territoriale par l'Association des départements de France (ADF) et l'Association des communautés de France (AdCF) sur les « Territoires ingénieux » (2015), et préfacée par les présidents des deux associations d'élus, illustre parfaitement les difficultés techniques, administratives et financières devant lesquels se trouvent les collectivités territoriales en matière d'ingénierie publique :

> « L'ingénierie publique est l'une des conditions essentielles permettant le développement de projets par les collectivités locales et territoriales. Elle connaît une phase de mutation importante. En effet, l'État – qui jouait depuis longtemps un rôle central – s'est progressivement désengagé du niveau local, alors que la réglementation a complexifié le montage des projets locaux et que les enjeux d'aménagement et de développement demeurent décisifs et se renouvellent. Conscientes de ces enjeux, les collectivités innovent et s'organisent depuis plusieurs années pour répondre à leurs besoins techniques [...]. Les communautés, par nature, apportent appui et services à leurs communes membres qu'elles sont appelées à renforcer dans le cadre de mutualisations de moyens. La grande majorité des conseils généraux a formalisé une offre d'ingénierie mutualisée destinée aux communes et intercommunalités. Ces initiatives interviennent alors que de très fortes tensions budgétaires nous incitent à poursuivre la recherche d'une meilleure efficience globale des politiques publiques et que l'organisation institutionnelle de la France devrait connaître une nouvelle étape décisive[17]. »

Nonobstant les volontés politiques locales incarnées par les élus du terrain, maires, présidents d'intercommunalités, conseillers départementaux, mais aussi conseillers régionaux, sénateurs ou députés, de développer « leur territoire », territoire à concentration de compétences juridiques cumulative, l'assistance à maîtrise d'ouvrage revêt un intérêt stratégique. Élus et experts désintéressés du développement local sont en réalité indissociables pour faire émerger une forme « d'avant-projet sommaire » d'aménagement prenant compte des dimensions de gouvernance, socio-économique, environnementale, technique et financière. Le risque étant sans doute de laisser aux prestataires de services ou d'équipementiers privés le soin de surdéterminer les besoins du « territoire » dans le but non pas de répondre aux attentes des habitants, mais d'optimiser le chiffre d'affaires et de maximiser les bénéfices de la phase d'investissement et de fonctionnement-maintenance des infrastructures développées.

II. Des moyens humains et financiers devenus incertains

A. L'érosion progressive des services techniques de l'État

L'État et ses ingénieurs ont historiquement accompagné les territoires dans leurs démarches d'aménagement jusqu'à l'extinction de la mission d'ingénierie dévolue aux anciennes DDA et DDE. Aujourd'hui, sous le double coup de la dilution des compétences techniques et de la pression budgétaire sur les services déconcentrés, l'État n'est plus en mesure d'aider les collectivités territoriales à gérer les transitions énergétiques et numériques ni à parfaire l'organisation des réseaux de base en termes d'accès physique.

17. « Territoires ingénieux : l'ingénierie au service de l'autonomie locale », 2014, *https://inet.cnfpt.fr/sites/default/files/territoires_ingenieux_ingenierie_locale.pdf.*

1. Les services techniques de l'État au péril des RéATE

La contrainte constante opérée sur les finances publiques depuis l'entrée en vigueur du traité de Maastricht et la définition du pacte de stabilité et de croissance, pacte au demeurant durci suite à la crise de la dette souveraine au début de cette décennie, a forcé l'État à sensiblement réduire la voilure de ses services et de ses interventions. Dans le champ particulier de l'ingénierie publique, l'ouverture à la concurrence imposée par les directives services successives a par ailleurs obligé la puissance publique à abandonner le quasi-monopole qu'elle avait, de fait, dans la maîtrise d'ouvrage des projets d'aménagement des territoires.

Pour le coup, les ingénieurs et techniciens de l'État ont dû se replier sur la frontière du contrôle de légalité, en particulier dans le domaine de l'urbanisme, et de la police de l'environnement, spécialement en matière d'installations classées ou de gestion des eaux. Par-là, a commencé l'érosion des services techniques déconcentrés d'un État-aménageur qui s'éloignait de la réalisation concrète, perdant pied avec le terrain et devenant davantage des censeurs que des aidants du développement local.

Comme l'a souligné Patrice Duran dans son travail de fond et de longue durée sur l'État dans les territoires (1996, 2012, 2017), les fusions de corps ont été accompagnées par des fusions de services qui ont laissé exsangues ceux qui jadis étaient considérés comme les conseils scientifiques et les points d'appui techniques des édiles. Sur la base des expérimentations de rapprochement entre les ex-directions départementales de l'équipement (DDE) et les ex-directions départementales de l'agriculture et de la forêt (DDAF), la création des directions départementales des territoires (DDT), le 1er janvier 2010, est venue consacrer, à l'échelle des départements, la confusion des compétences et la dilution de la capacité des ingénieurs d'État à influencer positivement sur le développement local[18]. Comme le souligne le rapport de 2013 de la Cour des comptes sur l'organisation territoriale de l'État, la pression exercée sur les ministères « aménageurs » a été d'autant plus forte que les services étaient proches du terrain. Les centrales et les directions régionales ont été relativement peu impactées par la première vague de la RéATE 1.

Le dernier rapport de 2017 de la Cour sur le même thème pousse encore plus loin dans le sens d'une recomposition de la présence de l'État dans les territoires à l'échelle régionale avec une logique de mutualisation de moyens corollaires du constat, sans appel, du dénuement de ce qu'il reste des services techniques départementaux. Les recommandations de la Cour découlent naturellement des transferts de compétences opérés de l'État vers les collectivités et de l'attrition progressive des moyens de la déconcentration qui, au bout d'un moment, font s'interroger sur la pertinence même de conserver des services qui ne peuvent

18. Décret n° 2009-1484 du 3 décembre 2009 relatif aux directions départementales interministérielles dont les DDT sont un cas particulier.

plus travailler autrement qu'en se concentrant sur des fonctions de contrôle dont la volumétrie doit par ailleurs être ajustée de manière appropriée. Le fait est que la RéATE 2 déplace le vent des réformes et des réductions d'effectifs à l'échelle régionale, échelle régionale d'ailleurs révisée du fait de la recomposition de la carte des régions. Pressées de fusionner dans le cadre de macrorégions qui obligent à des déplacements de plus en plus compliqués et rendent difficiles en pratique la coordination des services, les DREAL et DRAF rabattent à leur tour la voilure des services déconcentrés de l'État. *Mutatis mutandis*, l'affaiblissement des moyens des directions régionales de l'État n'est-elle pas le prélude à leur propre usure, avec comme point de mire, une fonction de mutualisation de ce qu'il reste des fonctions de police et de contrôle aujourd'hui encore réalisées à l'échelle départementale? À force de raboter et de rendre de plus en plus improbable l'exercice des services déconcentrés de l'État, n'est-ce pas la déconcentration elle-même que l'on veut réduire, voire éteindre, en laissant le champ aux collectivités, à la décentralisation, de prendre en main, avec le *minimum minimorum*, d'encadrement national? Nous pensons que l'État éteint, progressivement, sa présence technique dans les territoires et que l'agonie des services concernés rentre en phase terminale. Reste à trouver les relais dans les territoires et à gérer le malaise des corps et des agents collectivement ou individuellement touchés par ce phénomène de fond, inéluctable.

2. Du malaise des corps techniques à la résurgence d'un opérateur-expert national ?

Nombreux sont les médecins à se porter au chevet des corps techniques les plus durement touchés par la résorption de l'État dans les territoires. La qualité intellectuelle des ingénieurs appelle en effet une tentative de recyclage de moyens humains de haut niveau avec, comment faire autrement? la recherche de passerelles vers d'autres espaces administratifs d'action, par exemple dans le corps des sous-préfets. Il reste que le constat posé par le rapport conjoint de l'IGA, du CGEDD et du CGEFi sur l'encadrement supérieur et dirigeant de l'État (2014) ne peut qu'inciter les jeunes talents à bien réfléchir sur une éventuelle orientation professionnelle dans le public :

> « La possibilité pour de jeunes ingénieurs d'acquérir les compétences opérationnelles de terrain, l'État ne possédant plus en son sein toute la palette des métiers de l'ingénieur, notamment dans le domaine des infrastructures. Pour conserver une vraie compétence technique, le parcours des ingénieurs devra donc de plus en plus comporter un passage en dehors du périmètre des administrations de l'État, même élargi à ses établissements publics, notamment en collectivité territoriale[19]. »

19. « L'encadrement supérieur et dirigeant de l'État », 2014, *https://www.ladocumentationfrancaise.fr/var/storage/rapports-publics/144000531.pdf*.

Les flux de recrutement sont d'ailleurs cohérents avec cette perspective « en fermeture » du côté de l'État :

> « Les recrutements par les corps civils en sortie de l'École Polytechnique ont été très fortement réduits au cours des dix dernières années pour tenir compte de l'évolution des missions de l'État (nouveau statut de France-Télécom, réduction du programme d'investissement en matière d'infrastructures, décentralisation). »

Au-delà de ces analyses, peu rayonnantes pour l'avenir des corps techniques de l'État, il convient toutefois de nuancer avec l'éventualité d'un regain d'utilité pour les experts *via* l'émergence d'agences spécialisées dans l'accompagnement de projets d'aménagement présentant un haut degré de complexité et de technicité. Si la « messe » semble dite pour les services déconcentrés, peut-être que la future Agence nationale de la cohésion des territoires (ANCT), en lien avec le Centre d'études et d'expertise sur les risques, l'environnement, la mobilité et l'aménagement (CEREMA), restera une sorte de « temple » de l'expertise nationale et servira de creuset aux ingénieurs de l'État désireux de continuer leur carrière au service de l'ingénierie publique, en particulier pour le compte des territoires. Rien n'est cependant arrêté à ce stade.

Pour le moment, il reste que la fuite des cerveaux scientifiques et techniques de l'État fait le lit, sur le terrain, de la solitude des élus locaux confrontés à des projets de plus en plus complexes et le plus souvent intellectuellement démunis face à des opérateurs privés qui ont tendance à écouler des solutions techniques prêtes à l'emploi dans ces contextes qui mériteraient un minimum d'ajustement. De là, des montages sans vision d'ensemble, des projets d'équipement mal pensés, consommateurs des maigres budgets d'investissement qui demeurent. Certes, la perspective est sombre. Comment y parer ? Une réflexion sur le financement du développement local intégrant un renouveau de la maîtrise d'ouvrage publique pourrait offrir une échappatoire au dessin esquissé.

B. La question en suspens du financement de l'assistance à maîtrise d'ouvrage

Dans un contexte où les financements d'investissement sont devenus rares pour les collectivités territoriales, en général contraintes par la pression exercée par l'État sur leurs dépenses de fonctionnement, le recours à l'endettement privé ou à des montages financiers faisant une large place aux prêts bonifiés de la Caisse des dépôts s'impose. Il reste un angle mort dans la couverture de l'élaboration intellectuelle des stratégies territoriales de développement. Compte tenu de la complexité des projets à mener, de la rareté des moyens humains de haut niveau pour les organiser et des financements relativement importants à dédier à l'initial, un soutien de la puissance publique ne serait-il pas nécessaire pour les territoires les plus fragiles et les moins dotés ?

1. L'internalisation, la mutualisation publique ou l'externalisation au privé des compétences techniques au bénéfice des collectivités territoriales

Face à l'érosion de la fonction de conseil et d'assistance à maîtrise d'ouvrage de l'État, les collectivités pourraient prendre le relais en fonction de leurs moyens financiers et, de manière subséquente, de leur capacité à mobiliser une expertise de haut niveau. La question budgétaire est en pratique essentielle. Pour de grandes collectivités dotées de recettes importantes, par exemple les métropoles, on imagine qu'elles puissent bénéficier de services techniques étoffés, avec des agents contractuels pointus susceptibles de les aider à bâtir leurs projets de territoire. Pour les plus petites collectivités, celles situées en milieu rural, qui souffrent souvent de l'érosion des moyens de la section de fonctionnement, le poids en termes de ressources humaines que représente une permanence technique suffisamment fournie en nombre et en qualité interroge davantage. Le recours à l'externalisation, ponctuelle, de la fonction d'assistance à maîtrise d'ouvrage est la solution la plus vraisemblable avec la difficulté de tracer des continuités dans le temps et de maintenir une certaine cohérence dans les réalisations à mener, avec un regard critique de la puissance publique sur les offres de services émanant du secteur privé qui travaille, dans ce canevas, par séquence sans assurer un suivi durable des projets.

Une option alternative serait que les collectivités de premier rang (voir communes, intercommunalités) puissent s'appuyer sur une centrale d'expertise mutualisée à l'échelle départementale articulée autour du conseil départemental. La question des moyens remonte alors à cette échelle avec la difficulté particulière pour les départements, en tant qu'assemblée élue, de dégager une ressource financière au bénéfice des collectivités d'échelle *infra*, alors que les politiques départementales souffrent déjà d'un effet d'écrasement de la charge que représentent l'aide et l'action sociale. Avec le peu de marge de manœuvre qu'il leur reste (P. Jamet, 2010 ; C. comptes, 2017), les conseils départementaux auraient plutôt tendance à donner la priorité à l'action sociale non obligatoire, à la gestion du parc des routes et des collèges que de prêter main-forte à d'autres acteurs.

Au-delà de l'échelle départementale, et en attendant une clarification de la future Agence nationale de la cohésion territoriale en relation avec le CEREMA, on pourrait également imaginer une recomposition de l'ingénierie publique à l'échelle régionale. Ici, les effets d'éloignement du terrain commencent à jouer, en particulier dans le cadre de très grandes régions comme l'Occitanie (13 départements), la Nouvelle-Aquitaine (13) ou le Grand-Est (10).

2. Les sources rares du financement de l'avant-projet sommaire des stratégies territoriales

Sans attendre de solution miracle du côté des acteurs publics, en particulier ceux relevant du champ des administrations publiques (APU) au sens de la comptabilité nationale et par conséquent assujettis à de fortes contraintes macrobudgétaires, la solution viendra peut-être du champ des sociétés financières de droit public (secteur S. 12 du système européen des comptes), des banques publiques d'investissement.

Face au retrait de l'État et aux difficultés budgétaires des collectivités territoriales, l'émergence d'une Banque des territoires, fondée sur le groupe Caisse des Dépôts et Consignations, apparaît comme une nouveauté dans le paysage institutionnel « territorial » susceptible de générer des solutions à la question de l'accompagnement et du financement des projets de développement local (voir schéma ci-après). Baptisée le 30 mai 2018 par le ministre en charge de l'Aménagement du territoire, Jacques Mézard, et le nouveau directeur général de la Caisse, Éric Martin, cette Banque des territoires (BdT) n'est pas une construction *ex nihilo*, mais la mise en cohérence de divers outils à disposition de la Caisse des dépôts au bénéfice des projets portés par les élus.

Au-delà de la question du financement des investissements ou de la montée en capital pour assurer leur exploitation, la problématique de l'assistance à maîtrise d'ouvrage et du soutien à la définition de projets de territoires suffisamment charpentés demeure à l'interface, d'une part de la direction du réseau territorial de la Caisse, avec ses directions régionales, et d'autre part de la filiale privée de la Caisse, la SCET spécialisée dans l'ingénierie au service des collectivités territoriales. Le point d'équilibre entre fonction de conseil et prestation de service est délicat à trouver alors que le Code des marchés publics enjoint les acteurs publics de faire jouer la concurrence et d'assurer le libre accès à la commande publique. On le voit ici la cause de l'extinction des fonctions d'ingénierie publique dans les services déconcentrés de l'État rejoint aujourd'hui la difficulté d'un soutien spécifique de la puissance publique à des collectivités territoriales. L'ancien renoue avec l'actuel, mais dans un cadre institutionnel plus complexe que par le passé, marqué par la multiplicité des acteurs, mais aussi la rareté des engagements résolus à servir authentiquement l'intérêt général.

La Banque des territoires, émanation du groupe Caisse des dépôts

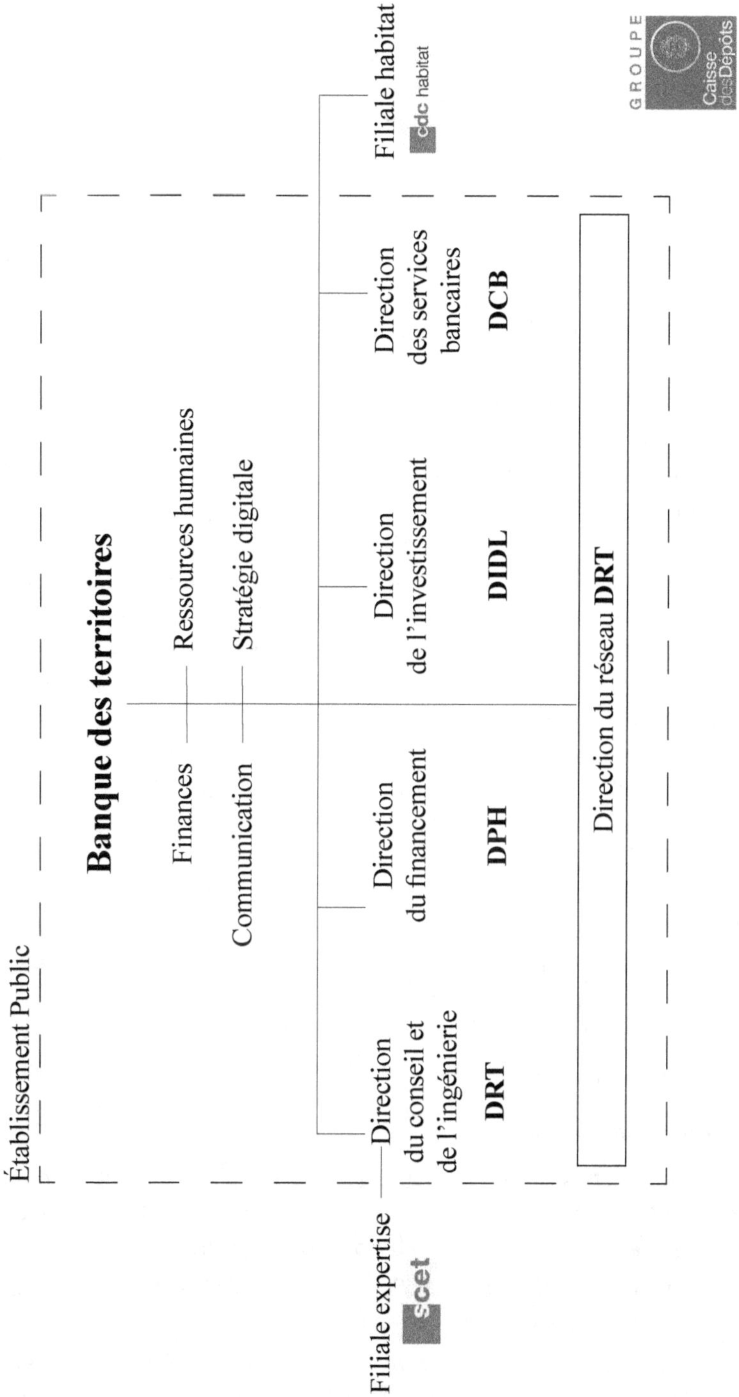

Source : CDC, le 30 mai 2018 lors du baptême de la BdT.

***
*

La notion même d'ingénierie territoriale appelle une mise au point tant sur les plans disciplinaire, juridique que géographique. À mêler toutes les sciences et techniques de l'ingénieur, la puissance publique risque de perdre la crédibilité nécessaire pour discuter, au fond, des projets d'aménagement aujourd'hui mis en œuvre par les agents privés, eux-mêmes pointus dans leur métier de base. Par ailleurs, à confondre le territoire, au sens géographique du terme, et les collectivités qui l'administrent selon leurs compétences juridiques, il est à craindre un certain flou qui laisse, *in fine*, les élus sans recours à une expertise publique indépendante et professionnelle, expertise susceptible d'assurer le suivi dans le temps des grands projets d'aménagement, de leur qualité et de leur efficacité. Il reste que les logiques d'économies budgétaires, qui pèsent sur l'ensemble des administrations publiques, jouent en faveur de la minimisation des coûts à brève échéance et d'une recherche ciblée sur l'efficience, sans considération pour le développement durable des territoires.

Comment concilier l'ensemble de ces contraintes pour tendre, malgré tout, vers des projets de territoires viables, bien pensés, assis sur une conception exigeante et portés par des élus raisonnablement assurés et rassurés par des experts fiables ? Il n'est pas évident que les services déconcentrés de l'État tiennent la solution, ni même les services techniques internes aux collectivités de premier rang pour des raisons de réduction budgétaire et de fuite des talents. En revanche, la recomposition d'une offre publique d'assistance à maîtrise d'ouvrage soit *via* l'émergence d'une agence nationale de la cohésion territoriale, alliée du CEREMA, soit par la constitution de pôles d'expertises mutualisés à l'échelle départementale, voire régionale du côté des collectivités, pourraient apporter des réponses à la difficulté de mobiliser des intelligences dans les territoires les moins riches. La question reste aujourd'hui en suspens sur le plan institutionnel. Il demeure que le nouvel acteur que représente la Banque des territoires, adossée à la Caisse des dépôts, pourrait d'ores et déjà être un levier pour un regain en faveur de développements locaux qualitatifs pour peu que les financements n'aillent pas qu'aux équipements, mais également à la conception d'ensemble des stratégies territoriales de développement. Pour incertain qu'il soit, l'avenir est ouvert et sera ce que nous en ferons.

Bibliographie

– Association des Départements de France, Association des Communautés de France, Institut national des études territoriales, *Territoires ingénieux – L'ingénierie au service de l'autonomie locale*, ADF, AdCF, CNFPT, 2015.

– Cour des comptes, *Les réseaux fixes de haut et très haut débit en France – Premier bilan*, Rapport public thématique, janvier 2017.

– Cour des comptes, *La situation financière et la gestion des collectivités territoriales et de leurs établissements publics*, Rapport sur les finances locales, octobre 2017.

– DAMBRINE F., « De quel type d'ingénieurs l'État a-t-il besoin de nos jours ? », *Annales des Mines – Réalités industrielles*, 2011/1.

– DEGRON R., *Vers un nouvel ordre territorial français en Europe*, Lextenso, coll. « Systèmes », 2014.

– DEGRON R., *Les finances publiques à l'heure européenne*, coll. « Les Carrés », Gualino, 3e éd., janvier 2017.

– DEGRON R., « L'agenda financier France 2022 : tournant des lois de programmation des finances publiques et de la décentralisation ? », *Revue de Gestion et de Finances publiques*, n° 1, janvier-février 2018.

– DEGRON R., *The new European budgetary order – Investment paradox & Technocratic risk*, éd. Bruylant (à paraître, sept. 2018).

– DURAN P. et THOENIG J.-Cl., « L'État et la gestion publique territoriale », *Revue Française de Science Politique*, vol. 46, n° 4, 1996.

– DURAN P., « L'(im)puissance publique, les pannes de la coordination », *in La puissance publique : Travaux de l'Association Française de Droit Administratif*, rapport introductif, LexisNexis, 2012.

– DURAN P., « Déconcentration », *in* N. KADA R. PASQUIER, Cl. COURTECUISSE et V. AUBELLE (dir.), *Dictionnaire encyclopédique de la décentralisation*, Berger-Levrault, 2017.

– IGA, CGEDD, CGEFi, *L'encadrement supérieur et dirigeant de l'État*, rapport d'inspections conjoint, juillet 2014.

– JACQUOT H. et PRIET Fr., *Droit de l'urbanisme*, 7e éd., Dalloz, coll. « Précis », avril 2015.

– JAMET P., *Rapport à Monsieur le Premier ministre sur les finances départementales*, LDf, avril 2010.

– LEBRETON J.-P. (dir.), « Évaluation juridique des premiers schémas de cohérence territoriale », série « Droit de l'urbanisme », *Cahiers du GRIDAUH*, n° 19-2009.

– PETIT Y., *Droit et politiques de l'environnement*, « Les Notices », LDf, 2009.

– STECKEL-ASSOUÈRE M.-Ch. (dir.), *Regards croisés sur les mutations de l'intercommunalité*, L'Harmattan, coll. « GRALE », avril 2014.

LA PLACE DES TERRITOIRES RURAUX DANS LES SCHÉMAS RÉGIONAUX DE DÉVELOPPEMENT ÉCONOMIQUE, D'INNOVATION ET D'INTERNATIONALISATION

par

Jacques FIALAIRE

Professeur de droit public
Université de Nantes
Codirecteur du GRALE

Une mode semble désormais bien installée : c'est celle des « schémas » énonçant des « orientations à vocation tantôt générale et tantôt spécialisée, décidées notamment par les collectivités territoriales dans un certain nombre de domaines »[1]. Le souci constant a été de répondre par là à un besoin de « coordination », dans des domaines de compétences partagées ou ouvertes[2], au prix d'une profusion de ces schémas.

La loi NOTRe du 7 août 2015 est venue simplifier et rationaliser un paysage encombré au fil du temps par un empilement de cartes et schémas divers, en fusionnant les instruments existants en deux schémas régionaux, destinés à guider l'action publique locale dans deux grands domaines : l'aménagement du territoire orienté par des objectifs de développement durable et le développement économique. Nous nous intéresserons ici à l'un d'entre eux : le schéma régional de développement économique, d'innovation et d'internationalisation (SRDEII) et aux manières selon lesquelles il appréhende les territoires ruraux. D'emblée, on conçoit que cette acclimatation ne va pas de soi, tant ces schémas sont d'abord conçus pour saisir des défis globaux.

1. J.-M. PONTIER (dir.), *Cartes, schémas et décentralisation*, PUAM, 2000.
2. J.-M. PONTIER, « La redéfinition des compétences : à la recherche de la cohérence », *RDP*, nº 5/2015, sept.-oct. 2015, p. 1250.

On mesure la témérité d'une entreprise consistant à acclimater droit et économie politique. Les anciens ne nous ont-ils pas enseigné que

> « le droit et l'économie politique ne sont pas de même nature ? L'économie politique prétend être une science : elle observe des faits ; elle recherche les causes qui les engendrent. Et en tant que science, elle ne juge pas, elle n'apprécie pas, elle ne défend pas. Le droit, tout au contraire, a pour objet et pour mission de formuler des prescriptions, de dégager des principes, d'élaborer des réglementations »[3].

Et pourtant, qu'elles soient de type dirigiste ou à la recherche d'instruments souples de régulation publique, les politiques régionales de développement local tendent à surmonter cette opposition initiale.

Un temps, selon des préceptes économiques d'inspiration keynésienne[4], seul l'État était censé avoir une intervention efficace en matière économique. La percée de la notion de développement local à partir des années 1970 a abouti à valoriser l'action économique des collectivités territoriales. Elle a pu reposer sur des hypothèses de « mobilité des agents économiques », en fonction de l'offre de biens publics locaux disponibles[5]. L'idée a fini par s'imposer selon laquelle

> « les régions doivent jouer un rôle de *leader*, tant au regard de la théorie économique – de par leur seuil dimensionnel démographique et financier – que de l'action publique locale »[6].

Les schémas ont pour vocation de réguler l'attribution des aides économiques aux entreprises. Celles-ci peuvent s'entendre comme

> « un bien public local, plus ou moins divisible, à effets géographiques limités. Leur financement au sein des budgets locaux est largement assis sur un prélèvement fiscal pesant à la fois sur les activités économiques et sur les ménages localisés sur le territoire d'intervention ».

On s'interroge alors sur le

> « degré de décentralisation optimal des décisions collectives en matière d'interventions économiques du triple point de vue de l'efficacité allocative des ressources, de l'équité et de l'impact macroéconomique »[7].

Cette question demeure sujette à débats, ce qui peut expliquer l'instabilité du cadre juridique de la planification économique régionale.

3. G. PIROU, *Introduction à l'étude de l'économie politique*, 1939, p. 111-112.
4. R. MUSGRAVE, *The Theory of Public Finance*, 1959.
5. Un courant économique tente d'expliquer le choix résidentiel des consommateurs à travers les dépenses engagées par les communes pour financer différents niveaux d'offre de biens publics locaux : Ch. M. TIETBOUT, « A Pure Theory of Local Expenditures », *The Journal of Political Economy*, 1956, vol. 64/5, p. 416-424.
6. M.-J. MARCHAND, « La région et ses partenaires en matière d'interventions économiques locales », *in Annuaire des collectivités locales*, GRALE, 1995, p. 67-82.
7. M.-J. MARCHAND, *id.*

Le SRDEII est le dernier avatar d'une mue de la planification régionale.

L'encadrement des actions de développement économique des collectivités territoriales et de leurs groupements a un temps été partagé entre l'État et les régions, chacun disposant de compétences particulières, constituées :

- d'un côté par l'existence d'un pouvoir de coordination de l'État (art. L. 1511-1, CGCT);
- de l'autre, d'une somme de prérogatives de la région, allant de l'information sur les systèmes d'aides existant sur le territoire régional à la définition du régime et octroi des aides directes aux entreprises, décidés par le conseil régional (art. L. 1511-2, CGCT), en passant par la concertation avec les collectivités et groupements de ce territoire « en cas d'atteinte à l'équilibre économique de tout ou partie de la région » (même article).

La région a vu ses prérogatives élargies en cas de recours à une expérimentation prévue par la loi n° 2004-809 LRL, du 13 août 2004. Selon son article 1er, en optant pour l'élaboration et l'adoption (par le conseil régional) d'un « schéma régional de développement économique », « définissant les orientations stratégiques de la région en matière économique », la région obtenait une délégation de compétence de l'État pour accorder « tout ou partie des aides » octroyées par l'État aux entreprises, dont la gestion était déconcentrée.

Le bilan de cette réforme est apparu relativement décevant, le fort attrait des régions recourant toutes à la technique du SRDE suivant une démarche méthodique, contrastant avec quelques manques : « un dispositif d'évaluation rarement mis en place »[8], et une absence de portée juridique vis-à-vis des autres agents économiques publics[9]. Une réforme nouvelle s'annonçait, un rapport sénatorial plaidant en 2011 en faveur d'un renforcement du rôle des régions[10].

En apparence, la loi NOTRe clarifie la compétence relative au développement économique, à deux niveaux :

- quant au détenteur de celle-ci : la loi pose nettement que « la région est la collectivité territoriale responsable, sur son territoire, de la définition des orientations en matière de développement économique » (art. L. 4251-12, CGCT);
- quant au mode d'exercice de cette compétence qui se réalise doublement :
  - d'un côté, par un pouvoir réglementaire exclusivement détenu par le conseil régional, portant sur la « définition des régimes d'aides » prolongé par le pouvoir de « décider de l'octroi des aides aux entreprises dans la région » (art. L. 1511-2, CGTC),

8. Suivant un constat dressé par la Cour des comptes : *Les aides des collectivités territoriales au développement économique*, rapport thématique, 2007.

9. G. MARCOU, « Développement économique : la région, chef de file ? », *RFAP*, n° 156/2015, p. 1039.

10. Sénat, *Mission commune d'information sur la désindustrialisation des territoires*, rapport d'information présenté par Alain Chatillon, 5 avril 2011.

– d'un autre côté, par la fonction de planification se traduisant par l'élaboration du SRDEII (art. L. 4251-13, CGCT), qui, une fois approuvé par le préfet de région (art. L. 4251-16, CGCT), s'impose aux « actes des collectivités territoriales et de leurs groupements en matière d'aides aux entreprises » selon un rapport de compatibilité (Cart. L. 4251-17, CGCT).

Globalement,

> « les SRDEII s'organisent autour d'un diagnostic économique (et parfois territorial), des orientations régionales de soutien à des filières et secteurs d'activité stratégiques et des dispositions organisant les relations entre les différentes parties prenantes de la stratégie régionale »[11].

Mais en dépit du caractère prescriptif reconnu au SRDEII par la loi, son effectivité réelle est contestée. Dès l'entrée en application de la loi NOTRe, tel haut fonctionnaire territorial fait part de son scepticisme en ces termes :

> « Les conditions de son élaboration [incluant un "droit de veto" des métropoles sur leurs territoires] et la faible portée juridique qui s'y rattache, risquent de faire du SRDEII une fiction juridique[12]. »

En 2017, avec un premier recul, il ressort un « bilan mitigé de la première vague de SRDEII » à la fois du fait :

– d'une concertation trop « bâclée » pour tenir l'objectif de l'adoption des schémas fin 2016 ;

– du caractère trop vague des orientations qu'ils retiennent, peu traduisibles en « véritables prescriptions juridiques opposables » ;

– et de l'absence fréquente de volonté des élus régionaux d'user de leur « pouvoir réglementaire »[13].

Peut-on dans un élan optimiste, penser que l'appréhension des territoires ruraux dans la planification économique régionale progresse à la faveur du « mûrissement » de ce procédé d'action publique locale ?

Ancienne, l'appréhension face au risque de désertification des campagnes françaises[14] a pu conduire à des politiques de revitalisation de ces espaces, à caractère contracyclique. La notion de « territoire vécu », seule à même d'embrasser les caractéristiques d'espaces profondément marqués par l'exode rural a été plutôt consacrée dans les politiques d'aménagement du territoire, suscitant dans les

---

11. Étude-bilan de l'AdCF et de la CDC sur les SRDEII, *Quelles ambitions économiques pour nos territoires ?* 2018, p. 12.

12. P. Villeneuve, « Les nouveaux enjeux du développement économique régional », *JCP-ACT* 21 sept. 2015, n° 38-39, 2266.

13. Ch. Riquelme, « Développement économique et aménagement durable du territoire », *Pouvoirs locaux*, n° 110/II/2017, p. 55-56.

14. J.-F. Gravier, *Paris et le désert français*, Flammarion, 1947.

années 1990 un mouvement législatif allant de la reconnaissance[15] à l'institutionnalisation[16] de la formule des « pays ». Ainsi le concept de « pays » a-t-il traduit une philosophie de l'action publique de type intégrative ou globale, selon laquelle « la politique d'aménagement du territoire doit se développer sur des espaces dans lesquels s'expriment les solidarités réelles »[17]. Et l'on sait qu'à l'idée d'une mise en extinction progressive des pays préconisée dans le rapport Balladur de 2009, a succédé leur retour sous la forme des « pôles d'équilibre territorial et rural », prévus dans la loi MAPTAM du 27 janvier 2014.

Force est de voir que territoires ruraux et planification économique divergent dans leurs caractéristiques respectives : les premiers se prêtent mieux à un « modelage » en termes d'aménagement du territoire qu'à une modélisation économique cartographiée.

Mais ce constat négatif peut être atténué si l'on examine certains critères retenus dans la loi NOTRe, s'agissant de la recomposition des périmètres des intercommunalités. Le seuil minimal de population rassemblée dans un EPCI à fiscalité propre est ainsi abaissé par la loi NOTRe dans les espaces ruraux à faible densité[18] et dans les zones de montagne (art. L. 5210-1-1, § III, CGCT). Ces espaces ont donc gagné un traitement législatif spécial. L'éloignement initial n'est-il donc pas surmontable ?

D'où cette question guidant notre étude : le législateur a-t-il pris en compte des composantes de la ruralité dans le processus allant de l'élaboration à la mise en œuvre des SRDEII ?

Cette interrogation sera d'abord abordée sous un angle de vue plus général. On se demandera quelle place la ruralité peut occuper dans les paramètres d'une planification régionale économique (I).

Au-delà, les recherches développées sur les « systèmes interterritoriaux » maillant agglomération et espaces ruraux ont montré « l'obsolescence de la traditionnelle vision opposant le centre à la périphérie ou l'urbain au rural ». On en déduira qu'un instrument de planification spécifique aux zones rurales serait superflu. Comment alors tirer parti des voies et moyens offerts par le procédé du SRDEII, pour promouvoir des politiques de développement local adaptées aux espaces ruraux ? (II).

---

15. Par la loi d'orientation sur l'aménagement et le développement du territoire (LOADT) n° 95-115 du 4 février 1995.

16. Par la loi n° 99-533 du 25 juin 1999 d'orientation pour l'aménagement et le développement durable du territoire.

17. J.-M. BECET, « L'évolution récente de la politique d'aménagement du territoire », *in* J.-L. BODIGUEL et J. FIALAIRE (dir.), *Le renouveau de l'aménagement du territoire*, L'Harmattan, coll. « Logiques juridiques », 2002, p. 112-113.

18. Cl. DEVÈS (dir.), *Vivre et travailler dans les espaces à faible densité – Quelles stratégies de développement ?* L'Harmattan, coll. « GRALE », 2015.

I. Ruralité et planification économique régionale : une ignorance originelle dépassable

Force est de voir que l'observation de la ruralité reste souvent en marge des exercices de modélisation économique (A).

Elle ne peut être mieux être appréhendée que moyennant le respect de certaines exigences (B).

A. Le constat initial : des territoires ruraux « périphériques » ou délaissés

Une observation s'impose quant à l'esprit de la réforme territoriale déclinée entre 2014 et 2015 :

> « Elle semble s'appuyer sur l'idée que la France est avant tout un pays urbain, dont l'organisation doit se structurer autour d'un certain nombre de grandes villes, puis par désagrégations successives [...], pour aboutir au maillage en bourgs des espaces ruraux [...]. L'avenir de l'Hexagone se dessine ainsi autour de ses zones les plus peuplées et les plus denses, appelées à jouer un rôle structurant en organisant et aménageant leurs *hinterlands*[19]. »

Cette logique semble avoir imprégné le cadre posé dans la loi NOTRe. Claude Devès[20] relève que s'agissant des domaines d'action légalement couverts par le SRDEII, on ne trouve pas

> « de dispositions concernant explicitement les territoires ruraux, si ce n'est [...] un volet facultatif sur les orientations en matière d'aides au développement des activités agricoles, artisanales, industrielles, pastorales et forestières » (art. L.4251-13, al. 7, CGCT).

Tout se passe comme si le législateur ne parvenait pas à s'abstraire du poids d'une expertise polarisée sur « l'analyse des relations entre les métropoles et les territoires avoisinants », s'inspirant de recherches antérieures sur « la formation et le fonctionnement d'écosystèmes entrepreneuriaux »[21].

---

19. A. Torre et S. Bourdin, « Les réformes territoriales : un big bang en matière d'aménagement des territoires ? » *Pouvoirs locaux*, n° 110/II/2017, p. 50.
20. Cl. Devès, « Les territoires ruraux depuis – et au-delà – de l'acte III de la décentralisation », *Pouvoirs locaux*, n° 109 I/2017, p. 76.
21. M. Brunetto, D. Carré, N. Levratto, L. Tessier (laboratoire Economix), *Analyse du lien entre les métropoles et les territoires environnants*, rapport de recherche pour France Stratégie, le CGEC et l'Institut pour la recherche de la CDC, 2017.

B. *La confrontation aux défis du développement économique des territoires ruraux*

La prise en compte de la ruralité dans les schémas régionaux suppose une capacité à intégrer plusieurs variables essentielles caractérisant ces territoires, qui sont :

- l'existence de « territoires vécus » aux contours variés qui « s'inscrivent dans le long terme, avec une histoire et des préoccupations ancrées dans les cultures et les habitudes locales »[22];
- une palette possible de vecteurs d'essor économique, allant du « développement des circuits courts de proximité » au déploiement « d'énergies renouvelables à partir de la biomasse », dont la disponibilité dépend des ressources locales[23];
- une attention à porter au risque de « dévitalisation » des centres-bourgs, conséquence d'une désertification ou du déplacement des pôles d'activité le long des voies de communication[24]; ceci rend nécessaire une action conjuguée sur l'offre commerciale et sur le foncier;
- une organisation sociale faisant une place substantielle aux organismes d'économie sociale et solidaire, et favorisant « les expériences de collaboration au niveau local », de « l'épargne de proximité » aux « levées de financements communs (*crowdfunding*) »[25].

Pour saisir efficacement ces enjeux, on pourrait attendre de la planification économique régionale les réponses globales suivantes :

- qu'elle déploie des objectifs stratégiques mettant en avant les atouts économiques des espaces ruraux;
- qu'elle s'ouvre à des approches interrégionales traitant spécifiquement certains espaces à dominante rurale comme le Massif central;
- qu'elle prenne en compte les programmes de revitalisation des zones rurales, déclinés à des échelles différenciées en raison de la place occupée par leurs promoteurs et opérateurs.

Mais ces priorités ne semblent transparaître qu'assez partiellement dans les SRDEII. Ainsi, le SRDEII Auvergne-Rhône-Alpes 2017-2021 met-il en avant la première place occupée par celle-ci en termes d'industrialisation, tout en saluant la position dans l'économie régionale des filières « agriculture » et « tourisme », en tant qu'occupant « respectivement plus de 115 000 actifs permanents et 168 000 emplois salariés ».

---

22. A. TORRE *et al.*, *id.*, p. 50.
23. *Id.*, p. 52.
24. Voir Dossier « Au chevet des centres-bourgs », dans *Intercommunalités, magazine de l'AdCF* oct. 2016, n° 213, p. 3 et s.
25. *Id.*, p. 52.

Quittons là cet essai d'intégration des ressorts de la ruralité dans une vision macroéconomique. En descendant à une échelle plus fine et proche du terrain, peut-on identifier des paramètres mesurant l'adaptabilité des schémas régionaux aux territoires ruraux ?

II. L'évaluation de l'adaptabilité des SRDEII aux territoires ruraux

À la lecture de quelques schémas régionaux, il nous semble que des réponses partielles sont apportées à cet enjeu. Nous tenterons d'objectiver au cas par cas le degré de cette adaptabilité, en étalonnant celle-ci au regard de critères organiques et matériels.

A. Les critères organiques de mesure de l'adaptabilité des SRDEII aux enjeux de la ruralité

Sur le plan du processus d'élaboration, les intérêts des territoires ruraux peuvent être portés au cours de la phase de concertation dans le cadre de la conférence territoriale de l'action publique (CTAP), dans la mesure où celle-ci inclut les chambres consulaires et les chambres régionales de l'économie sociale.

Au-delà du stade de l'élaboration du SRDEII, chaque région peut approfondir cette concertation en cours de déclinaisons de celui-ci. Cela passe actuellement en Auvergne-Rhône-Alpes par la tenue périodique de « conférences économiques territoriales ». Mais la prise en compte des intérêts de la ruralité peut paraître en recul par rapport à l'expérience antérieure d'atelier citoyen ruralité Rhône-Alpes[26].

Inversement, une place de la ruralité peut être regagnée dans la phase ultérieure de mise en œuvre du schéma, soit par la conclusion de conventions d'application, soit en s'appuyant sur des dispositifs d'évaluation *ex post* ; dans ce sens :

- la région Auvergne-Rhône-Alpes « établit avec les départements de son ressort un conventionnement global en matière de développement économique » (SRDEII 2017-2021) ;
- la région des Pays de la Loire effectue une enquête de suivi annuel de l'application du SRDEII, donnant lieu à échanges avec les développeurs économiques des EPCI et un panel d'entreprises, susceptibles ainsi de mieux s'approprier les orientations du schéma.

Le phasage entre acteurs de cette concertation est en principe garanti par les dispositions de la loi NOTRe (art. 4) prévoyant la mise en place de nouvelles chambres consulaires dans le périmètre des régions récemment fusionnées (suivant le découpage figurant à l'article L. 4111-1, CGCT).

26. Formule signalée en 2011, voir S. BARONE (dir.), *Les politiques régionales en France*, La Découverte, 2011, p. 274.

Mais le niveau d'interaction entre les régions et les chambres consulaires varie selon que :

– soit est déclinée une option minimale, consistant en ce que la mise en œuvre du SRDEII incorpore « un travail mené avec les compagnies consulaires compte tenu de leur réseau de proximité coordonné, et de la complémentarité de leurs missions et moyens avec le projet du SRDEII ». C'est le choix retenu par la région Auvergne-Rhône-Alpes ;

– soit est pleinement matérialisée l'obligation légale de compatibilité des « stratégies des chambres de commerce et d'industrie, des métiers et de l'artisanat » avec le SRDEII (art. L. 711-8, C. com. et art. 5-5, C. artisanat). La réalisation de cette exigence légale reste à vérifier dans la pratique.

On peut encore imaginer un autre possible « garde-fou », en mobilisant le pouvoir d'approbation détenu par le préfet de région, qui peut demander des modifications par décision motivée, lesquelles doivent être « prises en compte » dans un délai de trois mois pour que le SRDEII prenne effet (CGCT, art. L. 4251-16). La légitimité de ce contrôle a été validée par le Conseil d'État qui a écarté une question prioritaire de constitutionnalité faisant valoir une atteinte possible au principe constitutionnel de libre administration des collectivités territoriales. La Haute juridiction a en effet estimé que :

> « le législateur n'a pas privé de garanties suffisantes l'exercice de la libre administration des collectivités territoriales, en soumettant le SRDEII à l'approbation préalable du représentant de l'État en vue d'assurer, sous le contrôle du juge, le respect de la légalité, notamment le respect des obligations internationales de la France, et des intérêts nationaux[27]. »

Il convient de voir plutôt dans le pouvoir de contrôle donné au préfet une justification selon laquelle

> « il serait juridiquement impossible de réserver à une seule catégorie de collectivités l'intégralité des compétences en matière d'interventionnisme économique, sans méconnaître l'article 72, al. 2 de la Constitution »[28].

En théorie, le représentant de l'État pourrait être amené à veiller à la prise en compte des enjeux du développement des espaces ruraux de sa circonscription, au nom de « la préservation des intérêts nationaux » (art. L. 4251-16, CGCT). Cela reste à confirmer dans la réalité.

Pour ne pas être purement formel, le respect des critères organiques précités doit se coupler avec l'atteinte de critères matériels au contenu plus substantiel.

---

27. CE 20 mai 2016, *Assemblée des départements de France*, req. n° 397364, *BJCL*, n° 4/16, avril 2016, p. 319.

28. F. ROBBE, « Interventionnisme économique et libre administration des collectivités territoriales », *in* S. CAUDAL et J.-F. SESTIER (dir.), *Les collectivités locales et l'entreprise*, LGDJ, coll. « Décentralisation et développement local », 2002, p. 21.

B. Les critères matériels de mesure de l'adaptabilité des SRDEII aux enjeux de la ruralité

Sur le plan matériel, le degré d'adaptabilité peut résulter du parti tiré à la fois :

– du ressort large de ces documents de planification (art. L. 4251-13, CGCT), qui, selon une « vocation intégrative »[29], incluent les orientations en matière d'immobilier d'entreprise et le secteur de l'économie sociale. A été à ce titre salué « un renforcement des capacités d'action dans le domaine de l'économie sociale ». Celle-ci n'est plus confinée dans un schéma spécifique secondaire, mais « ses préoccupations sont désormais intégrées dans les schémas régionaux refondus »[30] ;

– de la possibilité de couvrir des domaines optionnels, s'agissant des orientations en matière d'aides au développement des activités agricoles, artisanales, industrielles, pastorales et forestières ;

– de la faculté ouverte par la loi d'intégrer le SRDEII au SRADDET (art. L. 4251-4, CGCT).

L'examen de quelques SRDEII révèle des orientations allant dans ces directions :

– ici, la région Nouvelle-Aquitaine prévoit des mécanismes financiers de soutien aux organismes d'économie sociale et solidaire, dans un but de pérennisation de ce secteur ;

– là, la région Auvergne-Rhône-Alpes affiche fièrement dans son SRDEII qu'« alors que l'agroalimentaire, la filière bois et du tourisme sont des domaines optionnels du SRDEII selon la loi », elle met en avant ces secteurs, au regard de « leur poids majeur en matière économique et d'emplois » ;

– dans cette même région, « la politique agricole, agroalimentaire et forestière » de celle-ci bénéficie du concours des douze départements qu'elle couvre, liés à la région par des conventions thématiques. En Pays de Loire, on observe en sens inverse des actions de soutien au commerce et à l'artisanat sur la base d'un « pacte de ruralité ».

– écartant l'option légale d'intégration du SRDEII au SRADDET, certaines régions établissent néanmoins un fort lien entre les deux schémas. Ainsi, en tirant profit du calendrier décalé d'adoption du SRADDET, les SRDEII Auvergne-Rhône-Alpes et Provence-Alpes-Côte d'Azur se voient dotés d'une fonction d'anticipation sur les questions d'aménagement, consistant pour la première :

> « à fixer les orientations stratégiques de la région au service du développement économique et de l'emploi, qui alimenteront les différents volets du SRADDET ; à positionner certaines priorités régionales en matière de

29. Expression empruntée à Pierre Villeneuve, *ibid.*, p. 23.

30. M. LONG, « Le développement économique après la loi NOTRe, renouveau ou continuité ? » *in Mélanges en l'honneur du professeur Gérard Marcou*, IRJS éd., 2017, p. 281.

projets d'infrastructures présentant un enjeu majeur pour les entreprises et le développement économique des territoires ».

***
*

Finalement au-delà du caractère sectoriel de leur prise en compte, l'impact des SRDEII sur les territoires ruraux s'apprécie avec parcimonie. Cet impact est d'autant plus limité, que les dépenses d'intervention économique des collectivités territoriales et de leurs groupements ne constituent qu'une partie de la catégorie générique de leurs dépenses de transfert, et donc une petite fraction de l'ensemble des dépenses locales.

D'aucuns ont pu regretter que « les schémas encouragent plus qu'ils ne contraignent »[31]. Il reste que le faible encadrement de ce procédé par la loi s'avère peut-être une « chance » à exploiter pour mieux prendre en compte, au plus près des réalités locales, les enjeux de la ruralité dans les SRDEII. La preuve en est que les acteurs régionaux n'ont pas hésité à emprunter d'autres voies que les seules options offertes par le législateur.

Des pistes de recherche complémentaires peuvent être tracées, qui appelleraient entre autres le concours d'économistes. Il pourrait s'agir :

- d'évaluer l'impact des soutiens apportés aux économies rurales dans l'exécution des SRDEII, suivant une relation de subsidiarité entre la planification régionale et l'action économique intercommunale ;
- au-delà, de mesurer les « capacités » des intercommunalités à exercer leur compétence de développement économique, au vu d'une grille d'indicateurs appropriés, telle la capacité à maintenir une diversité du tissu économique local.

Gageons qu'il y a là matière à de fructueux travaux de recherche à concevoir dans une perspective interdisciplinaire !

Bibliographie

- AdCF, CDC, *Quelles ambitions économiques pour nos territoires ? Étude-bilan sur les SRDEII*, 2018.
- BARONE S. (dir.), *Les politiques régionales en France*, La Découverte, 2011.
- BECET J.-M., « L'évolution récente de la politique d'aménagement du territoire », *in* J.-L. BODIGUEL et J. FIALAIRE (dir.), *Le renouveau de l'aménagement du territoire*, L'Harmattan, coll. « Logiques juridiques », 2002, p. 112-113.

31. Étude-bilan de l'AdCF et de la CDC sur les SRDEII, *Quelles ambitions économiques pour nos territoires ?* 2018, p. 14.

– Brunetto M., Carré D., Levratto N. et Tessier L. (laboratoire Economix), *Analyse du lien entre les métropoles et les territoires environnants*, rapport de recherche pour France Stratégie, le CGEC et l'Institut pour la recherche de la CDC, 2017.

– Devès Cl., « Les territoires ruraux depuis – et au-delà – de l'Acte III de la décentralisation », *Pouvoirs locaux*, n° 109 I/2017, p. 76 et s.

– Devès Cl. (dir.), *Vivre et travailler dans les espaces à faible densité – Quelles stratégies de développement ?* L'Harmattan, « GRALE », 2015.

– Long M., « Le développement économique après la loi NOTRe, renouveau ou continuité ? » *in Mélanges en l'honneur du Professeur Gérard Marcou*, IRJS Eds, 2017, p. 281 et s.

– Marchand M.-J., « La région et ses partenaires en matière d'interventions économiques locales », *in Annuaire GRALE*, 1995, p. 67-82.

– Marcou G., « Développement économique : la Région, chef de file ? », *RFAP*, n° 156/2015, p. 1039.

– Pontier J.-M. (dir.), *Cartes, schémas et décentralisation*, PUAM, 2000.

– Pontier J.-M., « La redéfinition des compétences : à la recherche de la cohérence », *RDP*, n° 5/2015, sept.-oct. 2015, p. 1250.

– Riquelme Ch., « Développement économique et aménagement durable du territoire », *Pouvoirs locaux*, n° 110/II/2017, p. 58 et s.

– Robbe F., « Interventionnisme économique et libre administration des collectivités territoriales », *in* S. Caudal et J.-Fr. Sestier (dir.), *Les collectivités locales et l'entreprise*, LGDJ, coll. « Décentralisation et développement local », 2002, p. 21 et s.

– Sénat, *Mission commune d'information sur la désindustrialisation des territoires*, rapport d'information présenté par Alain Chatillon, 5 avril 2011.

– Torre A. et Bourdin S., « Les réformes territoriales : un big bang en matière d'aménagement des territoires ? », *Pouvoirs locaux*, n° 110/II/2017, p. 50 et s.

– Villeneuve P., « Les nouveaux enjeux du développement économique régional », *JCP*-ACT, n° 38-39, 21 sept. 2015, 2266.

Annexe

Grille d'analyse de l'impact des SRDEII sur le développement des territoires ruraux

Critères par région	**Place ruralité dans les réseaux d'acteurs (au-delà du cadre légal de concertation)**	**Politique contractuelle en soutien au développement rural**	**Valoris. ruralité (aides au secteur agricole, etc.)**	**Lien entre SRDEII/ SRADDET**
Auvergne-Rhône-Alpes	*Expérience d'atelier citoyen ruralité Rhône-Alpes*[1] Partielle par la tenue de « Confér. éco. territoriales » + Conférence régionale ESS tenue en 2016	Conventions/départements domaines agricoles, forestiers et agroalimentaires + contrats/ réseaux comme Cap rural…	Soutien aux transmissions entrepr. agric.	Anticipation d'objectifs du SRADDET dans le SRDEII
Bourgogne Franche-Comté	*Expér. d'Assises territ. politiques de pays Bourgogne*[2]	Conventions mises en œuvre incluant des collectifs d'entreprises.		*Id.*
Nouvelle-Aquitaine	Visibilité partielle à travers le soutien à l'ESS		Soutien aux transmissions entreprises	Lien établi/au capital humain[3]
Pays de la Loire	Non prioritaire (politique indust. privilégiée).		Soutien au commerce et à l'artisanat sur base « pacte de ruralité »	

1. Formule signalée en 2011, voir S. BARONE (dir.), *Les politiques régionales en France*, La Découverte, 2011, p. 274.
2. *Id.*, p. 275.
3. Ch. RIQUELME, « Développement économique et aménagement durable du territoire », *Pouvoirs locaux*, nº 110/II/2017, p. 58.

Source : J. Fialaire.

L'INTELLIGENCE TERRITORIALE, VERS UNE INGÉNIERIE PARTICIPATIVE ?

par

Jean-Jacques GIRARDOT

PhD in Economics, President of the Scientific Council of the International Network of Territorial Intelligence

Philippe WOLOSZYN

Chargé de recherche au CNRS
UMR 3519 Passages

L'ingénierie territoriale est un thème qui intéresse particulièrement le réseau international d'intelligence territoriale INTI (International Network of Territorial Intelligence). INTI est un réseau de recherche-action constitué d'équipes de recherche et d'acteurs territoriaux qui conduisent au plan international des activités de recherche et des initiatives locales concrètes de transformation conciliant des objectifs économiques, sociaux, environnementaux et culturels, pour, avec et par les communautés des territoires concernés.

L'ingénierie, au sens d'un processus fonctionnel qui mène de la connaissance à la réalisation, se fonde classiquement sur la séparation taylorienne des tâches de conception et d'exécution, et plus généralement une division sectorielle des opérations nécessaires pour l'accomplissement d'une tâche. Dans le giron de l'intelligence territoriale, l'ingénierie territoriale se conçoit au contraire comme un processus coopératif et participatif, basé sur une dialectique conception-production, elle-même rendue possible par les échanges entre chercheurs et acteurs du territoire, que ce soit par le transfert des connaissances scientifiques aux acteurs, ou par la coopération multisectorielle entre acteurs, scientifiques et usagers.

Dans ce cas, la confrontation des besoins usagers à l'offre de service proposée par les acteurs s'exerce dans le cadre d'un processus d'évaluation à partir d'un diagnostic. En général mené par une équipe de chercheurs et d'acteurs, ce diagnostic utilise les technologies de l'information et de la communication pour partager l'information entre acteurs et usagers, et ainsi rendre la coopération possible malgré l'éventuelle dispersion spatiale des structures de travail sur le territoire. De même, la collecte des données relatives aux besoins des territoires, l'inventaire des services proposés par les acteurs, ainsi que les indicateurs de faisabilité ou de risque représentent autant de données sensibles représentatives de la communauté territoriale, données qu'il convient de partager et de traiter.

I. Intelligence territoriale

INTI a défini l'intelligence territoriale comme « le projet de recherche-action polydisciplinaire dont l'objet est le développement durable et dont les communautés territoriales constituent autant de sujets »[1]. Cette définition surligne le rôle principal des communautés territoriales dans la transition socioécologique vers le développement durable, auxquelles contribuent les transformations qu'elles réalisent dans le cadre plus général de l'évolution de l'espèce humaine. Il est clair que les menaces qui pèsent sur « la planète » concernent avant tout l'espèce humaine qui risque de disparaître, alors que « la nature » continuera son évolution. C'est à l'ensemble des communautés territoriales, et à chaque individu d'agir pour écarter ces risques en réalisant des transformations qui contribuent à la transition socioécologique.

L'intelligence territoriale est l'intelligence collective utile aux communautés d'un territoire pour s'adapter à leur environnement géographique (naturel à l'origine) et social et pour co-construire leur territoire. Elle repose sur une conception systémique du territoire qui n'est plus simplement perçu comme une forme contraignante, mais comme la résultante des interactions entre un espace naturel et les communautés qui le co-construisent. Elle est le résultat de la mobilisation de toutes les formes d'intelligence : connaissances scientifiques, expertises et compétences professionnelles, savoirs populaires et intelligence artificielle, à tous les niveaux de territoires.

Orientée vers le développement durable, cette intelligence collective est guidée par l'amélioration du bien-être de chacun et de tous. Elle réduit les inégalités entre les membres de la communauté territoriale et elle préserve l'environnement. Elle combine une approche scientifique multidisciplinaire et une action multisectorielle.

À partir de 2002, INTI a regroupé des équipes de recherche de nombreuses disciplines des sciences de l'homme et de la société (SHS) avec une action de coordination européenne (caENTI, 2006-2009), puis un groupe de recherche international (GDRI INTI, 2011-2014). Elle ambitionne à présent d'instituer une convergence avec les sciences de l'environnement et l'écologie. C'est l'objet de l'International Research Network « Collective Intelligence and Innovatives Territories » C2IT.

1. R. Calderon Contraras, O. Galibert, J.-J. Girardot, C. Masselot, S. Gonzales *et al.*, « Territorial Intelligence: Exploring Theoretical Approaches, Methods and Applications », Annual Meeting of the Association of American Geographers, Apr. 2013, Los Angeles, United States, 2013, *https://halshs.archives-ouvertes.fr/halshs-01146876.*

Figure 1

INTI, International Network of Territorial Intelligence

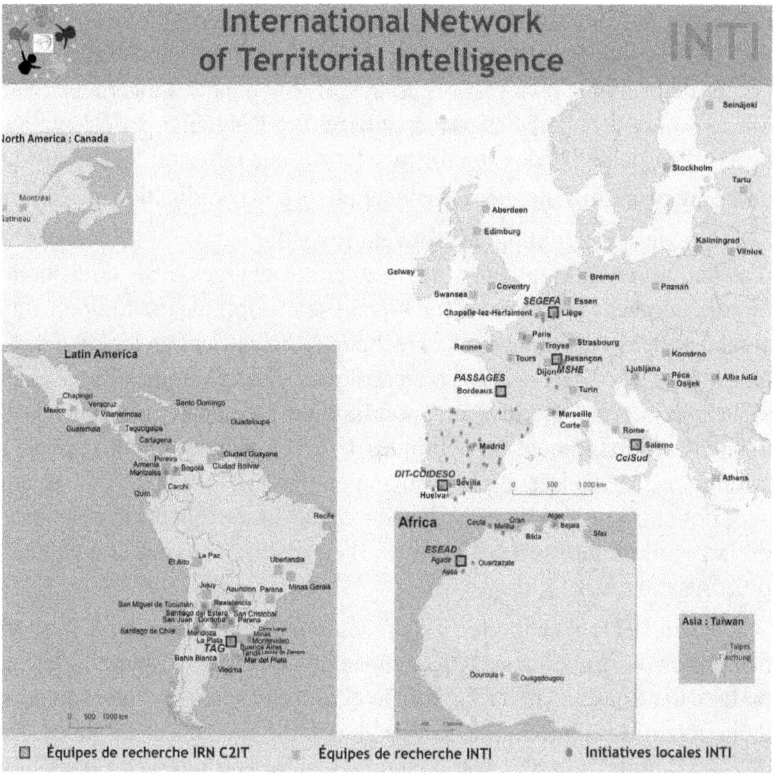

Source : J.-J. Girardot, INTI.

Les activités recherche d'INTI concernent : l'intelligence collective[2] ; le territoire et les réseaux ; l'observation coopérative[3] ; la gouvernance participative[4] ; la vulnérabilité et la résilience[5] ; et le genre.

2. C. MASSELOT, « Co-construire l'information territoriale » *in* J.-J. GIRARDOT et H. NEFFATI (dir.), *« L'intelligence territoriale, 25 ans déjà ! », Cahiers d'Administration*, supplément au n° 244, 2014, p. 45-49, *https://halshs.archives-ouvertes.fr/halshs-01136638.*

3. J.-J. GIRARDOT, « L'observation territoriale, catalyseur de l'intelligence territoriale » *in* J.-J. GIRARDOT et H. NEFFATI (dir.), *ibid.*, p. 40-44, *https://halshs.archives-ouvertes.fr/halshs-01146423.*

4. B. MIEDES, « Gouvernance et Intelligence territoriale », *in* J.-J. GIRARDOT et H. NEFFATI (dir.), *ibid.*, p. 50-53, *https://halshs.archives-ouvertes.fr/halshs-01146433.*

5. Ph. WOLOSZYN, « Les structures évolutionnaires de la résilience », *VertigO : La Revue électronique en Sciences de l'Environnement, « Risques, territoires et résilience »*, 2018.

II. Ingénierie territoriale

Le terme ingénierie renvoie à Taylor qui a créé le personnage de l'ingénieur dans le cadre de la division « taylorienne » entre le travail de conception et le travail d'exécution. Cette division s'organise déjà par rapport à une colonne vertébrale matérielle, la chaîne, qui matérialise le flux productif. Les exécutants s'activent autour de la chaîne pour réaliser un travail conçu par les ingénieurs. Sans nier les connaissances et compétences capitalisées par l'ingénierie, l'orientation collaborative et participative de l'intelligence territoriale remet en cause cette division qui doit faire place au dialogue, à la concertation, à la coordination et à la participation.

L'ingénierie territoriale est souvent revendiquée par les bureaux d'études qui réalisent un travail répondant à un cahier des charges, dans un délai donné pour un prix négocié. Toutefois, le travail réalisé n'implique pas toujours un niveau de connaissance ni des compétences techniques actualisées en fonction de l'évolution très rapide des connaissances scientifiques. Il exploite des données peu accessibles aux acteurs, aux usagers, pour aboutir à des préconisations destinées aux décideurs hiérarchiques ou politiques. C'est ce que nous avons appelé la « drone intelligence », réalisée le plus souvent en bureau, loin du terrain, exclusivement avec des outils informatiques. Elle se traduit trop souvent par une faible implication de la population, voire des acteurs. Il en résulte souvent une contestation des préconisations.

Déjà en 1971, la méthode du cadre logique a remis en cause la gestion verticale des projets, essentiellement préoccupée du respect de l'objectif, des délais et du budget. Les phases et les tâches du projet sont esquissées par une équipe au sommet de la pyramide hiérarchique. Elles sont détaillées et discutées en repartant du bas de la pyramide, afin que chaque intervenant puisse intervenir dans l'élaboration du projet.

Actuellement, l'ingénierie territoriale évolue sous la double pression du développement de l'intelligence artificielle et de l'intelligence collective. D'un côté, l'objectivation du raisonnement technique augmente l'utilisation d'artefacts numériques qui « simplifient » l'organisation humaine en supprimant des tâches techniques. D'autre part, la coopération, la désectorisation, la nécessité de remettre du lien dans les dispositifs, la participation citoyenne, impliquent des tâches de gestion de projet, d'animation de la concertation, de médiation, de coordination, d'animation et d'évaluation.

III. Diagnostic territorial

Partie intégrante du traitement de l'information de l'ingénierie territoriale, le diagnostic territorial est l'outil le plus répandu. Il participe du processus d'évaluation destiné à cadrer la confrontation des besoins usagers à l'offre de service proposée par les acteurs d'un territoire.

En général mené par une équipe de recherche ou un bureau d'études, ce diagnostic utilise les technologies de l'information et de la communication pour partager l'information entre acteurs et usagers, et ainsi rendre la coopération possible malgré l'éventuelle dispersion spatiale des structures de travail sur le territoire.

Il peut être conduit de façon purement technocratique ou bien partagée, ouvert à plus ou moins de participation.

IV. Diagnostic territorial partagé de l'ORS

En santé publique, ce diagnostic identifie la nature de la situation par l'interprétation de ses manifestations, de ses signes extérieurs. Selon la Fédération nationale des observatoires régionaux de santé[6] (FNOR)S, cette démarche d'analyse de situation s'inscrit dans un processus de concertation débouchant sur des interventions concrètes sur le terrain (actions).

Dans le cadre de l'intelligence territoriale, le diagnostic territorial se conçoit de la même manière, à savoir un processus partagé, coopératif et participatif, basé sur une ingénierie relevant d'une dialectique conception-production, elle-même rendue possible par les échanges entre chercheurs et acteurs du territoire. Comme en santé publique[7], la finalité de ce type de diagnostic est d'identifier les enjeux et les pistes d'action destinés à améliorer la situation de la population au regard de leur vulnérabilité.

6. FNORS, *Guide à destination des opérateurs d'un diagnostic local de santé, pour un diagnostic partagé inscrit dans une démarche de projet*, mai 2012.
7. E. LERAY, *La démarche de diagnostic en santé*, septembre 2014.

Figure 2

Exemple de diagnostic partagé ORS

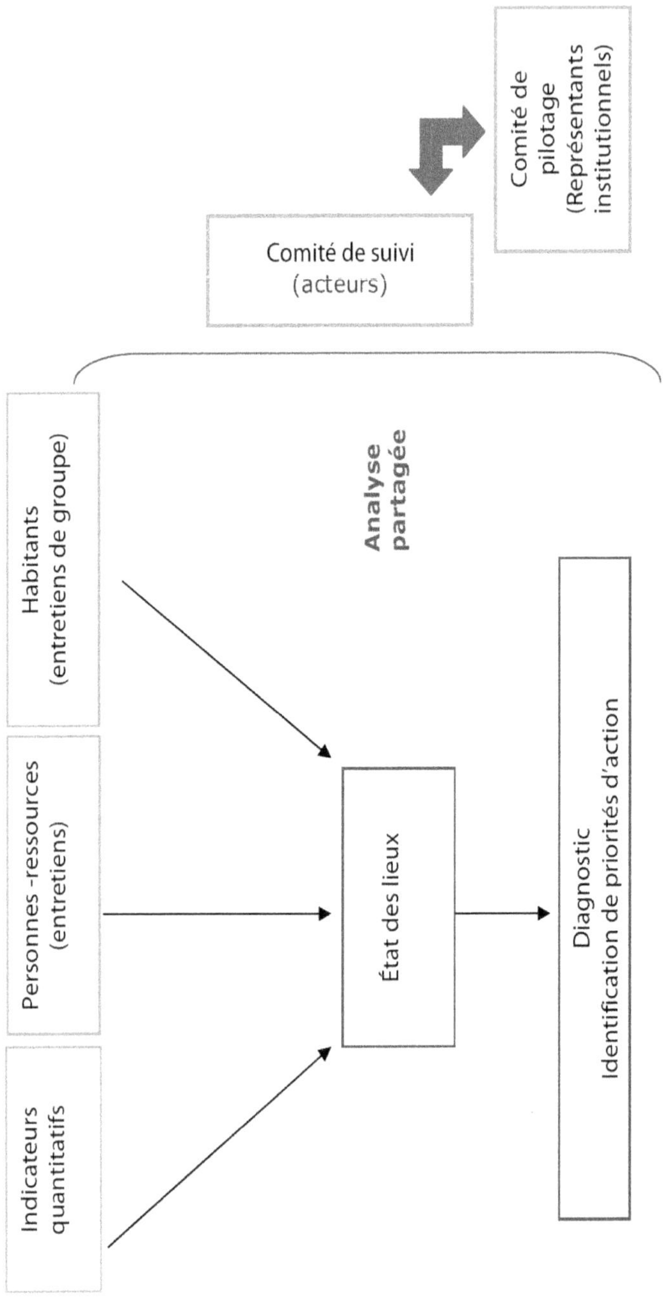

Source : Fédération nationale des observatoires régionaux de santé.

Ce diagnostic est utilisé par les observatoires régionaux de santé (ORS) comme outil de planification visant à constituer des pistes d'action territoriale[8].

L'analyse préalable de la situation territoriale à diagnostiquer nécessite de croiser les données de la situation, révélées le plus souvent par des indicateurs quantitatifs issus de l'observation territoriale, le niveau des besoins de la population concernée, que l'on peut évaluer par la réalisation d'entretiens ou d'enquêtes spécifiques, et l'analyse d'un bilan des forces et faiblesses d'un territoire en termes de ressources et d'actions déjà existantes.

L'analyse partagée des besoins, des ressources et des difficultés inhérentes à une situation à l'échelle territoriale est ainsi rendue possible par le transfert des connaissances scientifiques aux acteurs et par la coopération multisectorielle entre acteurs, scientifiques et usagers (retours d'expérience), et porte à la fois sur les données, les méthodes et les résultats : la collecte des données relatives aux besoins des territoires, l'inventaire des services proposés par les acteurs ainsi que les indicateurs de faisabilité ou de risque représentent autant de données sensibles représentatives de la communauté territoriale qu'il convient de partager et de traiter. De même, l'échange ou la transmission des méthodes relatives à l'ingénierie territoriale permet d'articuler connaissance théorique des processus et spécificités locales des territoires étudiés, dans l'optique de formuler ensemble les bonnes pratiques permettant l'émergence des aménités aux différentes échelles intriquées dans la vie des territoires. Ainsi, la communication multilatérale des résultats des diagnostics territoriaux est seule garante de la qualité structurelle de la modélisation des fonctions territoriales incriminées dans un but d'amélioration globale de ses modes de fonctionnement.

V. L'adéquation des besoins aux ressources : l'importance de l'observation territoriale

Du point de vue de l'analyse des besoins, les indicateurs de *capacitance territoriale*[9] sont à même de constituer des ensembles représentatifs de la communauté territoriale, analyse particulièrement utile dans les études de vulnérabilité des territoires et des populations. La capacitance représentant la dimension du *stock* au sein du paradigme économique *stock-flux* appliqué à l'échelle territoriale, elle constitue l'un des paramètres clés de la résilience des territoires, dans une logique de gestion des risques[10]. Qu'elles soient quantitatives ou qualitatives, l'utilisation

8. ORS Rhône-Alpes, « Diagnostic local de santé, ville de Bourg-en Bresse », 2010, *http://www.ors-rhone-alpes.org*.

9. Ph. WOLOSZYN, « Les structures évolutionnaires de la résilience », *VertigO : La Revue électronique en Sciences de l'Environnement, « Risques, territoires et résilience »*, 2018.

10. Ph. WOLOSZYN, « Inductive Modeling of Vulnerable Sustainability Systems », *Journal of Service Science and Management*, 2015, 8, 598-611. doi: 10.4236/jssm.2015.84060.

des techniques statistiques spatialisées permet ainsi d'identifier les groupes selon les risques, les types de besoins afférents, ainsi que les réponses locales à apporter sur les territoires, que ce soit en termes social, culturel, économique ou environnemental[11].

En confrontant disponibilités spatiales et temporelles des ressources du territoire aux résultats des études de besoins, ces diagnostics sont alors à même de déterminer le niveau de convergence entre aménités économiques, sociales et environnementales susceptibles d'être atteintes par l'action territoriale incriminée. Ce faisant, une démarche systémique d'intégration structurelle de ces trois dimensions nécessaires du diagnostic territorial (relatifs aux trois piliers du développement durable, social écologique net économique) constitue à notre sens la démarche la plus pertinente pour répondre à ce processus partagé à l'échelle territoriale, car :

- elle doit permettre un état des lieux multidimensionnel et une analyse partagée de la situation de vulnérabilité à prendre en charge ;
- elle doit disposer d'une référence sur laquelle peut et doit s'appuyer une planification adaptée des actions à mener ;
- elle doit mobiliser l'ensemble des acteurs concernés par la situation à traiter ;
- enfin, elle doit prendre en charge les effets d'impact de la démarche de diagnostic elle-même, à savoir, développement des liens d'interaction, circulation de l'information, organisation multilatérale des projets d'action territoriale.

VI. La méthode d'ingénierie territoriale Catalyse

Catalyse est une méthode d'ingénierie territoriale coopérative et participative qui s'est développée au sein de projets concertés à partir de 1989[12]. Elle préfigure l'intelligence territoriale dont le concept a été formulé en 1998.

Le *projet concerté* mobilise l'intelligence collective d'un groupe d'acteurs au sein d'une communauté territoriale pour améliorer le bien-être individuel et collectif de cette communauté sans que ce groupe cherche à améliorer son pouvoir ni sa richesse matérielle de façon inégale ni qu'il menace la santé ou la survie de la communauté.

11. Ph. WOLOSZYN, « Le modèle inductif de la résilience » *in* J.-J. GIRARDOT et H. NEFFATI (dir.), *L'intelligence territoriale, 25 ans déjà ! Cahiers d'Administration*, supplément au n° 244, 2014, p. 60-63, *halshs-01146441*.

12. J.-J. GIRARDOT, « Fondements et enjeux actuels de la méthode Catalyse », *in* J.-J. GIRARDOT et H. NEFFATI (dir.), *L'intelligence territoriale, 25 ans déjà ! Cahiers d'Administration*, supplément au n° 244, 2014, p. 34-39, *https://halshs.archives-ouvertes.fr/halshs-01146420*.

Les *acteurs* sont les organismes ou les personnes, publiques ou privées, professionnels ou bénévoles, engagés dans des projets de transformation. Ils appartiennent au secteur privé, public, ou associatif, et dans des secteurs d'activité divers : santé, logement, travail, loisirs, social, environnement, etc. Au cours du projet le groupe d'acteurs va s'accroître en nombre et en qualité – d'une concurrence informelle vers une coopération concertée.

Les *usagers* (ou clients) sont les bénéficiaires directs des transformations. La distinction entre acteurs et usagers est floue dans la mesure où un usager peut devenir acteur en tant que bénévole par exemple.

Dans un projet concerté, les acteurs définissent ensemble un objectif afin de résoudre un problème concret à l'échelle d'un territoire donné. Ils établissent un accord de coopération qui établit leurs engagements au niveau de la réalisation et du partage des ressources.

Par la suite, nous avons également utilisé le terme d'*initiatives*, et non celui d'expériences qui laisse penser qu'elles sont le résultat d'hypothèses scientifiques, alors qu'elles sont le plus souvent conçues par des acteurs.

Catalyse a promu dès son origine l'utilisation de trois sources d'information à l'échelle locale. En premier lieu les besoins exprimés par les usagers, puis les informations sur les ressources : acteurs et services proposés, incluant leur localisation. Enfin, les informations disponibles sur les forces et faiblesses du territoire.

Les acteurs du projet ont besoin de développer la capacité de la communauté à connaître les besoins de chacun, les services fournis sur le territoire et les institutions qui les administrent, les potentialités et les contraintes de ce territoire spécifique. L'objectif est la satisfaction des besoins de façon autonome, le développement des services face aux besoins identifiés, la réduction des contraintes, la valorisation des aménités, le développement d'une gouvernance latérale transparente, coopérative, participative, équitable, respectueuse de l'environnement, de la santé et de la survie de la communauté.

Pour cela Catalyse a développé des outils statistiques informatisés sur la base des principes suivants :

- l'inscription du projet dans un territoire défini par des limites et une communauté ;
- l'écoute des usagers ;
- la collaboration/coopération des acteurs ;
- la participation des usagers.

La méthode a été régulièrement actualisée en fonction de l'évolution des technologies, tout en respectant ces principes qui l'écartent d'une ingénierie taylorienne, centralisée et hiérarchique, bureaucratique et technocratique.

Figure 3

Schéma de la Méthode Catalyse

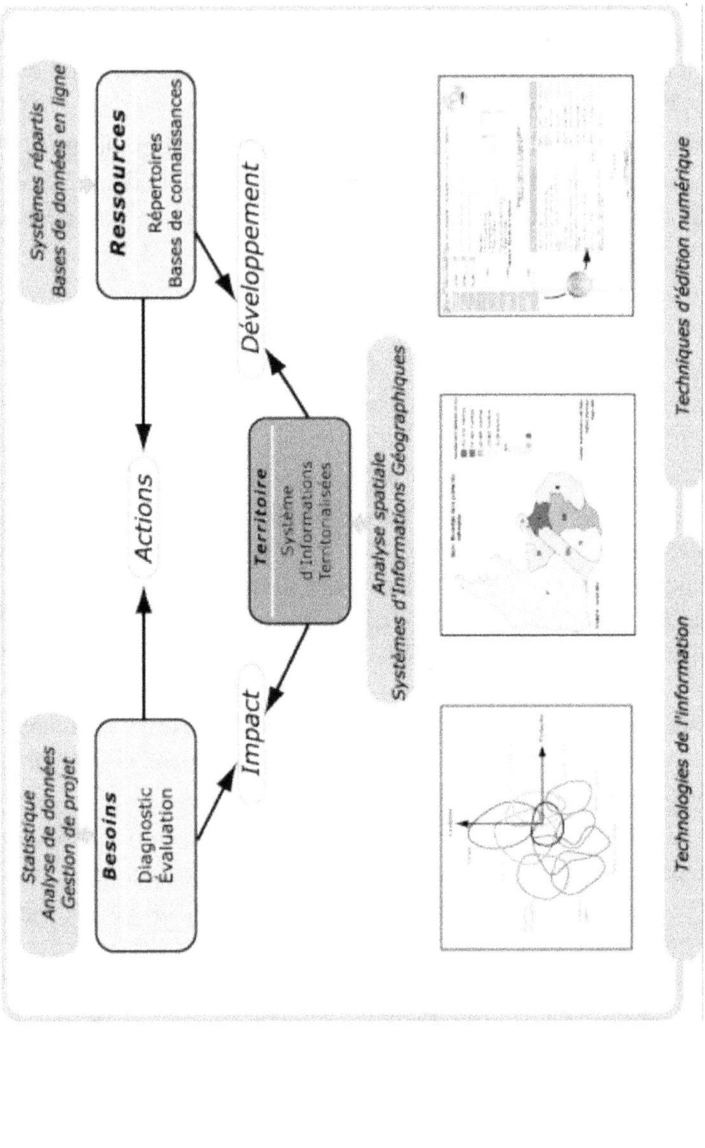

Source : J.-J. Girardot, INTI.

VII. Observation territoriale

Avec le développement d'INTI, Catalyse s'est développée à l'échelle mondiale comme méthode d'observation territoriale. Elle a été appliquée à des territoires plus vastes et à des dispositifs plus vastes visant une ou plusieurs transformations économiques, sociales, environnementales et culturelles conjointes qui contribuent à un agenda de transition socioécologique vers le développement durable qui fixe un horizon d'attente. Il doit également tenir compte des cycles physiques de la terre et de l'évolution des espèces. Si l'objectif n'est pas seulement économique, la démarche implique néanmoins une gestion transparente des moyens financiers et des ressources naturelles.

Il s'agit donc bien là d'une forme d'ingénierie territoriale qui implique mise à disposition du plus grand nombre des connaissances scientifiques, des expertises et des compétences savantes et techniques, des savoirs pratiques et des savoirs populaires, ainsi que des informations et des outils d'observation, d'analyse et d'évaluation.

L'observation territoriale est un outil de gouvernance très ancien. Connue il y a plus de sept millénaires pour arpenter les territoires et dénombrer les populations afin de lever des impôts et des armées, sa fonction est essentiellement de fournir des informations au pouvoir central. Malgré le développement des statistiques à partir du XVIIIe siècle, le recensement est resté la base des observatoires nationaux qui se sont développés après-guerre. Malgré un fort développement à la fin du XXe siècle avec la comptabilité nationale et la planification qui voient se développer des observatoires thématiques au niveau central, les acteurs territoriaux et les usagers ont encore peu accès aux informations territoriales, sauf exception. Aujourd'hui, de nombreux observatoires locaux se développent, les données géoréférencées supposant une collecte participative. Les systèmes de gestion des acteurs territoriaux contiennent de nombreuses informations d'intérêt territorial, même si la formation des acteurs reste faible. Ils utilisent très peu les informations à leur disposition, et ne maîtrisent souvent pas les techniques d'analyse des données ni d'interprétation des résultats.

Le développement des potentialités numériques et l'application des principes des observatoires Catalyse permettent aujourd'hui de développer une information dont les acteurs et les usagers engagés sont des partenaires territoriaux, en se développant à l'échelle locale. Plusieurs exemples de ces observatoires sont situés en Europe, en Amérique du Sud et en Afrique du Nord.

Les observatoires Catalyse sont des dispositifs sociotechniques. Le versant technique tend à se constituer en réseau informatisé, faisant appel à des bases de données, en voie de dématérialisation, relevant de plus en plus de l'intelligence artificielle. Sur le versant social, les utilisateurs du système informatisé constituent deux groupes : les *usagers* (ou clients) qui utilisent les services et les *acteurs* qui les réalisent. Acteurs et usagers forment un réseau connecté au réseau informatique qui forme ainsi la colonne vertébrale du dispositif. Ce réseau social implique une gouvernance comme cadre opératoire, un territoire comme substrat et l'intelligence artificielle et humaine comme mode de fonctionnement. Les références[13] ci-après illustrent divers types d'observatoires territoriaux Catalyse.

VIII. Parcours de vie

Catalyse est une base d'innovations, à l'instar du parcours de vie. Dans l'économie servicielle et la société du *Big Data*, les services s'apparentent à des dispositifs sociotechniques, prenant la forme de projets avec un objectif et une finalité ou un horizon d'attente, tant au niveau des acteurs que des usagers. Pour réaliser cet objectif, les usagers doivent effectuer des démarches ou « événements de vie », qui constituent des étapes correspondant chacune à l'usage d'un ou plusieurs services. Ces étapes forment un parcours plus ou moins individualisé dans un projet collectif qui s'inscrit dans une gouvernance territoriale. La méthodologie utilise des outils scientifiques participatifs qui stimulent l'expression des usagers, la coopération des acteurs (professionnels et bénévoles, dont des usagers), l'engagement des usagers et la participation de tous. Le parcours constitue donc bien un dispositif sociotechnique.

13. J. Fernandez, « Le dispositif de Accem en Espagne », *in* J.-J. Girardot et H. Neffati (dir.), *L'intelligence territoriale, 25 ans déjà ! Cahiers d'Administration*, supplément au n° 244, 2014, p. 116-118, *https://halshs.archives-ouvertes.fr/halshs-01146576*.
– C. Sissao, « Diagnostic de territoire dans le contexte de la communalisation de Douroula ». *in* J.-J. Girardot et H. Neffati (dir.), *L'intelligence territoriale, 25 ans déjà ! Cahiers d'Administration*, supplément au n° 244, 2014, p. 126-132, *https://halshs.archives-ouvertes.fr/halshs-01146592* ;
– J.-J. Girardot, « Intelligencia Territorial y Transición Socio-ecologica », *in Inteligentia Territorial : teoría, métodos e iniciativas en Europa y America Latina*, Edulp, La Plata, Argentine, 2012, p. 38-41, *https://halshs.archives-ouvertes.fr/halshs-01146679*.
– J.-J. Girardot, S. Ormaux, Ph. Woloszyn *et al.*, « Résultats de l'analyse qualitative sur les modes de consommation dans le quartier de la Fontaine d'Ouche à Dijon, France », Communication presented in International Conference « Territorial Intelligence, Socio-Ecological Transition an Resilience of the Territories », May 30-31, 2013, Besançon and Dijon, France, *https://halshs.archives-ouvertes.fr/halshs-00827660*.
– J.-J. Girardot, C. Masselot, P. Gérardin, S. Ould Bouzian, « L'observatoire de la transition socio-écologique en Franche-Comté », Forum mondial de l'économie sociale, Montréal, 7-9 septembre 2016, 2016.
– J.-J. Girardot, C. Masselot, S. Ormaux, M. Oudada, « The Observatory of the Socio-Ecological Transition in Franche-Comté. A Reference for the « Drâa » Observatory of the Province of Ouarzazate », *EWASH & TI Journal*, 2018, Vol. 2, Issue 1, p. 109-119, *http://revues.imist.ma/?journal=ewash-ti/*
– J.-J. Girardot, « Intelligence territoriale et observation territoriale dans la Province de Assa-Zag (Maroc) », colloque international « Un observatoire pour guider une stratégie intégrée de développement durable dans la province de Assa-Zag », CREFAZ, Assa, 18 janvier 2018 [publication en cours].

Issu d'un concept de modernisation des politiques publiques, le « parcours de vie » constitue une méthode innovante pour améliorer la qualité de vie des usagers dans tous ses aspects. Nous illustrons ici avec deux exemples : le « parcours étudiant » de l'enseignement supérieur à Besançon et l'observatoire des trajectoires d'insertion des stagiaires de la MIREC, Mission régionale de l'emploi de Charleroi. La méthode peut s'appliquer à d'autres types de dispositifs et de publics, par la *méthodologie* suivante :

- institution d'une gouvernance territoriale ;
- élaboration du parcours de vie ;
- enquête représentative ;
- analyse quantitative et qualitative des besoins ;
- entretiens avec des étudiants pour approfondir les résultats de l'analyse ;
- analyse « Tétraclasse » pour prioriser les actions ;
- mise en synergie des acteurs ;
- définition d'un dispositif d'évaluation sur la base du parcours.

Le parcours s'inscrit dans un territoire donné. Une *gouvernance territoriale* entend favoriser la coordination des acteurs et l'implication des usagers.

- un *comité de site* regroupe les institutions. Il a essentiellement un rôle de conseil et d'évaluation ;
- des *conférences* locales réunissent périodiquement les acteurs. Elles valorisent les actions qui améliorent la qualité de vie des usagers.

Pour élaborer le parcours, les acteurs recensent, selon la méthode du cadre logique, les étapes auxquelles un usager peut être confronté pour atteindre l'objectif du parcours. Ils rédigent les titres des étapes de façon claire et concise. Ils ordonnent les étapes selon une logique chronologique. Ils listent parallèlement les services qui interviennent dans chacune des étapes.

Le questionnaire est rédigé avec les acteurs à partir du parcours. Une première série de questions décrit la situation globale de l'usager. L'étudiant évalue ensuite en fonction de son expérience personnelle le caractère anxiogène de chaque étape en la notant de 1, si elle lui inspire la sérénité, à 9, si elle est anxiogène. Il peut également s'estimer « non concerné ».

Figure 4

Questionnaire parcours insertion MIREC

OBSERVATOIRE DES PARCOURS D'INSERTION DU HAINAUT SUD MIREC

Cadre réservé au personnel MIREC
Responsable de projet :
Dispositif :
Phase d'accompagnement du candidat :

Numéro du questionnaire : |M|I|R|_|_|_|_|_|_|_|_|_|_|_|_|

Classe dâge : ○ moins de 25 ans ○ de 25 à 44 ans ○ 45 ans et plus
Niveau d'étude : ○ moins qu'un CESS ○ plus qu'un CESS
Durée d'inactivité: |_|_| ans |_|_| mois
Sexe : ○ féminin ○ masculin
Premier accompagnement à la MIREC : ○ Oui ○ Non

Evaluation des démarches du parcours :
Evaluez chacune des démarches suivantes en fonction de l'anxiété qu'elle vous a procuré ou qu'elle évoque en cochant la case de **1** pour le minimume, jusqu'à **9** pour le maximum d'anxiété.
Indiquez **NC**, si vous n'êtes pas concerné par cette démarche.

		1	2	3	4	5	6	7	8	9	NC
1	Entrer en contact avec la MIREC par téléphone										
2	Me rendre à la MIREC, sur place										
3	Prendre rendez-vous avec un travailleur de la MIREC										
4	Lors des premiers entretiens, répondre aux questions sur mon parcours										
5	Rassembler les documents administratifs pour la séance d'information à la MIREC										
6	Effectuer les différents tests prévus par la MIREC										
7	Attendre la réponse de la MIREC concernant mon accompagnement										
8	Me remettre administrativement en ordre en tant que										

Source : J.-J. Girardot, INTI.

IX. Enquête représentative : analyse, faits et tendances

L'enquête peut être réalisée au moyen d'un questionnaire « papier » ou en ligne auprès d'un échantillon représentatif (en pratique 400 usagers pour une marge d'erreur de 5 %).

L'analyse des réponses intègre :

– un dépouillement quantitatif classique, sous la forme de tableaux chiffrés et de graphiques, dont nous avons extrait les faits saillants ;

– une analyse qualitative pour calculer les principaux profils qui différencient les étudiants en fonction de leurs réponses, et les tendances qui les organisent.

Les étapes sont finalement classées en quatre degrés selon l'anxiété exprimée par les étudiants. Le parcours est illustré en fonction du degré d'anxiété, de rouge pour les plus anxiogènes à vert, en passant par orange et vert.

Nous n'imposons pas au lecteur un long dépouillement, mais nous demandons aux acteurs, à l'occasion d'un forum, d'exprimer les résultats auxquels ils s'attendaient et ceux qui, au contraire, les surprennent. Ce sont ces derniers qui forment le graphique des faits saillants, qui pose les principaux enjeux des transformations à opérer.

Figure 5

Principaux résultats quantitatifs de l'enquête sur le parcours étudiant

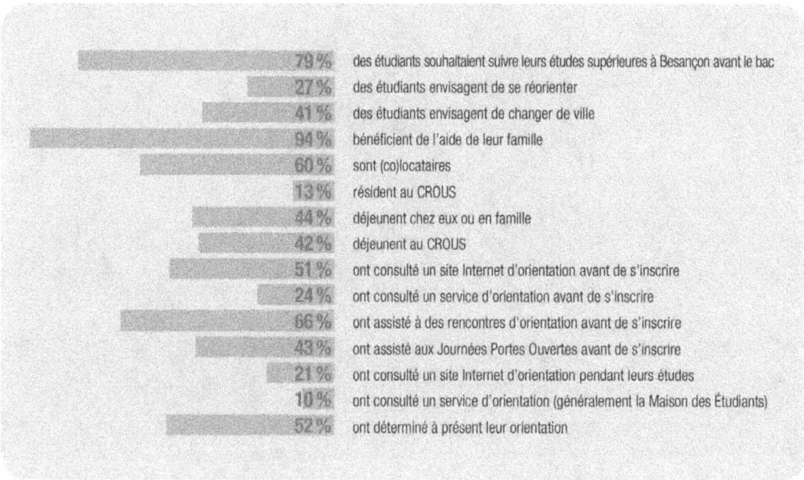

Source : Crédit J.-J. Girardot, INTI.

L'analyse factorielle des correspondances (AFC) calcule les trois principales tendances de l'ensemble des données. La classification ascendante hiérarchique distingue des groupes d'individus dont nous pouvons dégager le profil. Nous superposons les deux analyses pour améliorer l'explication des profils. L'intérêt est d'apporter à chaque classe une réponse adaptée à ses besoins.

Figure 6

Tendances et profils (parcours étudiant)

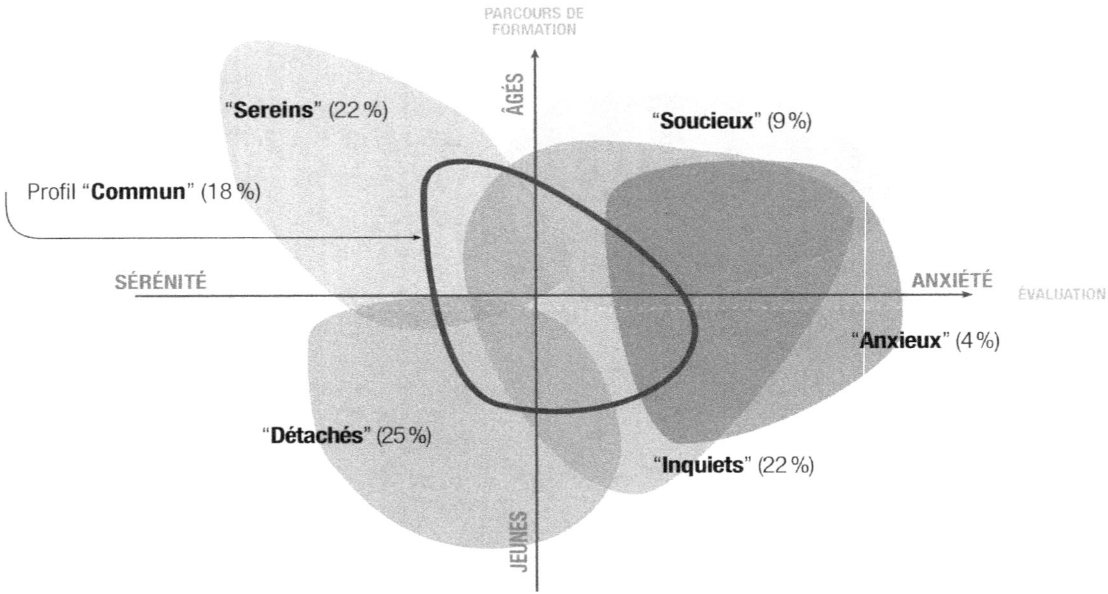

Source : Crédit J.-J. Girardot, INTI.

Figure 7

Tendances et profils (détaillés)

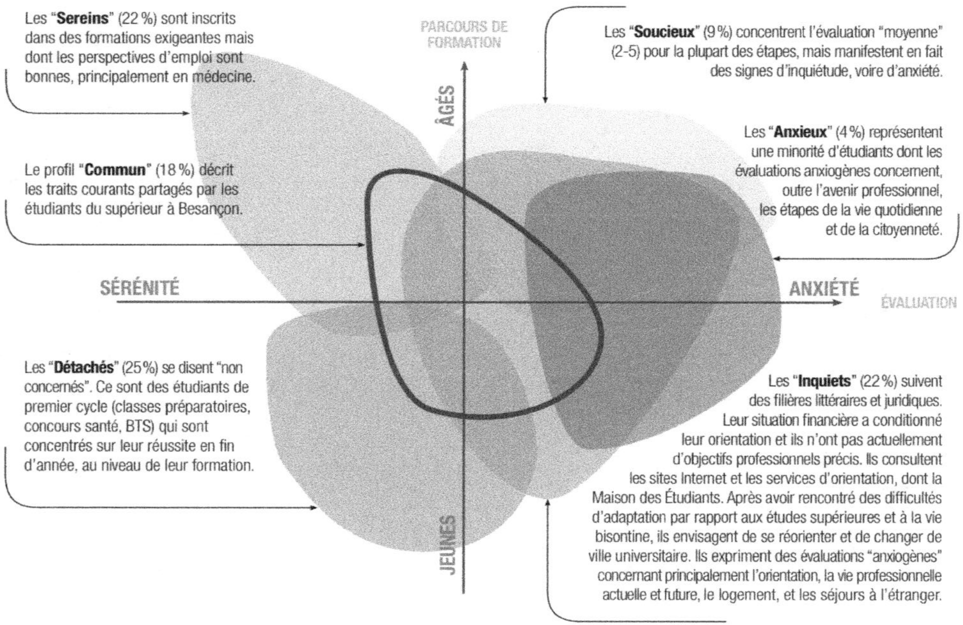

Source : Crédit J.-J. Girardot, INTI.

Une analyse « Tétraclasse » des contributions positives et négatives des étapes, de la sérénité à l'anxiété globale, permet de classer les étapes en quatre groupes selon leur impact prévisible :

– prioritaires, à simplifier impérativement ;
– forte demande ;
– opportunité positive ;
– faible impact

Le parcours est illustré en indiquant l'impact prévisible, figure suivante :

Figure 8

Le parcours de vie avec le degré d'anxiété exprimé et l'impact prévisible

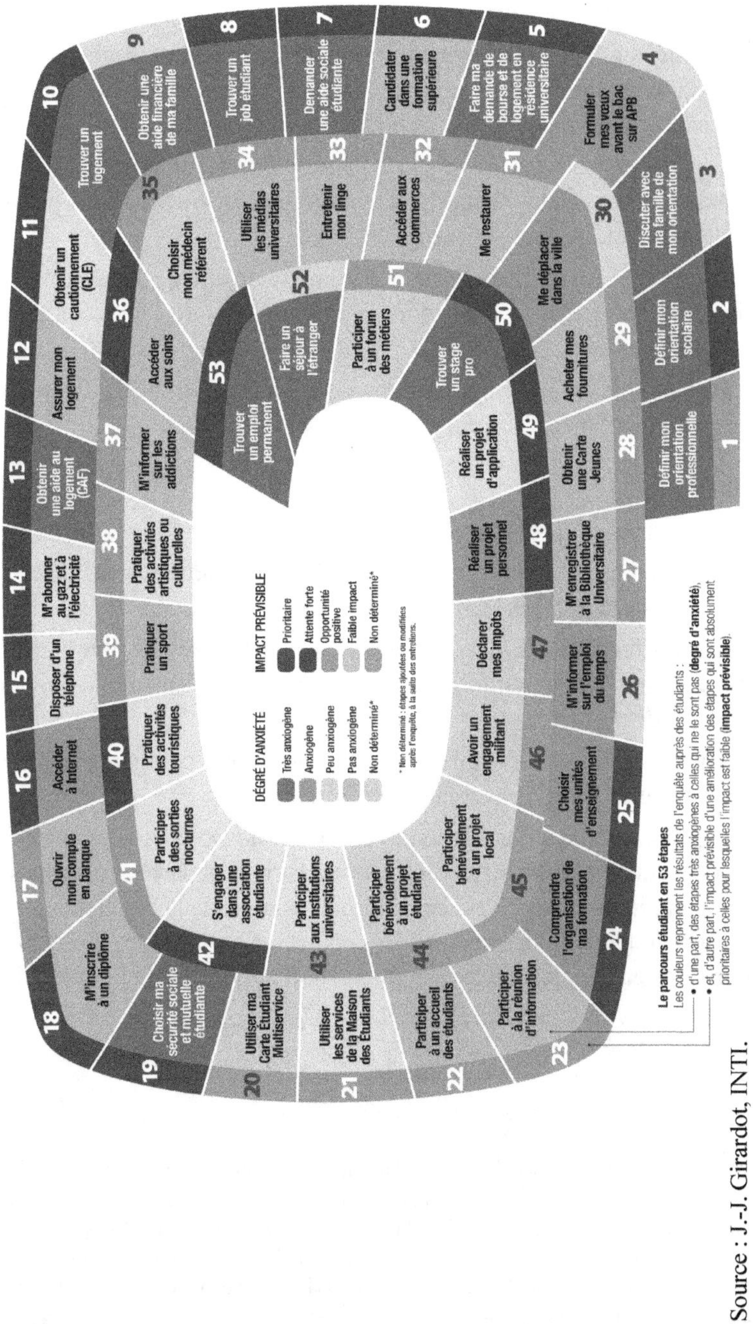

Source : J.-J. Girardot, INTI.

X. Un outil pour la synergie : évaluation et transfert

Ainsi illustré, le parcours informe chaque acteur des résultats de l'enquête au niveau de l'étape dont il est partie prenante[14]. Les acteurs concernés et volontaires peuvent proposer des améliorations d'une étape, tout en gardant une vision globale du parcours propice à une meilleure coopération.

Au niveau de la gouvernance, le comité de site peut dégager des orientations prioritaires d'action, dans le cadre desquelles des groupes de dialogue peuvent s'organiser pour améliorer le parcours.

Le parcours peut intégrer d'autres interrogations. Par exemple, la dématérialisation du processus administratif, ou la simplification du processus peuvent susciter également des groupes de dialogue.

Basé sur le parcours étudiant, le baromètre de la vie étudiante permet aux étudiants et aux acteurs d'être informés des résultats de l'enquête, d'élaborer des projets et de les évaluer.

La méthode est également transposable à d'autres publics, d'autres dispositifs, intégrant ou non de l'accompagnement individuel.

***
*

Dans le cadre de l'intelligence territoriale, il convient de considérer l'ingénierie sous son angle à la fois technique et social.

L'angle technique auquel l'ingénierie territoriale est dévolue concerne les progrès exponentiels de l'informatique et sa capacité à capter et à traiter des grands volumes de données.

L'angle social renvoie aux jeux d'acteurs et aux comportements des usagers, tout en englobant la gouvernance territoriale.

Constatant que l'ingénierie territoriale reste trop souvent engluée dans une vision techniciste héritée de la logique industrielle et dans les pratiques bureaucratiques qui ignorent trop souvent le terrain et la vie de la population, l'intelligence territoriale tente de réintroduire les considérations sociales au sein des sciences humaines et sociales, de la communication et de l'information[15]. Elle interroge

14. Lettre du comité de site #2 (Synergie des acteurs) : *https://www.crous-besancon.fr/wp-content/uploads/sites/15/2015/10/Lettre-information-ComitSo-site-02-web.pdf*; *https://www.crous-besancon.fr/wp-content/uploads/sites/15/2015/10/Lettre-information-ComitSo-site-02-web.pdf*.

15. J.-J. Girardot, « Intelligence territoriale et participation », 3es Rencontres « TIC et Territoires : quels développements ? », Lille, mai 2004. ISDM, art. 161. Accessible sur *http://www.isdm.org*, *https://halshs.archives-ouvertes.fr/halshs-00539954*.

aussi les neurosciences dans leur dimension psychologique, tout en ouvrant des interrogations sur l'intelligence collective, la coopération, la gouvernance et la participation, par l'entremise d'outils opérationnels tels que Catalyse.

Il reste cependant des dimensions encore trop souvent minorées : l'environnement et l'écologie. C'est pourquoi l'intelligence territoriale a besoin à présent d'une meilleure convergence entre les sciences humaines et sociales d'une part, et les sciences de l'environnement et l'écologie d'autre part, dans le but d'assurer une complétude méthodologique capable de rendre son approche réellement globale.

Bibliographie

– CALDERON CONTRARAS R., GALIBERT O., GIRARDOT J.-J., MASSELOT C., GONZALES S. *et al.*, « Territorial Intelligence: Exploring Theoretical Approaches, Methods and Applications », Annual Meeting of the Association of American Geographers, Apr. 2013, Los Angeles, United States, 2013, *https://halshs.archives-ouvertes.fr/halshs-01146876.*

– FERNANDEZ J., « Le dispositif de Accem en Espagne », *in* J.-J. GIRARDOT et H. NEFFATI (dir.), *L'intelligence territoriale, 25 ans déjà ! Cahiers d'Administration*, supplément au n° 244, 2014, p. 116-118, *https://halshs.archives-ouvertes.fr/halshs-01146576.*

– FNORS, *Guide à destination des opérateurs d'un diagnostic local de santé, pour un diagnostic partagé inscrit dans une démarche de projet*, mai 2012.

– GIRARDOT J.-J., « Intelligencia territorial y transición socio-ecologica », *in Inteligentia Territorial: teoría, métodos e iniciativas en Europa y América Latina*, Edulp, La Plata, Argentine, 2012, p. 38-41, *https://halshs.archives-ouvertes.fr/halshs-01146679.*

– GIRARDOT J.-J., « Fondements et enjeux actuels de la méthode Catalyse », *in* J.-J. GIRARDOT et H. NEFFATI (dir.), *L'intelligence territoriale, 25 ans déjà ! Cahiers d'Administration*, supplément au n° 244, 2014, p. 34-39, *https://halshs.archives-ouvertes.fr/halshs-01146420.*

– GIRARDOT J.-J., « Intelligence territoriale et observation territoriale dans la Province de Assa-Zag (Maroc) », Colloque international « Un observatoire pour guider une stratégie intégrée de développement durable dans la province de Assa-Zag », CREFAZ, Assa, 18 janvier 2018 [publication en cours].

– GIRARDOT J.-J., « Intelligence territoriale et participation », 3es Rencontres « TIC et Territoires : quels développements ? », Lille, mai 2004. ISDM, article 161. Accessible sur *http://www.isdm.org*, *https://halshs.archives-ouvertes.fr/halshs-00539954.*

– GIRARDOT J.-J., « L'observation territoriale, catalyseur de l'intelligence territoriale » *in* J.-J. GIRARDOT et H. NEFFATI (dir.), *« L'intelligence territoriale, 25 ans déjà ! », Cahiers d'Administration*, supplément au n° 244, 2014, p. 40-44, *https://halshs.archives-ouvertes.fr/halshs-01146423.*

– Girardot J.-J., Masselot C., Gérardin P., Ould Bouzian S., « L'Observatoire de la transition socio-écologique en Franche-Comté », Forum mondial de l'économie sociale, Montréal, 7-9 septembre 2016.

– Girardot J.-J., Masselot C., Ormaux S., Oudada M., « The Observatory of the Socio-Ecological Transition in Franche-Comté. A Reference for the « Drââ » Observatory of the Province of Ouarzazate », *EWASH & TI Journal*, 2018, Vol. 2, Issue 1, p. 109-119, *http://revues.imist.ma/?journal=ewash-ti/*.

– Girardot J.-J., Ormaux S., Woloszyn Ph. *et al.*, « Résultats de l'analyse qualitative sur les modes de consommation dans le quartier de la Fontaine d'Ouche à Dijon, France », Communication presented in International Conference « Territorial Intelligence, Socio-Ecological Transition an Resilience of the Territories », may 30-31, 2013, Besançon and Dijon, France, *https://halshs.archives-ouvertes.fr/halshs-00827660*.

– Leray E., *La démarche de diagnostic en santé*, septembre 2014.

– Lettre du comité de site #2 (Synergie des acteurs) : *https://www.crous-besancon.fr/wp-content/uploads/sites/15/2015/10/Lettre-information-ComitSo-site-02-web.pdf*; *https://www.crous-besancon.fr/wp-content/uploads/sites/15/2015/10/Lettre-information-ComitSo-site-02-web.pdf*.

– Masselot C., « Co-construire l'information territoriale » *in* J.-J. Girardot et H. Neffati, (dir.). *L'intelligence territoriale, 25 ans déjà !*, *Cahiers d'Administration*, supplément au n° 244, 2014, p. 45-49, *https://halshs.archives-ouvertes.fr/halshs-01136638*.

– Miedes B., « Gouvernance et intelligence territoriale », *in* J.-J. Girardot et H. Neffati (dir.), *« L'intelligence territoriale, 25 ans déjà ! »*, *Cahiers d'Administration*, supplément au n° 244, 2014, p. 50-53, *https://halshs.archives-ouvertes.fr/halshs-01146433*.

– ORS Rhône-Alpes, « Diagnostic local de santé, ville de Bourg-en-Bresse », 2010, *http://www.ors-rhone-alpes.org*.

– Sissao C., « Diagnostic de territoire dans le contexte de la communalisation de Douroula ». *in* J.-J. Girardot et H. Neffati, (dir.), *L'intelligence territoriale, 25 ans déjà ! Cahiers d'Administration*, supplément au n° 244, 2014, p. 126-132, *https://halshs.archives-ouvertes.fr/halshs-01146592*.

– Woloszyn Ph., « Les structures évolutionnaires de la résilience », *VertigO : La Revue électronique en Sciences de l'Environnement, « Risques, territoires et résilience »*, 2018.

– Woloszyn Ph., « Inductive Modeling of Vulnerable Sustainability Systems », *Journal of Service Science and Management*, 2015, 8, 598-611. doi: 10.4236/jssm.2015.84060.

– Woloszyn Ph., « Le modèle inductif de la résilience » *in* J.-J. Girardot et H. Neffati (dir.), *L'intelligence territoriale, 25 ans déjà ! Cahiers d'Administration*, supplément au n° 244, 2014, p. 60-63, *halshs-01146441*.

LES AGENCES RÉGIONALES : UNE INGÉNIERIE TERRITORIALE MÉCONNUE EN MUTATION[1]

par

Florence LERIQUE

Professeur
Université de Bordeaux Montaigne, IATU, Passages
Membre du GRALE

« Impensé de la réforme de l'État » selon les termes du vice-président du Conseil d'État, J.-M. Sauvé[2], en 2012, la question de l'agencification de l'administration demeure une question de science administrative riche d'enseignements et de questionnements permettant d'illustrer les changements qui affectent l'administration.

Ainsi, il en va de l'administration territoriale comme de l'Europe, « le recours aux agences pour la mise en œuvre des tâches fondamentales fait partie intégrante du mode de fonctionnement de l'Union européenne »[3]. De fait, les agences décentralisées irriguent l'action des collectivités territoriales. Cependant, la création des agences régionales est récente et prend son essor au milieu des années 1970. La création des agences décentralisées emboîte le pas à celle des agences étatiques qui sont censées permettre une amélioration de l'efficacité de l'administration[4]. Il est également question de bonne administration et d'un mieux d'État. D'ailleurs,

1. Cette contribution reprend, en partie, une intervention, « Les agences régionales de développement économique : une ingénierie en voie de recomposition », présentée lors du colloque organisé par l'IADT le 6 avril 2018, consacré à « L'ingénierie territoriale face au défi du développement économique dans les ruralités », à Clermont-Ferrand.

2. CE, *Les agences, une nouvelle gestion publique ?* étude annuelle, 2012, LDf.

3. J. DUTHEIL DE LA ROCHÈRE, « Les agences de régulation européenne : quels problèmes juridiques ? », *Mélanges Yves Jégouzo*, Terres du droit, 2009, Dalloz.

4. G. MARCOU, « Agences : les équivoques de la réforme de la gestion publique à la lumière des expériences françaises et étrangères », *RFFP*, nº 105, février 2009, p. 149-188.

l'une des conclusions à laquelle le Conseil d'État aboutit dans son rapport de 2012 réside en ce que « si les agences sont pleinement utiles et peuvent apporter une contribution éminente à l'amélioration de la gestion publique, leur bon usage implique donc de respecter un ensemble de principes et de bonnes pratiques qu'énonce l'étude »[5].

À propos des agences étatiques, D. Benamouzig et J. Besançon ont pu relever que

> « la dynamique d'agencification constitue un élément notable de transformation de l'administration française. Plus ou moins autonomes par rapport aux administrations centrales. Les agences incarnent des idées de modernisation, d'efficacité et de réactivité de l'État, nouveau service public conjuguant souplesse d'organisation interne, flexibilité de gestion, atténuation des lourdeurs hiérarchiques, meilleur service à l'usager »[6].

Les agences régionales ont, au départ, et ce pendant longtemps, été concentrées sur les questions de développement économique. Toujours en 2009, l'OCDE remarquait, d'ailleurs, que la croissance économique, la stabilité et l'innovation font partie des principales activités des agences[7]. Néanmoins, depuis peu, leurs thèmes de prédilection se sont diversifiés et concernent aujourd'hui la biodiversité, les nouvelles énergies, l'alimentation, ou encore la culture.

Or, ce sont les agences de développement économique, les plus anciennes, qui sont également présentes dans toutes les régions, qui seront le point de départ de cette étude. L'ingénierie évolue vite et fonctionne comme un appel d'air, comme l'illustre la création du CNER en 1952, fédération des agences de développement et des comités d'expansion au tout début, comme celle, beaucoup plus récente, du club régional des agences de la biodiversité inauguré en mars 2018 alors même que toutes les régions n'ont pas une agence du même nom. Les agences régionales fonctionnent alors en réseau, en termes de biodiversité. L'intérêt est important, voire crucial pour l'objet même, mais ne sera pleinement satisfait que si toutes les régions sont couvertes par une telle agence.

Les agences de l'État ont fait l'objet d'études multiples, pourtant dans le même temps les agences des collectivités territoriales et notamment celles des régions ont été très peu étudiées. Ainsi, concernant les agences de l'État, le Conseil d'État pouvait écrire en 2012 que « si les agences sont pleinement utiles et peuvent apporter une contribution éminente à l'amélioration de la gestion publique, leur bon

---

5. CE, *op. cit.*, p. 8.
6. D. BENAMOUZIG et J. BESANÇON, « Les agences : alternatives administratives ou nouvelles bureaucraties techniques ? Le cas des agences sanitaires », *Horizons stratégiques*, 2007/1, n° 3, p. 10-24.
7. OCDE, Organisation de coopération et de développement économique, rapport annuel, 2009, p. 98 et s.

usage implique donc de respecter un ensemble de principes et de leurs pratiques qu'énonce l'étude »[8], allant jusqu'à qualifier les agences « d'enjeu majeur de gouvernance publique »[9].

Les agences régionales de développement économique ont été privilégiées dans cette étude d'une part, parce qu'elles sont anciennes, représentatives des autres agences de ce niveau et de l'administration décentralisée, en général, et d'autre part, parce que la croissance économique, la stabilité et l'innovation font partie des principales activités des agences quelle que soit la nature de l'agence, ce dont le rapport annuel de 2009 de l'OCDE fait également état[10].

La recomposition de ce paysage institutionnel est difficile quand il y a des ressources financières insuffisantes. Les inégalités institutionnelles entre les régions ne sont-elles pas à l'échelle des inégalités de richesse entre elles ? L'hétérogénéité du paysage des agences régionales en est sans doute le reflet. L'État lui-même, qui intervient dans le processus de création, de co-construction des agences de la biodiversité n'est de ce point de vue pas exempt de toute remarque, puisque toutes les régions ne sont pas traitées de la même façon. En effet, un certain nombre de régions sont dépourvues de ces institutions.

Les agences régionales : « À quoi ça sert[11] ? » Cette question de J. Ellul dans un article consacré à la sagesse de l'économie politique permet de se pencher sur l'utilité des agences régionales dans l'absolu, comme pour ce qui est d'aider au développement des territoires en particulier.

En effet, d'un côté le territoire des régions est si vaste et les problématiques de développement si territorialisées que ces agences semblent hypertrophiées et lointaines. D'un autre côté, la ressource juridique est mince. Elle est contenue à l'article L. 5511-1 du Code général des collectivités territoriales (CGCT) et prévoit que :

> « Le département, des communes et des établissements publics intercommunaux peuvent créer entre eux un établissement public dénommé agence départementale. Cette agence est chargée d'apporter, aux collectivités territoriales et aux établissements publics intercommunaux du département qui le demandent, une assistance d'ordre technique, juridique ou financier[12]. »

Les régions ne figurent pas dans cette disposition du CGCT. Mais les régions ont longtemps été absentes du texte constitutionnel sans que leur statut de collectivités territoriales ait jamais été remis en question. Par analogie, on peut considérer que

---

8. CE, *op. cit.*, p. 8.
9. *Ibidem*, p. 9.
10. OCDE, rapport annuel de 2009, *op. cit.*
11. J. ELLUL, « Sagesse de l'économie politique », *Mélanges en l'honneur de J. Lajugie, Région et aménagement du territoire*, éd. Bière, 1985, p. 91-100.
12. Art. L. 5511-1, CGCT.

les agences régionales qui, fonctionnellement ont précédé celles des départements, n'ont pas eu besoin de cette reconnaissance juridique. Ce qui illustre le caractère expérimental et pragmatique de ce type d'ingénierie, qui est une marque de fabrique de l'ingénierie territoriale en général.

Et pourtant, les défis auxquels les politiques territoriales seront confrontées vont croître. Surtout, si l'on ne modifie pas en profondeur les vieux réflexes comme celui repris dans un numéro de *France Stratégie*, de juillet 2016, sur les dynamiques et inégalités territoriales, qui annonce que

> « dans ce schéma, il faudra veiller à ce que Paris puisse jouer pleinement le rôle de ville monde de premier plan au sein de l'UE à 27. Une telle politique augmenterait la compétitivité de l'économie française et assurerait des recettes fiscales supplémentaires qui bénéficieraient *in fine* aux territoires défavorisés par le système de protection sociale notamment »[13].

On le sait, la compétitivité parisienne ne profite pas aux territoires défavorisés. La théorie du ruissellement doit encore faire ses preuves. En la matière, les outils propres de chaque région ne seront pas superflus.

Les agences régionales de développement, d'innovation ou d'attractivité sont nées dans un contexte précis où il fallait accompagner un processus de régionalisation et de dévolution avec un renouvellement significatif des stratégies de développement économique des collectivités et une baisse d'attractivité. Les agences régionales remontent aux sources de la régionalisation dans notre pays ; or, elles sont méconnues, alors qu'elles sont étroitement liées à la compétence clé des régions qu'est le développement économique. Cependant, aujourd'hui les besoins ont changé et c'est surtout sur les questions d'aménagement du territoire que ces agences sont attendues au regard de deux aspects, d'une part la taille des régions, d'autre part la difficulté dans laquelle se trouvent certaines franges du territoire.

Si les réorganisations d'agences sont très nombreuses au niveau départemental et communal, les réformes territoriales n'ont pas épargné le niveau régional. Les agences régionales sont effectivement en voie de recomposition, voire de mutation sous l'effet de la modification des limites géographiques des régions, et l'effet de la redéfinition comme de la réinterprétation des compétences régionales. Concrètement, quatre textes sont responsables de la recomposition à l'œuvre. Le premier redécoupe la carte des régions, les trois autres concernent les compétences et leur exercice.

Si, dans un premier temps, la recomposition est plutôt mécanique et résulte du redécoupage territorial, ses conséquences résident, dans un deuxième temps, dans une diversité plus affirmée du paysage des agences régionales.

---

13. *France Stratégie*, revue en ligne, juillet 2016.

I. Une ingénierie sous l'influence de la réforme territoriale

L'une des remarques préliminaires que l'on peut faire est que « la création d'agences se fait au coup par coup et ne s'inscrit pas dans un plan d'ensemble »[14]. Ce propos du Conseil d'État vise les agences de l'État, mais convient sans difficulté aux agences régionales qui ont un rythme de création et des thématiques très variables d'une région à une autre.

Les agences régionales de développement économique nées au tournant des années 1970-1980 sont en voie de recomposition suite à la redéfinition des contours des régions, tout d'abord. Elles connaissent en interne un certain nombre de modifications de leurs missions liées à la conception de leurs interventions et de leurs compétences.

A. La refonte de la carte administrative régionale

La modification du paysage des agences régionales est la conséquence mécanique de la fusion des régions décidée par une loi de janvier 2015. Ainsi, malgré de longs débats parlementaires, parfois houleux, voyant se succéder rien moins que cinq cartes régionales, la loi du 16 janvier 2015 relative à la délimitation des régions, aux élections régionales et départementales et modifiant le calendrier électoral est publiée au *Journal officiel* le 17 janvier 2015[15].

Sur les ambitions de la réforme, c'est un communiqué de presse du 18 juin 2014 qui précise, entre autres, que des régions plus fortes favoriseraient le développement des petites et moyennes entreprises. Si la question du développement économique est présente à l'esprit du législateur qui modifie la carte administrative, la question des territoires ruraux et de l'aménagement du territoire en est plutôt absente. Concrètement, qu'est-ce que cela donne ? Dans la plupart des cas, les agences de développement, d'innovation ou d'attractivité présentes dans les anciennes régions vont fusionner en une seule entité pour s'adapter au territoire de la nouvelle région.

À cette fin, quelques exemples peuvent être exposés, mais toutes les régions sont concernées en dehors de celles qui n'ont pas vu leur périmètre modifié.

Dans les Hauts-de-France (ARDI), l'agence régionale de développement et d'innovation des Hauts-de-France résulte de la fusion de l'ARI de Picardie et de NFID du Nord. Elle a pour mission principale de contribuer au développement des entreprises de la région Hauts-de-France par l'innovation, en partenariat avec les acteurs de l'écosystème régional.

---

14. CE, *op. cit.*, p. 12.
15. F. HOURQUEBIE, « La nouvelle carte des régions : question de bon sens ou de baronnie », *AJDA* 30 mars 2015, p. 626-635.

En Normandie, l'agence de développement pour la Normandie (ADN) créée le 25 mars 2016 est issue de la fusion des deux anciennes agences Miriade et Seinau.

En Nouvelle-Aquitaine, l'agence de développement et d'innovation créée le 2 juin 2016 est issue de la fusion des trois agences préexistantes. Ses actions concernent quatre grands domaines :

- l'accompagnement à la transformation des entreprises ;
- l'émergence de nouvelles filières ;
- l'attractivité et l'implantation de nouvelles activités ;
- l'animation des réseaux régionaux et les projets de développement territoriaux

Dans la région Centre-Val de Loire, c'est l'agence DEV'up qui officie désormais. Elle est née de la fusion de l'ARITT Centre et de CENTRECO le 1er janvier 2017.

DEV'UP Centre-Val de Loire a pour finalité l'emploi ainsi que le soutien aux entreprises aux territoires. Cela se traduit *via* les missions suivantes :

- accompagner le développement des entreprises ;
- promouvoir et animer le territoire ;
- porter l'emploi, l'innovation et le développement numérique en région Centre-Val de Loire ;
- appliquer les orientations du schéma économique régional.

Cependant, le panorama ainsi posé n'est pas exclusivement le fruit de la recomposition institutionnelle puisque les changements reflètent également une conception différente de leur pouvoir par les exécutifs régionaux.

B. La redéfinition des compétences et de leur modalité d'exercice

Le champ des compétences régionales est essentiel puisqu'il préfigure celui des agences susceptibles d'être créées. Cela n'est pas un hasard si pendant longtemps les seules agences régionales étaient celles du développement économique. C'était la compétence dominante ainsi que la plus stratégique exercée par les régions ; or, le développement économique est une compétence floue.

Aujourd'hui, selon les régions, le champ matériel de compétences ne sera pas défini de la même manière. La Nouvelle-Aquitaine met en place une animation des réseaux et des projets de développement territoriaux, c'est un élément fonctionnel que l'on voit peu dans d'autres agences qui sont plus souvent centrées sur l'aide aux entreprises.

En fait, cette différenciation territoriale vient de l'interprétation que chaque région se fait du développement économique, car la compétence développement économique fait partie des compétences vagues[16]. De la même manière, la place

16. G. Marcou, « Développement économique, la région chef de file ? », *RFAP*, n° 156, 2015, p. 1037-1048.

qui sera laissée aux autres collectivités sera différente, même si la région conservera le *leadership* et bénéficiera des attributs pour ce faire, à l'instar de celui des agences de développement économique. Cela confirme des propos déjà anciens de J.-B. Auby : « La région s'est vu reconnaître un rôle prioritaire dans l'aide au développement économique, communes et départements étant voués dans la plupart des cas à compléter son action[17]. »

Ici, ce n'est plus la loi de janvier 2015 qui est en jeu, mais les lois MAPTAM de janvier 2014 et NOTRe d'août 2015 qui élargissent la compétence en matière de développement économique des régions, que ce soit sous l'angle primaire du SRDEII ou sous l'angle aménagement du territoire avec le SRADDET, mais aussi qui redéfinissent les contours de la collectivité-chef de file.

La loi MAPTAM[18] du 27 janvier 2014 clarifie les chefs de filât et attribue à la région la qualité de chef de file pour organiser les modalités d'action commune pour l'exercice des compétences relatives à l'aménagement et au développement durable du territoire [...] au développement économique, au soutien de l'innovation et à l'internationalisation des entreprises. Dans un autre registre, qui illustre le lien avec la réforme territoriale et son impact sur l'agencification de l'administration régionale, la région hérite du chef de filât en matière de protection de la biodiversité, du climat, de la qualité de l'air et de l'énergie. Cela veut dire, notamment, que les modalités d'action commune sont débattues au sein de la conférence territoriale de l'action publique (CTAP), instance présidée par le président de région lui-même, mais comprenant les autres niveaux de collectivités décentralisées.

Le texte modifie en cela l'article L. 1111-9 du CGCT et confère aux régions toutes les dimensions de la compétence économique et celles de la biodiversité.

Pour exercer ces chefs de filât, la région dispose de compétences, qu'est venue renforcer la loi NOTRe du 7 août 2015[19] en matière économique avec le SRDEII notamment, et en matière de biodiversité avec le SRADDET, les parcs naturels régionaux et le versement de fonds européens. Ces compétences renforcées assurent une légitimité plus forte aux agences et les ancrent plus profondément dans l'arsenal des instruments à même d'exercer pleinement la compétence qu'elles concernent.

On peut remarquer que la définition de la compétence économique est plus ou moins vaste, elle sera surtout disputée par les métropoles, le bloc communal et l'État qui conserve la gestion de certaines aides comme « la prime d'aménagement

17. J.-B. AUBY, « Un nouveau cours pour l'intervention économique régionale ? », *in Mélanges en l'honneur de J. Lajugie, Région et aménagement du territoire*, éd. Bière, 1985, p. 466-479.

18. Loi n° 2014-58 du 27 janvier 2014 de modernisation de l'action publique territoriale et d'affirmation des métropoles, *JO* 28 janvier 2014.

19. Loi n° 2015-991 du 7 août 2015 portant nouvelle organisation territoriale de la République, *JO* 8 août 2015.

du territoire, instruite par le CGET, elle est attribuée par le ministre à des PME ou des grandes entreprises »[20]. L'une des voies est donc la coopération nécessaire dont les agences peuvent être l'un des relais entre les différentes personnes publiques potentiellement compétentes.

Une autre possibilité a été mise en œuvre avec la création du CNER qui est un réseau de coopération propre aux agences elles-mêmes. Cette fédération a été créée en 1952 pour les comités d'expansion et réunit les agences régionales ou interrégionales, les agences départementales et les agences locales. Le fonctionnement des agences ne se fait pas en vase clos et elles sont intégrées à d'autres niveaux de collectivités publiques, voire de personnes privées, selon leur domaine d'activité.

Ces deux constats conduisent à une configuration des agences qui sera spécifique à chaque région, *a fortiori* parce que l'on évoque une administration décentralisée en voie de reconfiguration suite à la réforme territoriale. Cette considération doit être présente à l'esprit des autorités régionales, d'autant que le Conseil d'État a pu qualifier les agences « d'enjeu majeur de gouvernance publique »[21]. Si cette remarque vaut pour les agences de l'État, on peut considérer qu'elle n'est pas complètement étrangère à l'administration décentralisée, et donc à celle des régions en particulier.

II. Un développement inégal des agences selon les régions

Les agences régionales, et plus précisément celles de développement économique, illustrent une ingénierie territoriale, conception d'une intelligence différenciée des territoires. L'ingénierie permet alors une promotion de la région et conforte ou non son attractivité. Résultat de la nature floue de la compétence économique, la notion d'agence est suffisamment plastique pour assurer d'autres fonctions que celles pour lesquelles elle a été créée, à commencer par assurer la promotion des régions comme terroir d'exception. D'ailleurs, la comparaison avec celles qui existent autorise un *benchmarking* des différentes sortes d'agences régionales.

A. Un panorama hétérogène en fonction des régions

La collectivité région trouve ici un moyen non négligeable pour affirmer sa compétence et l'exercer de manière décalée par rapport à son activité classique. Pourtant, la présence de telle ou telle agence selon les régions est très différente. La région Nouvelle-Aquitaine est en avance sur la majorité de ses *alter ego*.

En fonction des régions, les missions de ces agences en faveur du milieu rural ne sont pas aussi évidentes. La détermination du poids et de la place de l'agence dans la constellation institutionnelle régionale est fixée par le cap politique donné par l'exécutif régional. Alors que le phénomène d'agencification a fait l'objet

20. G. Marcou, *op. cit.*
21. CE, *op. cit.*, p. 9.

d'une réflexion dense pour le niveau national et international avec des rapports de l'OCDE, du Conseil d'État, et de nombreux juristes comme J. Dutheil de la Rochère, J. Chevallier ou G. Marcou, pour ne citer que les plus célèbres, le niveau décentralisé est peu mis en valeur.

Certaines régions, un peu à l'avant-garde sur ces aspects, ont innové dans la promotion de leur terroir, c'est le cas de la Nouvelle-Aquitaine qui a créé l'AANA, l'agence de l'alimentation de la Nouvelle-Aquitaine. Il s'agit d'une agence au service de la qualité et de la promotion des produits agricoles et agroalimentaires, la seule du genre. Elle est née le 1er janvier 2017 de la fusion de l'AAPrA, de l'IRQUA et du CREPAL.

La région Nouvelle-Aquitaine, première région agricole et agroalimentaire de France, devait se doter d'un outil à la hauteur des enjeux de ses filières et de ses entreprises. C'est donc naturellement que les trois structures régionales ont souhaité fusionner pour mettre en commun leurs compétences et leurs atouts au service de la qualité et de la promotion des produits et des entreprises régionales. Les grandes missions de l'AANA sont aujourd'hui définies comme telles :

- élaborer et mettre en œuvre une stratégie régionale des filières SIQO (signe d'identification de la qualité et de l'origine) de la région Nouvelle-Aquitaine en réponse aux attentes du marché et de la société. Coordonner et accompagner les démarches territoriales de qualité structurantes engagées par les filières de production organisées ;
- assurer la communication et la promotion visant à développer l'image et la notoriété des produits de la région Nouvelle-Aquitaine auprès des consommateurs et des prescripteurs au niveau local, national et international. Éducation et sensibilisation au goût et à l'équilibre alimentaire ;
- accompagner et promouvoir collectivement les entreprises agricoles, agroalimentaires, maritimes et viticoles de la région Nouvelle-Aquitaine en France et à l'international, à travers l'organisation ou l'accompagnement de salons, de manifestations ou de rencontres sur une cible professionnelle ou grand public. Favoriser tous les moyens permettant un meilleur approvisionnement en produits des filières qualité régionales.

Le panorama des agences par région est repris en annexe et illustre une conception différente de cette ingénierie territoriale d'une région à l'autre. Dans tous les cas, « leur nature comme leurs prérogatives apparaissent peu déterminées, variables d'une agence à l'autre »[22]. Le développement économique aujourd'hui ne concerne plus exclusivement la question des entreprises et on peut s'attendre à ce

22. D. BENAMOUZIG et J. BESANÇON, « Les agences, alternatives ou nouvelles bureaucraties techniques ? Le cas des agences sanitaires », *Horizons stratégiques* janvier 2007/1, n° 3, p. 10-24.

que les missions des agences régionales en la matière s'élargissent à la question des territoires entiers, et notamment des territoires qui font l'objet de préoccupations en matière d'aménagement du territoire, que ceux-ci soient ruraux ou urbains.

Or, un certain nombre d'agences d'innovation ou de développement économique restent centrées sur la question des entreprises par choix politique certainement, voire par souci juridique du respect de son rôle de chef de file en ce domaine. Pour les plus récentes de ces agences, les questions de définition de champ d'intervention sont moins sensibles puisqu'elles concernent la biodiversité.

En effet, alors que dans un premier temps les agences régionales ont été spécifiquement des agences de développement économique, le mouvement récent montre une diversification de leur objet. Il est possible de passer en revue les différentes régions associées à leurs agences respectives (annexe).

B. Le cas singulier des agences régionales de la biodiversité (ARB)

Les agences de biodiversité[23] sont les dernières nées des agences prévues au niveau régional. Elles sont le fruit de la loi, adoptée dans le cadre de la réforme territoriale, pour la reconquête de la biodiversité qui crée l'Agence française de la biodiversité en son article 20[24]. L'article 21, quant à lui, dispose que :

> « Les régions et l'Agence française de la biodiversité peuvent mettre en place conjointement des délégations territoriales, dénommées agences régionales de la biodiversité, auxquelles peuvent notamment s'associer les départements, en particulier au titre de leur compétence en matière d'espaces naturels sensibles. Ces délégations exercent tout ou partie des missions de l'agence, à l'exception des missions de police de l'environnement. »

Les agences régionales de la biodiversité sont progressivement mises en place dans les régions. Certaines sont dans une réflexion pour en développer une, d'autres régions sont au point mort par rapport à ces instances. Si l'on prend l'exemple des collectivités d'outre-mer, la Guadeloupe, la Guyane, La Réunion et Mayotte ont enclenché le processus de réflexion. En revanche, la Martinique n'a rien entrepris. Les régions de métropole sont dans une situation similaire.

Ce qui est remarquable dans le cas des ARB, c'est le différentiel qui existe entre les termes de la loi qui les présentent comme des délégations de l'AFB, et donc comme des administrations déconcentrées, et les commentaires, qui les présentent comme des agences co-construites entre l'État et les régions. Un autre objet d'étonnement réside dans la possibilité qui est laissée au niveau régional de ne pas créer de telles agences. Dans le cadre d'une administration déconcentrée

---

23. R. DEGRON, « Biodiversité », *in* J.-L. PISSALOUX (dir.), *Dictionnaire Collectivités territoriales et Développement durable*, Lavoisier, 2017.

24. Loi n° 2016-1087 du 8 août 2016 pour la reconquête de la biodiversité, de la nature et des paysages, *JO* 9 août 2016.

l'État ne sélectionne pas les territoires de cette manière, ils sont pourvus d'une administration déconcentrée ou non, et cela quelle que soit la configuration locale. Or, dans le cas de la biodiversité, laisser des territoires non couverts par une agence est problématique puisque la politique en la matière souffre d'une faiblesse structurelle si elle ne couvre pas tout le territoire[25]. Certes, on peut objecter que la question reste gérée par la DREAL, mais le souci de cohérence, de clarté et de coordination entre régions de l'action publique peut ne pas être suffisamment pris en considération.

Un rapport parlementaire a d'ailleurs récemment souligné la nécessité d'inciter les régions qui ne sont pas encore entrées dans cette réflexion à le faire, relevant qu'il « est souhaitable, à terme, que la plupart des régions constituent une agence régionale de la biodiversité »[26]. Cet écart vient sans doute du processus originel de création qui a été longuement débattu[27]. Selon les rapporteures, la démarche choisie « est souple »[28]. Par exemple, les partenariats avec l'AFB, agence centrale, seront possibles en l'absence d'ARB.

L'utilité des ARB a été définie de la manière suivante par

> « l'AFB qui a souligné que son ambition est de permettre, à travers ce dispositif des agences régionales de la biodiversité, de développer des partenariats avec les régions et les autres niveaux de collectivités territoriales pour créer des synergies, accélérer et multiplier les initiatives concrètes de façon coordonnée et concertée »[29].

Les régions, dans cette configuration singulière, détermineront la forme de l'agence régionale et le champ de ses interventions. La forme juridique choisie *in fine* est libre, car c'est l'objectif poursuivi qui importe. Il sera possible de constituer une telle ARB sous forme d'un EPCE, d'un GIP, d'un syndicat mixte ou de toute autre entité n'ayant pas nécessairement la personnalité juridique. En métropole, pour les régions Auvergne-Rhône-Alpes, Corse, Grand-Est, Hauts-de-France et Pays de la Loire, aucune démarche de préfiguration n'est lancée. La participation de l'AFB à la création des agences régionales de la biodiversité a mobilisé à ce stade environ 400 000 euros de subventions.

---

25. Une illustration de cette idée est contenue dans le document de l'annexe n° 2 consacré à la réflexion pour créer l'ARB bretonne. Les prises en compte des trames vertes et bleues exigent une déconnexion vis-à-vis des frontières administratives. Ces dernières n'ont en effet pas de sens en matière de biodiversité.
26. N. Bassire et F. Tuffnell, *Rapport d'information AN, n° 1096 sur la mise en application de la loi du 8 août 2016 pour la reconquête de la biodiversité, de la nature et des paysages*, p. 77 et s.
27. *Ibidem.*
28. *Ibidem.*
29. *Ibidem.*

S'il reste difficile au regard des mutations qui viennent de se produire de répondre, avec précision, à la question de savoir à quoi servent les agences, il semble plus facile de répondre à celle posée par J. Chevallier : les agences, effet de mode ou révolution administrative[30] ? Aujourd'hui, les agences se sont diffusées dans tout le paysage administratif et la question revêt moins d'acuité. En effet, elles ne sont ni un effet de mode ni une révolution administrative, en ce qui concerne les agences décentralisées il est possible d'espérer qu'elles permettent un meilleur exercice des compétences dont les collectivités sont dotées. C'est la raison pour laquelle elles sont très dépendantes des compétences de ces dernières et doivent anticiper les modifications qui les affectent.

Ainsi, les agences régionales de développement économique à l'interface du monde administratif de la région et du monde économique sont conçues, encore pour beaucoup de régions, comme une vitrine régionale et une aide aux entreprises. Or, elles ne vont pas pouvoir rester longtemps en dehors des questions de cohésion, propres à leur territoire, au regard de la taille de certains d'entre eux et des besoins criants en matière d'aménagement du territoire. À la lecture des textes récents, les agences régionales vont connaître des modifications d'envergure, à savoir un dépoussiérage pour celles qui existent déjà et une mise en adéquation avec les compétences régionales pour celles à créer. Car en effet, comme le soulignait J.-M. Sauvé, « l'agence ce n'est pas moins d'État, c'est l'État autrement »[31].

Bibliographie

- AUBY J. B., « Un nouveau cours pour l'intervention économique régionale ? », *in Région et aménagement du territoire, Mélanges en l'honneur de J. Lajugie*, éd. Bière, 1985, p. 466-479.
- BASSIRE N. et TUFFNELL F., *Rapport d'information, AN, n° 1096 sur la mise en application de la loi du 8 août 2016 pour la reconquête de la biodiversité, de la nature et des paysages.*
- BENAMOUZIG D. et BESANÇON J., « Les agences : alternatives administratives ou nouvelles bureaucraties techniques ? Le cas des agences sanitaires », *Horizons stratégiques*, janvier 2007/1, n° 3, p. 10-24.
- BRAUD C., « La notion d'agence en France : réalité juridique ou mode administrative ? », *LPA* 30 août 1995, n° 104, p. 4-7.
- CHEVALLIER J., « Les agences : effet de mode ou révolution administrative ? », *in Mélanges en l'honneur de G. Dupuis*, LGDJ, 1997, p. 47-62.
- CONSEIL D'ÉTAT, *Les agences, une nouvelle gestion publique ?* étude annuelle, LDf, 2012.

30. J. CHEVALLIER, « Les agences : effet de mode ou révolution administrative ? », *Mélanges en l'honneur de G. Dupuis*, LGDJ, 1997, p. 47-62.
31. CE, *op. cit.*, p. 6.

– DUTHEIL DE LA ROCHÈRE J., *Les agences de régulation européenne : quels problèmes juridiques ? Mélanges Y. Jégouzo*, Terres du droit, Dalloz, 2009.

– ELLUL J., « Sagesse de l'économie politique », *in Région et aménagement du territoire, Mélanges en l'honneur de J. Lajugie*, éd. Bière, 1985, p. 91-100.

– HOURQUEBIE F., « La nouvelle carte des régions : question de bon sens ou de baronnie », *AJDA* 30 mars 2015, p. 626-635.

– *France Stratégie*, revue en ligne, juillet 2016.

– MARCOU G., « Agences : les équivoques de la réforme de la gestion publique à la lumière des expériences françaises et étrangères », *RFFP*, n° 105, février 2009, p. 149-188.

– MARCOU G., « Développement économique, la région chef de file ? », *RFAP*, n° 156, 2015, p. 1037-1048.

– *Nouvelle-Aquitaine, Agence de développement et d'innovation*, plaquette de présentation de l'agence fusionnée.

– OCDE, *Organisation de coopération et de développement économique*, Rapport annuel, 2009.

Annexe

Liste des agences créées par région

Régions	**Agences**
Auvergne-Rhône-Alpes	Agence Auvergne-Rhône-Alpes Entreprises
Bourgogne Franche-Comté	Agence économique régionale Agence régionale de la bio-diversité
Bretagne	Agence bretonne de la bio-diversité Bretagne développement innovation
Centre-Val de Loire	Dev'up : Agence d'innovation et du développement des entreprises Agence régionale de biodiversité
Corse	Agence de développement économique
Grand-Est	Agence d'innovation régionale
Hauts-de-France	Agence régionale de développement et d'innovation

Régions	Agences
Île-de-France	Agence des espaces verts Agence régionale de la biodiversité Agence régionale du développement Agence régionale de l'environnement et des nouvelles énergies. Devient département Énergie climat de l'Institut d'Aménagement (2017)
Normandie	Agence de développement de la Normandie
Nouvelle-Aquitaine	Agence de l'alimentation de la Nouvelle-Aquitaine Agence régionale de la biodiversité Agence de développement et d'innovation Agence Europe communication Aérocampus Agence culturelle de la Nouvelle-Aquitaine
Occitanie	Agence régionale d'appui aux stratégies territoriales Agence régionale de développement économique Agence Ad'Occ Agence régionale pour la biodiversité Parlement de la mer (2013) Parlement de la montagne (2018)
Provence-Alpes-Côte d'Azur	Agence régionale pour l'environnement et l'éco-diversité Agence régionale des territoires et de l'économie culturelle Agence régionale pour l'innovation et l'internationalisation des entreprises
Pays de Loire	Agence régionale des territoires et de l'innovation

Source : Fl. Lerique.

QUELS PARTENARIATS POUR LES AGENCES D'URBANISME ?

par

Nicole LEROUSSEAU

Professeur émérite de droit public
Université de Tours

Les agences d'urbanisme, dont l'origine remonte aux années 1960, sont des institutions locales continuellement présentes dans les activités d'ingénierie publique[1]. Le manifeste, qu'elles ont adopté le 7 octobre 2016, affirme leur volonté « d'apporter une ingénierie aux politiques et projets de chaque territoire… » et de poursuivre leur action « basée sur leur ADN partenarial »[2]. Ce texte, qui se tourne vers l'avenir, témoigne de leur détermination constante de s'adapter aux évolutions de l'organisation territoriale et du droit de l'aménagement et de l'urbanisme. C'est pourquoi le questionnement des partenariats est choisi ici comme susceptible de faire ressortir leur place dans l'ingénierie territoriale[3].

1. Définition de l'ingénierie retenue : CIAT 2003, CODIRDU : « Ensemble de savoir-faire professionnels dont ont besoin les collectivités publiques et les acteurs locaux pour conduire le développement territorial ou l'aménagement durable du territoire », proposée par les coordonnateurs du présent ouvrage.

2. Manifeste des agences d'urbanisme : « Les agences d'urbanisme de demain. Agir pour des territoires en bonne intelligence », 37e Rencontre nationale des agences d'urbanisme, Bayonne, 7 octobre 2016.

3. Je tiens à remercier M. Jérôme Baratier, Directeur de l'Agence d'urbanisme de l'agglomération de Tours (ATU) pour l'entretien accordé et les informations et documents transmis.
Je tiens à remercier, M. Philippe Schmit, Secrétaire général à l'urbanisme et au commerce de l'AdCF pour l'entretien accordé.

Dans le champ du droit de l'urbanisme, où la législation abonde, il convient de rappeler les quelques dispositions qui leur sont propres. Il faut attendre la loi du 25 juin 1999 d'orientation pour l'aménagement et le développement du territoire afin que le Code de l'urbanisme leur consacre un article (art. L. 121-3). Celui-ci a été complété, successivement par les lois SRU du 13 décembre 2000 et ALUR du 24 mars 2014, avant de constituer l'article L. 132-6, à la suite de la nouvelle codification de 2015. Les compléments apportés ont permis de mieux caractériser les agences et d'étendre leurs missions. Le législateur a ajouté au duo classique de leurs qualités d'« organismes de réflexion, et d'études », celle « d'accompagnement des politiques publiques », tandis que, pour la première fois, il les a qualifiées explicitement d'« agences d'ingénierie partenariale ». Leurs missions, dont l'énumération n'est pas limitative, portent sur le suivi des évolutions urbaines, la planification urbaine, notamment les SCoT et les PLUi, la préparation des projets d'agglomération métropolitains et territoriaux. Ces missions sont expressément élargies, depuis la loi ALUR, par la référence à de nouveaux objectifs : « développer l'observation territoriale » ; « contribuer à diffuser l'innovation, les démarches et les outils du développement durable et la qualité paysagère et urbaine ». Elles prennent une dimension internationale, qui est « d'accompagner les coopérations transfrontalières et les coopérations décentralisées liées aux stratégies urbaines ». Ces agences, dont le rapport sénatorial *Pour une nouvelle architecture territoriale de l'ingénierie en matière d'urbanisme* rappelle qu'elles constituent « une expérience originale »[4], sont actuellement au nombre de 50 en métropole et 3 Outre-mer. Elles comptent de l'ordre de 1 600 professionnels. Elles sont instituées sous la forme associative, comme le prévoit le législateur[5], à l'échelle souvent des agglomérations et des métropoles, étant créées principalement par des communes, des EPCI, des collectivités territoriales et par l'État. L'Institut d'aménagement et d'urbanisme d'Île-de-France (IAU-IDF) fournit une exception, puisqu'outre sa dimension régionale, il conserve encore son statut de fondation[6]. Les agences ne couvrent pas l'ensemble du territoire, mais 35 millions de personnes résident sur un territoire où elles sont présentes, soit près de la moitié de la population française.

---

4. P. Jarlier, *Pour une nouvelle architecture territoriale de l'ingénierie en matière d'urbanisme*, rapport d'information fait au nom de la délégation aux collectivités territoriales et de la décentralisation, 10 juillet 2012, doc. Sénat, nº 654 (2011-2012).

5. L'article L. 132-6 du Code de l'urbanisme ne prévoit que deux statuts possibles : « Elles peuvent prendre la forme d'association ou de groupement d'intérêt public. Ces derniers sont soumis au chapitre II de la loi nº 2011-525 du 17 mai 2011 de simplification et d'amélioration de la qualité du droit. » Le GIP n'a jamais été employé.

6. Le statut de fondation, du point du régime de la dotation de l'Institut, a fait l'objet de critiques de la CRC Île-de-France dans son *Rapport d'observations définitives*, l'IAU-IDF, exercices 2006 et s., 28 juillet 2016.

Elles sont réunies, de plus, dans une Fédération nationale des agences d'urbanisme (FNAU)[7], afin de structurer leur organisation en réseau. Ce qui caractérise leur « mode de faire », comme le souligne le manifeste de 2016 précité.

La dimension partenariale de ces organismes se greffe, du point de vue juridique, sur la plasticité du statut associatif et trouve ses sources dans le « droit souple » reposant sur des circulaires de l'État, de multiples conventions, parfois des chartes, des programmes d'activités. La dernière note technique de l'État du 30 avril 2015[8] emploie d'ailleurs, au sujet du fonctionnement des agences, une formule qui peut caractériser de manière générale le contenu du partenariat, portant sur des « actions que chacun de ses membres ne pourrait accomplir seul dans des conditions également favorables, et que tous ont intérêt à mener ensemble ». Toutefois, la mise en œuvre des partenariats est soumise à des contraintes juridiques plus strictes, induites par leur proximité avec les collectivités publiques. En raison des liens créés entre les agences et ces collectivités, dont leur financement par des subventions, elles sont soumises au régime de gestion spécial applicable aux associations bénéficiant de subventions accordées par lesdites collectivités. Elles sont en outre assimilées, sous conditions, aux organismes de droit public du point de vue fiscal. Elles bénéficient aussi, sous conditions, du régime dit du *« in house »* qui leur permet d'exercer des activités, hors du champ du droit de la concurrence[9].

Or, « l'expérience originale » des agences évolue dans le contexte de profondes mutations de leur environnement institutionnel et de leurs activités d'ingénierie. Le manifeste de Bayonne précité ne s'intitule-t-il pas « Les agences d'urbanisme de demain ». Rappelons qu'elles ont à faire face à l'accélération des réformes structurelles mises en œuvre depuis une décennie et à la diversification complexe de la planification qui les interrogent à la fois sur leur base territoriale d'intervention et sur leur offre d'ingénierie. L'administration déconcentrée de l'État a vu le périmètre de ses missions et ses moyens réduits tandis que les réformes de décentralisation ont engendré des bouleversements, qu'il s'agisse du nouveau découpage régional en 13 régions, de la création de 21 métropoles, de la généralisation de l'intercommunalité, accompagnés d'un élargissement des compétences des institutions créées. L'ensemble intervient dans une période de contraction des finances publiques qui ne manque pas de se répercuter sur le financement des agences. Dans le même temps,

7. *Www.fnau.org/fr/accueil/*. Parmi les activités de la FNAU, soulignons ses nombreuses publications – téléchargeables –, dont ses rapports d'activités annuels, l'organisation de Rencontres annuelles des agences, lieu de réflexion sur des thématiques novatrices, dont les travaux font l'objet d'un numéro spécial de la revue *Urbanisme*.

8. « Note technique du 30 avril 2015 relative aux agences d'urbanisme : conditions de fonctionnement, modalités de financement et rôle des services de l'État », Ministère du Logement de l'Égalité des territoires et de la Ruralité, NOR : ETLL1509571N (non parue au *JO)*.

9. Sur le régime d'association applicable, cette même note technique du 30 avril et ses annexes (annexe II, obligations comptables, annexe III, régime fiscal).

elles ont, dans leurs activités d'ingénierie, à intégrer les exigences nouvelles de la planification urbaine, celles du développement des planifications spécialisées dont : le schéma régional d'aménagement de développement durable et d'égalité des territoires ; le plan climat énergie territorial ; le programme local de l'habitat ; le plan de déplacement urbain. Le tout avec l'incidence de la gestion du DATA. Dans ce contexte, les partenariats peuvent se révéler porteurs des dynamiques des agences, mais aussi de leur part de fragilités. Pour développer les éléments de réponse à la question posée par cette contribution, la transformation à l'œuvre des agences d'urbanisme, qui passe par les partenariats, peut être développée en deux temps. Elle s'inscrit, tout d'abord, dans le cadre partenarial du réseau des agences d'urbanisme, pour lequel la FNAU joue un rôle primordial et qui permet de constituer un cadre global d'activités des agences (I). Par ailleurs, le fonctionnement partenarial des agences d'urbanisme demeure, en dépit de leurs « profils » diversifiés, leur caractéristique majeure (II).

I. Le cadre partenarial du réseau des agences d'urbanisme

Les missions d'ingénierie des agences, prévues par simple énumération, relèvent ensuite du régime juridique applicable aux différents secteurs d'activités incluses. Or, il est de première importance que l'ensemble du réseau dispose d'un cadre de coopération, qui puisse servir de référence pour le développement des activités des agences dans les territoires. La FNAU, dirigée par des élus locaux, s'emploie à créer ce cadre par la conclusion de conventions de coopérations, négociées avec de nombreux partenaires. L'État, comme partenaire historique, dès l'origine des agences, conserve une place particulière. De plus, la FNAU a été conduite à diversifier ses partenariats, du fait des avancées successives de la décentralisation et de la place occupée par les associations d'élus, ainsi que de la présence accrue, d'acteurs de l'ingénierie, dans des domaines spécialisés.

A. Le partenariat de l'État avec la Fédération nationale des agences d'urbanisme

Selon la présentation générale des agences, élaborée par la FNAU : « Des conventions de partenariat entre l'État et la FNAU ont régulièrement énoncé la philosophie, les grandes orientations de travail du réseau des agences, ainsi que leur mode de fonctionnement[10]. » Pour prendre un tournant de l'évolution de l'aménagement, initié par les réformes du Grenelle de l'environnement, depuis 2008, trois protocoles ou conventions ont été successivement conclus entre l'État et la FNAU[11].

10. « Les agences d'urbanisme. Une ingénierie en réseau pour des politiques territoriales », plaquette de la FNAU, mai 2012, */www.fnau.org/wp-content/uploads/2016/03/Plaquette-2012.pdf.*

11. Protocole du 23 octobre 2008 entre le MEEDDAT et la FNAU ; Protocole du 18 octobre 2011 entre le MEEDDAT et la FNAU ; Protocole du 18 novembre 2014 État-FNAU.

Leur durée se révèle variable, selon le contexte. Le premier conclu en 2008, pour cinq ans, a été remplacé dès 2011, par un deuxième protocole, mieux adapté aux développements des lois Grenelle et prévu pour trois ans. Celui actuellement en vigueur a été conclu pour six ans (2014-2020). Du côté de l'État, l'engagement intervient selon les attributions ministérielles, successivement par le MEEDDAT puis par le ministère du Logement, de l'Égalité des territoires et de la Ruralité (MLETR) auquel succède depuis 2017, le ministère de la Cohésion des territoires. Sur le fond, les conventions, qui en quelque sorte « légitiment » les agences, les qualifient selon une formule constante, d'« outils d'ingénierie partenariaux et pluridisciplinaires ». Le protocole actuel comporte cinq axes de travail. Il s'inscrit en continuité des deux précédents, tout en s'élargissant pour « prendre en compte l'ensemble des réflexions nationales qui se concrétisent dans la loi ALUR et les lois de décentralisation ». Il systématise, de plus, dans des annexes, pour chacun de ces axes : le contexte, au sens du cadre juridique et des politiques publiques ; les avantages des agences d'urbanisme en réseau ; les engagements mutuels qui impliquent, pour l'État, les services déconcentrés des DREAL et des DDT.

Dans un contexte d'inflation législative, le premier axe porte sur la fonction de « relais des politiques de l'État » pour lequel les agences ont l'avantage de fournir « une ingénierie au service des projets de territoire ». Ce qui témoigne du caractère transversal très vaste du champ de leurs activités et des compétences de leurs équipes pluridisciplinaires. Il s'agit de mettre en œuvre, avec les acteurs locaux, à l'échelle de grands territoires : les schémas et projets de coopération stratégiques de la réforme territoriale ; les outils de planification sectorielle réformés – SCoT Grenelle et PLUi, PLH, PDU – les derniers outils de la programmation pour la ville et la cohésion urbaine, pour la biodiversité, pour l'énergie.

Le deuxième axe, « la ville durable et le logement pour tous », qui s'inscrit dans le contexte des engagements internationaux sur le climat, la biodiversité, reprend les outils souples et novateurs des EcoCités, des EcoQuartiers, le système des appels d'offres dans les domaines notamment de la rénovation énergétique, de la mobilité et fait, plus largement, une priorité des questions de transition écologique et énergétique. Du point de vue du logement, il s'agit pour les agences d'accompagner la politique de l'État.

Le troisième axe relatif à « l'observation urbaine et territoriale et la prospective » prend un regain d'importance. Les besoins accrus de connaissance des données sectorielles, afin de construire des politiques d'aménagement et d'environnement, conduisent à développer un sujet qui jusqu'alors avait été complémentaire, pour en faire un axe à part entière. Ceci, d'autant plus, que la loi ALUR a inclus expressément l'observation dans les missions des agences et que le protocole reconnaît aux agences l'avantage de fournir « une ingénierie partenariale d'observation et de prospective territoriale travaillant en réseau ». Ce qui se traduit par le développement d'observatoires locaux dans des domaines essentiels : urbanisme et foncier, politiques locales de l'habitat, observatoires sociaux et urbains, économiques et de services, de développement durable qui permettent un rôle de capitalisation nationale des différentes données urbaines. La rédaction est celle d'engagements mutuels pour un meilleur accès réciproque aux données urbaines. Ainsi, « L'État diffusera de façon plus directe aux agences les données sans secret statistique et les analyses publiques qu'il produit ». Le champ matériel cité n'est pas limitatif : « Notamment celles relatives au logement, aux revenus, à la fiscalité, à l'environnement [...] ». Pour leur part, les agences « devront fournir à l'État un accès aux analyses des observatoires locaux [...] » Le sujet renvoie à l'application de la législation sur l'accès aux données – publiques – et tout assouplissement en la matière, par réduction du champ du secret, est donc susceptible, ici, d'améliorer les travaux d'observation.

L'axe quatre porte sur « l'ingénierie partenariale au service des territoires ». Rappelons que l'évolution est marquée par le développement d'agences sectorielles, telles l'ADEME, l'ANRU... et par la restructuration des services de l'État, leur retrait de l'ingénierie en aménagement et urbanisme, remplacée en 2016 par une activité de Nouveau Conseil aux Territoires[12]. Dans ce contexte, l'axe prévoit que les agences d'urbanisme apportent leur contribution à la mise en réseau des différentes ingénieries publiques pour la complémentarité des compétences et le maillage du territoire. L'État s'engage, pour sa part, dans un objectif de meilleur maillage du territoire, à soutenir l'élargissement de leur réseau, ce qui pourrait aller jusqu'à la création de nouvelles agences.

Le protocole consacre désormais, par l'axe cinq, une dimension supplémentaire de coopération, en reconnaissant « le rôle des agences dans le cadre européen et international ». Il s'agit d'une forme de valorisation des agences, qu'elles ont déjà engagée, dans un contexte d'internationalisation. Leur contribution est prévue, en particulier, dans la mise en œuvre des volets urbains des fonds européens, qui deviennent plus stratégiques encore, face à la réduction des moyens financiers des collectivités publiques. En outre, l'originalité des agences d'urbanisme et l'expérience acquise leur permettent d'obtenir le principe du soutien de l'État dans la diffusion de l'outil à l'échelle européenne et internationale, notamment pour le développement de la coopération transfrontalière. Enfin, leur contribution aux débats dans les grandes conférences internationales, notamment sur le climat ou l'habitat, est reconnue.

12. Directive nationale d'orientation du 10 mars 2016, sur l'ingénierie d'État dans les territoires 2016-2018, INTK167045575 (parue au *JO)* ; Note technique du 7 juillet 2016 relative à la mise en œuvre du Nouveau Conseil aux Territoires (NCT), NOR : LHAL 1618810N (non parue au *JO)*.
Dans cette étape importante de mutation des missions de l'État (qui devient « État expert, État incitateur, État facilitateur »), la directive présente en annexe une liste des « Acteurs compétents en ingénierie » auxquels il peut être fait recours, dont « les agences d'urbanisme ». La note insiste sur ce que le NCT est « une forme d'intervention plus partenariale ». En particulier les « stratégies d'intervention seront partagées avec les autres acteurs du territoire », dont « les agences d'urbanisme ».

Selon une solution constante, la question financière n'est pas traitée dans le protocole, mais relève de la loi de finances qui, chaque année, prévoit une dotation pour les agences, inscrite dans le programme n° 135, « Urbanisme, territoires et amélioration de l'habitat ». Depuis 2015, son attribution est ensuite régionalisée, ce qui intéresse directement le partenariat fonctionnel des agences, et sera précisée dans les développements à ce sujet. Il convient cependant ici d'observer que le montant, fortement à la baisse, s'est stabilisé depuis 2015 à 5,6 M€ et que la FNAU reçoit une subvention de 100 000 euros.

B. La diversification des partenariats de la FNAU

Les mutations du contexte dans lequel s'exercent les activités d'ingénierie ont incité la FNAU à diversifier ses partenariats, en plus de celui pérennisé avec l'État. La Fédération a accéléré sa stratégie, tout particulièrement dans la décennie 2010, en direction de multiples acteurs impliqués dans le secteur de l'aménagement[13] et selon des modalités diverses. Si la convention occupe une place importante, elle n'est pas exclusive, car d'autres dispositifs, parfois moins formalisés, sont susceptibles d'être employés. Il ne saurait donc être question ici de prétendre à l'exhaustivité, mais plutôt de retenir quelques axes et illustrations de ces partenariats. Mentionnons des coopérations techniques avec des services de l'État, jouant un rôle majeur dans les données utilisées en ingénierie : l'INSEE, le Conseil national de l'information statistique, le Conseil national de l'information géographique. Par ailleurs, des coopérations se développent avec les opérateurs des secteurs de l'énergie – tels EDF, GRDF –, des transports – telle la SNCF. La FNAU a en outre un partenariat avec l'organisme financeur des politiques publiques dans les territoires, le Groupe Caisse des Dépôts. Toutefois, ce sont les partenariats, avec des structures proches de l'État – en complément de celui de l'État –, avec les associations de collectivités territoriales qui méritent une attention particulière ici. En effet, selon la formule employée par la FNAU, leur renforcement « a ainsi vocation à construire une ingénierie en réseau, pour la mise en œuvre, mais aussi l'inspiration des nouvelles politiques urbaines et territoriales »[14].

Le renouveau des structures administratives, où prédomine le statut d'établissement public, s'accompagne de partenariats avec des institutions aux compétences spécialisées, pour des durées variables. Notamment, la conclusion d'une première convention avec la DATAR en 2001 avait pu apparaître pionnière. Elle a été remplacée en 2012 par une convention conclue pour deux ans, avant que, suite à un

13. voir *www.fnau.org/fr/la-fnau/partenariats/*. La FNAU dresse une liste de ses nombreux partenariats regroupés en sept rubriques : les associations de collectivités ; les services de l'État ; les associations professionnelles ; l'Europe et l'international ; les entreprises ; le secteur de la culture et la communication ; celui de la recherche.

14. « Les agences d'urbanisme. Une ingénierie en réseau pour des politiques territoriales », plaquette de la FNAU, mai 2012, précitée.

processus de fusion, le CGET (Commissariat général à l'égalité des territoires) succède à la DATAR et prenne le relais de la coopération avec la FNAU. Le développement d'agences a ouvert des perspectives supplémentaires de partenariats de la FNAU, en particulier, avec des établissements publics : avec l'ANRU, par une convention de 2014 ; avec l'ADEME, par une convention depuis 2013, renouvelée en janvier 2018. Il convient d'y ajouter l'ANIL – association chargée d'une mission de service public – par une convention de janvier 2017. À titre d'exemple, celui renouvelé avec l'ADEME est présenté comme « concret et à toutes les échelles » s'appuyant sur le local et à dimension internationale, considérant que :

> « Les enjeux de la transition énergétique sont partagés entre l'ADEME et la FNAU et portant sur des sujets de collaboration nombreux : "de l'intégration obligatoire des enjeux énergétiques et environnementaux dans les documents de planification, à la formation, jusqu'à l'expérimentation sur certains territoires pilotes de politiques innovantes pour le climat"[15]. »

Celui engagé avec l'ANIL vise à développer la coopération ici entre deux réseaux des ADIL et des agences. Il s'agit de « contribuer à une meilleure connaissance sur le logement l'habitat et l'urbanisme », plus particulièrement « de partager les expertises » des deux réseaux,

> « de développer leurs complémentarités dans un objectif d'efficacité, pour une meilleure contribution aux politiques publiques locales : traitement et analyse de données, cartographie, connaissance des évolutions territoriales, expertise juridique, partenariats avec les professionnels et contacts avec les particuliers »[16].

La convention a été précédée de travaux collaboratifs entre des ADIL, des agences d'urbanisme, l'Observatoire des loyers de l'agglomération parisienne, donnant lieu à la publication d'une étude en décembre 2016[17].

En ce qui concerne les partenariats de la FNAU avec les associations de collectivités territoriales, ils sont protéiformes. Il a toujours existé des échanges sur des sujets d'intérêt commun et des coopérations ponctuelles. En raison de la profonde transformation du système institutionnel local, une étape supplémentaire est intervenue par la conclusion de conventions, avec les associations des départements et celle des régions, qui permettent de développer des coopérations au niveau

15. « L'ADEME et la FNAU réaffirment leur partenariat », Communiqué de presse FNAU le 30 janvier 2018, Genève.
16. « L'ANIL et la FNAU partenaires pour contribuer à une meilleure connaissance sur le logement, l'habitat et l'urbanisme », Communiqué de presse ANIL-FNAU.
17. *Territoires et loyers : premières analyses thématiques*, décembre 2016, publication ANIL-FNAU. Travaux réalisés à partir des résultats 2015 des observatoires locaux des loyers. Rappelons que l'article 6 de loi ALUR, du 24 mars 2014, a renforcé ce dispositif d'observation imposé dans les zones tendues.

national et local, en réalité déjà engagées[18]. Celle avec l'ADF a été conclue en 2013 et revêt une particulière importance, puisqu'outre le renforcement des compétences en matière de solidarité, de nouvelles agences d'ingénierie départementales sont susceptibles d'être créées. Celle avec l'ARF, du 8 février 2017, permet de mettre l'accent sur les nouvelles dimensions de la planification, ayant pour enjeu « notamment de favoriser la connaissance partagée des dynamiques territoriales régionales, en particulier les schémas régionaux (SRADDET, SRDEII) et leur articulation avec les documents d'urbanisme locaux, l'ingénierie territoriale ou encore les coopérations transfrontalières »[19]. Face à la représentation dispersée des intérêts locaux, au sein de multiples associations d'élus, d'autres formes de partenariat se mettent en place. Notamment la généralisation de l'intercommunalité n'a pas conduit à une contractualisation entre la FNAU et l'AdCF. En revanche, il s'est développé un partenariat de « proximité », du fait de la création en 2012, du nouveau Pôle Joubert, sous la forme d'un groupement d'intérêt économique, constitué entre six associations, qui permet de réunir en un même lieu la FNAU et plusieurs associations d'élus, dont l'AdCF[20]. Ce qui permet, une mutualisation des moyens, de renforcer les « coopérations inter-associatives », d'animer des réflexions croisées, de s'efforcer de s'accorder sur des positions communes lors de préparation de réformes, auprès des pouvoirs publics. L'AdCF et la FNAU ont en particulier mené des travaux sur les questions d'urbanisme commercial et développé « une observation collaborative » des grandes agglomérations et ensuite des métropoles, en associant cette fois France Urbaine et le CGET, avec production, dans chaque cas, d'indicateurs de suivi[21].

Comme autre forme novatrice, la convention de février 2018 mérite de retenir l'attention, car destinée à changer d'échelle, pour passer du mode bilatéral au mode multilatéral. Dans une société de la connaissance, à des coopérations

18. En parallèle à chaque convention, la FNAU a publié un dossier conçu en lien avec chaque association, faisant le point sur les travaux des agences aux échelles départementales et régionales : *« Les agences d'urbanisme dans les démarches départementales », Les dossiers de la FNAU*, n° 28, janvier 2014 ; *« Les agences d'urbanisme stratégies régionales, réseaux, grands territoires », Les dossiers de la FNAU*, n° 29, janvier 2014.

19. « Convention de partenariat entre régions de France et la FNAU », Communiqué de presse ARF-FNAU.

20. Membres fondateurs du GIE : ACUF et AMGVF devenus France Urbaine, AdCF, FNAU, GART, Ville et Banlieue, rejoints par des associations plus spécialisées dont : la Fédération nationale des SCoT ; en matière environnementale, l'Association nationale des collectivités pour la maîtrise des risques technologiques majeurs (AMARIS), l'Association nationale des collectivités territoriales en charge de la gestion des déchets, des politiques territoriales énergie climat et des réseaux de chaleur (AMORCE), *www.fnau.org/fr/la-fnau/pole-joubert/*.

21. Publications par les partenaires des travaux collaboratifs : *Observ'agglo 50 indicateurs pour décrypter les dynamiques des grandes agglomérations*, septembre 2016 ; *Métroscope 50 indicateurs clés pour les métropoles françaises*, juin 2017.

d'abord dispersées et bilatérales entre la Conférence des présidents d'université (CPU), des associations du bloc local et la FNAU a succédé une convention-cadre multilatérale, pour une action renforcée et prévue sans limitation de durée[22]. Les domaines de coopérations identifiés sont les schémas locaux de l'enseignement supérieur et de la recherche, l'innovation, l'implantation et l'ancrage territorial des universités, pour être développés dans des axes. Des instances de suivi sont prévues et ouvertes à d'autres acteurs, dont la Caisse des dépôts. Un plan d'action annuel sera adopté avec prévision du pilotage et des modes de financement. Sa mise en œuvre pourra faire l'objet de conventions particulières conclues par les parties à la convention.

II. Le fonctionnement partenarial des agences d'urbanisme

Dans le cadre ainsi constitué, les cinquante agences d'urbanisme, qui composent le réseau en métropole, dont les dimensions sont variables, exercent leurs activités d'ingénierie à l'échelon local, selon un fonctionnement partenarial. Il s'appuie sur le statut associatif qui comporte ici quelques particularités. Il leur a permis jusqu'alors, dans l'ensemble, de s'adapter au contexte évolutif, tant du point de vue de l'organisation administrative, que des missions à exercer avec les moyens dont elles disposent. Dans le même temps, le partenariat est marqué par la diversité, comporte de la permanence et de l'innovation, sans être pour autant stabilisé. Ce fonctionnement est un atout, sans exclure une part de fragilité. Il est en quelque sorte un processus porteur en continu de l'adaptation des agences. Ce qui transparaît de la conception de leur gouvernance, de celle de leurs activités inscrites pour l'essentiel dans leur programme partenarial d'activités et du développement de nouveaux modes de coopération inter-agences.

A. La gouvernance partenariale des agences

Les agences ont été créées sur la base d'un partenariat entre collectivités publiques, qui se prolonge dans la composition et le fonctionnement de leurs structures associatives. Or, instituées à l'échelle des agglomérations, elles se sont transformées, essentiellement sous l'effet des réformes de décentralisation, et encore de la diversification des acteurs de l'aménagement, ce qui contribue à reconfigurer leur gouvernance. Tandis qu'à l'origine, elles réunissaient l'État et principalement les communes, des EPCI et d'autres collectivités les ont rejointes, ce qui a permis d'élargir leur base territoriale. De plus, la possibilité offerte de s'ouvrir à des « organismes qui contribuent à l'aménagement et au développement du territoire » (art. L. 132-6, C. urb.), dans un contexte de leur multiplication a été un facteur

22. Signature de la convention-cadre de coopération entre la CPU et les collectivités du « bloc local » le 21 février 2018. Communiqué de presse de la CPU, l'Association des Villes Universitaires de France – AVUF – France Urbains, l'AdCF, la FNAU, Villes de France, *https://www.adcf.org/files/DOCS/convention-CPU-association-collectivite-2018.pdf*.

supplémentaire de leur élargissement. Toutefois, les solutions qui se dégagent, en matière de gouvernance partenariale des agences, ne sont pas uniformes en raison de la diversité du contexte territorial, tant structurel que politique, dans lequel s'inscrit leur fonctionnement[23].

À la suite des réformes de l'intercommunalité, généralisée au 1er janvier 2017, les agences se sont ouvertes à de nouveaux adhérents : aux métropoles, communautés urbaines, communautés d'agglomération, communautés de communes. Parallèlement, des départements ont rejoint les agences, puis des régions selon leur nouveau découpage. Ce qui a conduit à l'adaptation de leurs statuts et de leurs organes de gestion, dont leur conseil d'administration, afin de développer de nouveaux équilibres institutionnels, marqués par un recul de la place occupée par les communes[24]. Dans ce contexte, la gouvernance partenariale est confortée par le choix politique de désigner comme président un élu local occupant des fonctions exécutives intercommunales de premier plan et plus, particulièrement, de président du principal EPCI. Parallèlement, de multiples acteurs publics du développement territorial ont intégré les agences. Sur ce point, dès 2011, une enquête prospective, auprès des agences, posant la question « quels partenaires intéressés ? », avait montré le fort potentiel d'élargissement, observant que « beaucoup de partenaires cités dans l'enquête sont déjà membres des agences »[25]. Y figuraient : des syndicats spécialisés dans le champ de l'environnement ou des transports : autorités organisatrices de transport, syndicats des eaux, des déchets ; des syndicats de SCoT, des GECT transfrontaliers ; des organismes du monde économique, les chambres consulaires, des organismes comme l'ADEME, l'INSEE, les agences de bassin, les agences locales de l'énergie ; les structures en charge de la santé, tels les ARS, les CHU ; les acteurs publics de l'aménagement, dont les établissements publics fonciers, les établissements publics d'aménagement[26]. Comme déjà observé par ces

23. Pour rappel : le cas particulier de l'Île-de-France avec une agence régionale (IAU-IDF) et une agence constituée à partir de la ville de Paris, à statut spécial (APUR).

24. À titre d'exemple, l'ADEUS (Agence de développement et d'urbanisme de l'agglomération strasbourgeoise) compte au total 44 membres, dont l'État et 23 grandes collectivités, collectivités et syndicats mixtes. Selon les statuts modifiés, du 22 mars 2018, le conseil d'administration est composé (art. 10) de 5 représentants de l'État et ensuite d'une représentation des collectivités locales et syndicats mixtes en 2 collèges : 20 représentants pour les trois grandes collectivités – dont 15 pour Eurométropole Strasbourg, 4 pour le département du Bas-Rhin, 1 pour la région Grand-Est ; 10 représentants pour 20 collectivités et syndicats mixtes de collectivités, villes intercommunalités syndicats mixtes groupements divers, dont 2 pour les communes de plus de 10 000 habitants, 1 pour les autres communes et une originalité avec 1 représentant pour la ville allemande de Kehl, tenant à la coopération transfrontalière, *www.adeus.org/lagence/STATUTSADEUS.pdf/view*.

25. « Quel avenir pour les agences d'urbanisme ? » Bilan de l'enquête prospective de la FNAU, *Act'Urba* nº 1 AUCAME (Agence d'Urbanisme de Caen Normandie Métropole), juillet 2011.

26. Pour compléter l'exemple de l'ADEUS, elle comprend 12 membres, acteurs socio-économiques dont les 3 chambres consulaires, la Caisse des dépôts et consignations, l'université, l'ENSA, hôpitaux universitaires, Maison de l'emploi et de la formation bassin de Strasbourg, OPH eurométropole, Port

mêmes travaux, le potentiel d'élargissement trouve cependant ses limites, à l'égard des acteurs privés de l'aménagement, puisque le statut associatif des agences ne leur permet pas de devenir membre à part entière. C'est une conséquence du régime, *in house*, dont elles bénéficient, exclusif de l'intégration de partenaires au statut de droit privé. Aussi, un moyen d'assouplissement, qui se répand, consiste-t-il à prévoir, dans les statuts, le cas de membres simplement associés, sans droit de vote[27].

La configuration des structures administratives locales est susceptible encore d'avoir des incidences, remettant en question le positionnement d'agences dans l'ingénierie territoriale et qui peuvent impacter leur gouvernance, jusqu'à remettre en cause leur existence, dans une situation, plus exceptionnelle de crise. L'ouverture au partenariat intercommunal concerne en effet l'entrée d'EPCI, dont une part d'entre eux sont dotés de services d'ingénierie intégrés, aux moyens importants, dans des champs d'activité souvent identiques à ceux des agences. De plus, la qualité des relations n'est pas neutre, en particulier, celles entre le directeur d'agence et le directeur général des services de l'EPCI. Il s'agit donc pour les agences de se positionner par rapport aux services, dans un mode complémentaire plutôt que concurrent. Les processus de transformations territoriales peuvent encore se répercuter sur les agences de façon plus profonde, posant, la question de leur fusion et même de leur disparition. La fusion des agences est rare, mais peut constituer une réponse à la recomposition territoriale, qu'elle tend alors à précéder. Un projet avait ainsi été annoncé en 2014 de fusion des deux agences, de Reims et de Châlons-en-Champagne, mais ensuite abandonné, car ne correspondant plus aux créations d'EPCI. Plus récemment, afin de s'adapter à la nouvelle métropole Aix-Marseille-Provence, un projet de fusion des deux agences d'Aix et Marseille a été décidé, pour prendre effet au 1er janvier 2019. Il est d'autant plus important que se profile une réforme du statut de la métropole, susceptible d'être inspirée par celui de la métropole de Lyon, collectivité à statut particulier, créée par fusion entre la communauté urbaine et une partie du département du Rhône. Enfin, si les dissolutions d'agences sont exceptionnelles, deux sont intervenues en 2016, étroitement liées à des cas d'échecs du partenariat, dans lesquels les agences ont

autonome, SNCF, VNF. Ils forment un collège de 5 administrateurs (art. 10).

27. En ce sens, les statuts de l'ADEUS ouvrant la qualité de membre associé « à toute personne physique ou morale agréée par le Conseil d'administration, qui, en accord avec les objets poursuivis, est susceptible d'apporter un concours efficace à l'Association » (art. 5) mais avec voix seulement consultative, aux séances de l'assemblée générale (art. 20). La formule est large, sans référence au critère public ou privé de l'organisme.
Sur 44 membres, l'ADEUS compte 8 membres associés : dont le Club de l'immobilier d'entreprise, Réseau GDS, SPL Deux-Rives.
Le statut révisé intègre le cas particulier de l'observatoire des loyers, pas encore constitué. Il prévoit un représentant de statut public de l'observatoire, au titre des partenaires socio-économiques (art. 10). Il ouvre la qualité de partenaire associé en direction des membres de l'observatoire (art. 5).

perdu les financements des partenaires locaux et de l'État, conduisant à la cessation de leurs activités et à leur dissolution. C'est le cas de l'Agence de déplacements et d'aménagement des Alpes-Maritimes (Adaam) et de l'Agence d'urbanisme et de développement de la Seine aval (Audas). Ces agences spécialisées, la première, dans le secteur des déplacements – avec l'originalité d'avoir une base départementale –, la seconde, dans celui de l'architecture, ont pu, en outre, être fragilisées par leur positionnement spécialisé, alors que la dominante des agences est d'être généraliste[28].

B. Le programme partenarial d'activités par agence

Le programme partenarial d'activités, adopté par chaque agence d'urbanisme, constitue une originalité de leur fonctionnement. Le Code de l'urbanisme n'en fait pas mention. Il a été prévu par les circulaires ministérielles relatives aux agences, dont celle en vigueur du 30 avril 2015. Il fournit un instrument de cadrage mutualisé de l'essentiel des activités permanentes de l'agence, d'intérêt collectif, adopté par ses membres, en conseil d'administration, à réaliser pour eux, ayant comme contrepartie financière, le versement de subventions. Il est selon la circulaire, « le noyau dur » des activités. Hors programme partenarial, des activités sont toutefois admises, pour ses membres et des tiers, mais à titre minoritaire, soumises alors, en principe, au droit de la concurrence et au régime fiscal de droit commun. Cette possibilité est ouverte aux agences comme leur permettant de valoriser leurs savoir-faire. La circulaire fixe cette part, en référence au chiffre d'affaires annuel de l'agence, soit 20 % dans le cas d'organismes commanditaires non membres et 30 %, « quel que soit le commanditaire, membre ou non membre de l'agence ». Ce système a permis une adaptation des missions des agences à leur environnement, mais sans exclure une part d'interrogations relatives à l'interprétation des frontières du programme partenarial et a soulevé, plus généralement, le problème de la réduction de leurs financements.

Ce programme, qui peut être élaboré pour trois ans, est en réalité adopté chaque année. Il est établi à partir de l'identification des besoins d'études des membres de l'agence et de la définition législative des missions, retenue par l'article L. 132-6 du Code de l'urbanisme, précité et, sous condition complémentaire de la circulaire, qu'il réponde « à des enjeux intéressant directement ou indirectement l'ensemble des adhérents à des besoins de connaissance partagées ». Étant donné l'élargissement des missions et les mutations du contexte territorial, si certaines activités

---

28. Cas de l'Adaam : R. MARIO, « Dans les Alpes-Maritimes, l'État et les collectivités coupent les vivres à l'agence d'urbanisme », *Mon. TP* 1er juillet 2016.
Rapport CGED n° 10359-01, P. SCHMIT, participation B. BARIOL-MATHAIS (FNAU), *Positionnement d'une agence d'urbanisme dans les Alpes-Maritimes*, juillet 2016.
Cas de l'Audas : « L'agence d'urbanisme fait les frais de la grande agglo », 23 décembre 2015, *https://lagazette-yvelines.fr/.../agence-durbanisme-fait-les-frais-de-la-grande-agglo/*.

perdurent, le contenu de chaque programme est nécessairement variable. La planification urbaine avec les SCoT, les PLU et PLUi demeure un élément important, auquel sont venus s'ajouter les PLH, dont les enjeux sont très liés à la planification urbaine. Les agences ont aussi inscrit dans leurs programmes des projets de stratégies territoriales, dans le contexte des réformes de décentralisation. Elles ont pu aussi commencer à travailler sur les nouveaux schémas régionaux, dont les SRADDET. L'information du public prend, quant à elle, davantage d'importance. Si ces travaux comportent de plus en plus une dimension transversale, toutes les agences ne sauraient pour autant être en mesure de s'investir dans tous les nouveaux champs des planifications spécialisées, sur les déplacements, le climat, l'énergie, la biodiversité, qui requièrent des expertises très particulières, qu'elles ne sont pas nécessairement en mesure de réunir. Les situations sont donc très variables, selon les configurations locales et la taille des agences. En revanche, un sujet a pris, en général, de l'ampleur dans leurs activités, celui des travaux d'observation, et de contribution au développement des observatoires, dans différents domaines, dont celui du logement, de l'économie, du foncier… Ce qui ouvre un champ d'évolution pour les méthodes et la création de bases de données.

Sur le plan juridique, de manière générale, la condition d'intérêt pour ses membres est susceptible de soulever des difficultés d'interprétation, quant à la distinction entre intérêt direct et indirect et à ses limites. Elle n'a pas de définition légale et il semble difficile d'adopter « une sorte de doctrine » qui la cristalliserait. En pratique, s'il est admis que les activités d'observation, de connaissance des territoires, d'information du public présentent *a priori* un intérêt direct pour ses membres, comme « savoir commun » et les concernent tous, les travaux d'études d'élaboration des schémas et plans, de stratégies territoriales peuvent être considérés comme répondant à un intérêt direct des collectivités partenaires, compétentes, et à un intérêt indirect des autres partenaires. Le développement de l'intercommunalité peut servir à illustrer les limites de l'intérêt commun tant que le PLU reste communal. La condition n'est pas remplie pour des travaux d'élaboration d'un PLU d'une commune qui n'est pas membre de l'agence, mais qui appartient à un EPCI qui, lui-même, en est membre. La prise en charge ne peut relever que de travaux hors programme partenarial. Le schéma de répartition mérite donc d'être identifié, le plus clairement possible, dans la gestion des agences, sans exclure des divergences d'interprétation. Des questions de frontière de l'intérêt collectif ont pu être soulevées, lors du contrôle des chambres régionales des comptes (CRC), auxquelles les agences sont soumises, puisque recevant des financements publics. Des observations ont été émises sur les conceptions extensives données au programme partenarial. Ainsi la CRC d'Île-de-France, dans son rapport relatif à l'Atelier parisien d'urbanisme (APUR) de 2016, relève-t-elle que certes : « La plupart des axes des programmes de travail concourent effectivement à donner aux partenaires un cadre commun de réflexion et d'analyse », mais d'ajouter que « l'examen détaillé des programmes conduit pourtant à s'interroger sur les raisons pour lesquelles sont inclus dans ceux-ci des sujets qui ne paraissent pas avoir de caractère transversal susceptible d'intéresser directement ou indirectement la plupart de ses membres », prenant le cas de « la réalisation d'études qui n'intéressent que la ville de Paris »[29].

Sur le plan de la gestion financière, les ressources des agences sont constituées, en principe, des cotisations d'adhésion de leurs membres, qui peuvent avoir le caractère de simple droit d'entrée, ou être relevées pour devenir une réelle source de financement[30], afin de compléter l'essentiel, que sont les ressources liées à leurs activités. Celles-ci sont, en premier lieu, des subventions versées par les partenaires, sur la base de conventions, pour la mise en œuvre du programme partenarial. S'y ajoutent, à titre complémentaire, les recettes qui peuvent résulter des travaux, hors programme partenarial, souvent d'ailleurs dans une moindre proportion que celle autorisée de 20 à 30 % du chiffre d'affaires annuel. Pour s'en tenir ensuite à quelques lignes prédominantes de la structure des financements observées, à partir de sources ponctuelles disponibles, les subventions du programme partenarial peuvent fournir jusqu'à 90 % des financements. En outre, la part la plus importante des ressources provient des financeurs, EPCI et communes, pouvant s'élever jusqu'à 80 %, au sein duquel les EPCI sont les premiers financeurs, de l'ordre de 50 %. À titre complémentaire et variable, quand ils sont partenaires, les départements peuvent contribuer, dans une proportion jusqu'à 10 % et les régions, jusqu'à 5 %. Quant à l'État, partenaire « historique », la part de ses subventions s'est considérablement réduite, même si la redistribution des compétences d'aménagement peut en être, en partie la cause. Depuis 2015, l'attribution des subventions aux agences est régionalisée, au sein des DREAL, selon les modalités explicitées par la circulaire du 30 avril, qui permettent, en même temps, un suivi du programme partenarial. Elles se composent de deux dotations, correspondant, pour la première, au financement des missions d'observation et d'animation des agences et, pour la seconde, au soutien au développement des territoires, fonction de la population au titre de la DGF pour les EPCI ou communes. Soulignons que l'observation constitue en effet un sujet majeur du partenariat avec les services déconcentrés, ainsi qu'« un socle des agences »[31]. Du point de vue global, le financement de l'État, qui avait franchi le seuil des 10 M€ en 2008, a baissé après 2010, pour se stabiliser à 5,60 M€ depuis 2015, ce qui a correspondu à une baisse de 27 % par

29. CRC Île-de-France, *Rapport d'observations définitives et des réponses, Atelier Parisien d'Urbanisme, exercices 2010 et s.*, 12 juillet 2016, p. 13. Plus précisément, un exemple est fourni par l'étude de l'état des lieux des foyers de migrants à Paris.

30. Cas de l'APUR : cotisation relevée à 50 000 euros, selon le rapport de la CRC Île-de-France précité.

31. *« Agences d'urbanisme et stratégies territoriales en relais des politiques de l'État »*, *Les Dossiers de la FNAU*, FNAU, nº 39, septembre 2016, p. 12. Le commentaire rappelle le nombre des observatoires de 318 en 2012 et en précise les thématiques.

rapport à 2014 et selon une diminution par enveloppe régionale très variable, de moins 3 % à moins 52 %, et ensuite par agence jusqu'à moins 52 %[32]. Un moyen de concrétiser le financement partenarial des agences consiste, à mettre en parallèle, la part annuelle de financement par habitant communautaire, du principal contributeur EPCI, et celle de l'État. Par exemple, selon des travaux comparatifs de quatre agences, en 2016, concernant des agences à budgets de moins de 2 M€, la part de l'EPCI était de 3,07 € à Toulon (AUDAT-Var) et 4,50 € à Tours (ATU). Celle de l'État était alors respectivement de 0,35 € et 0,48 €. Lorsque les budgets dépassaient 2 M€, celle de l'EPCI était de 6,62 € à Saint-Nazaire (ADDRN) et de 7,03 à Brest (ADEUPa). Celle de l'État atteignait respectivement 0,32 et 0,60[33]. Le rapport était donc au mieux de l'ordre de 1 à 10, entre le financement de l'État et celui de l'EPCI. Au final, l'évolution du financement des agences reste un sujet de préoccupation, car elles sont sans cesse exposées aux contrecoups de la réduction de la dépense publique. La diversification des partenaires a certes vocation à se traduire en activités et financements nouveaux, mais sans qu'on puisse véritablement en attendre une modification en profondeur de la structure du financement des agences, qui reste fragile.

C. La coopération inter-agences

La logique de réseau induit, par elle-même, la coopération inter-agences. Si cette coopération n'est pas récente, elle s'est considérablement amplifiée, prenant des formes innovantes, afin de répondre aux enjeux, non seulement des transformations territoriales, mais encore de celles des missions et des moyens des agences. Traditionnellement, des formes classiques de coopération souples, telles des réunions, des études ponctuelles sur des sujets d'intérêt commun, sont pratiquées. Les formes nouvelles, qui s'y ajoutent, portent sur des coopérations destinées à pallier, pour partie, l'absence de création de nouvelles agences, afin d'améliorer la couverture du territoire, même si elle n'est pas générale. Il s'agit de processus destinés encore à répondre aux besoins de rationaliser la gestion, par rapport à la diversification des missions, et de mutualiser les moyens, dans un contexte de ressource financière plus rare[34]. Le manifeste des agences de 2016, précité, se prononce pour « des réseaux d'agences d'urbanisme qui se renforcent et conjuguent leurs forces ». Aussi, les formes de cette coopération sont elles multiples, marquées

32. Il s'agissait, selon l'ancienne carte régionale, respectivement de la Picardie, dans le premier cas et de la Haute-Normandie, dans le second, d'après le tableau de la « dotation des agences d'urbanisme en 2015 » établi par la FNAU. Les montants alloués étaient dans le premier cas de 208 261 euros, de 212 669 euros dans le second, répartis ensuite respectivement entre deux agences.
33. Informations obtenues auprès de l'Agence de Tours (l'ATU), selon une étude comparative de 2018 sur la situation de ces agences, en 2016.
34. La CRC Île-de-France dans ses observations précitées, relatives à l'IAU-IDF et à l'APUR – qui agissent dans un contexte politique particulier – leur a demandé plus de coopération pour éviter des chevauchements de leurs activités.

ici encore par le pragmatisme et la souplesse, tout en ayant à s'articuler avec le partenariat propre à chaque agence. Encouragée par la FNAU et aussi l'État, la coopération inter-agences vient se positionner à une échelle intermédiaire entre celle de la FNAU et celle des agences. Tout en admettant que territoire et projet entretiennent des liens étroits, nous considérerons ici, afin de présenter cette coopération, qu'elle a pu se développer sur un « mode territorial », dans l'objectif, en particulier, d'adapter l'offre d'ingénierie en direction des nouvelles grandes régions, créées au 1er janvier 2016. Elle a pu se développer aussi sur un « mode projet », pour un territoire particulier, dont la coopération relative au projet de l'axe de la vallée de la Seine, lié à celui du Grand Paris et portant sur un espace stratégique, fournit actuellement le cas le plus abouti. Du point de vue de son fondement juridique, la coopération peut donner lieu à des conventions, des chartes, comporter des formes particulières d'institutionnalisation, mais toujours de façon pragmatique.

Sur le premier mode cité, pour s'en tenir à quelques lignes majeures, il est certain que la perspective de la création des grandes régions, au 1er janvier 2016, a été un facteur de rapprochement des agences, anticipant sur ces nouveaux périmètres institutionnels, que des coopérations préexistent ou non. Il s'agissait, par ce mouvement, que les agences se positionnent afin d'être en mesure de proposer leurs services d'ingénierie aux régions, en cours de réforme, et de les aider à franchir ce cap. Depuis 2014, la FNAU a d'ailleurs fourni une nouvelle carte de France des agences, traçant ces rapprochements qui sont actualisés, sur double fond de carte administrative des départements et des régions[35]. Ces coopérations, qui progressent, ont vocation à être diversifiées, mais sont toutefois d'intensité variable. Le cas de la coopération inter-agences en région Auvergne-Rhône-Alpes fournit un exemple intéressant de renforcement du processus. Deux coopérations ont été mises en place, de caractère bilatéral et multilatéral. D'une part, l'agence de Lyon (UrbaLyon) et l'agence de Saint-Étienne (EPURES) ont conclu une convention de partenariat en 2010, « pour un renforcement de l'ingénierie territoriale, au service de la gouvernance dans la région urbaine lyonnaise et l'aire métropolitaine Lyon-Saint-Étienne-Nord-Isère ». D'autre part, une collaboration multilatérale à trois engagée, depuis une dizaine d'années, entre ces deux agences et l'agence de Grenoble (AURG) – dite Urba 3 – a été organisée avec une structure institutionnelle légère, dont un comité de pilotage, réunissant les trois présidents d'agences. Dans la perspective de la réforme régionale, *de facto*, l'agence de Clermont-Ferrand (AUDCM) a rejoint le réseau afin de préparer l'*Atlas Auvergne-Rhône-Alpes*, analysant les systèmes territoriaux régionaux, dont les premiers résultats ont été

Une coopération mérite d'être relevée concernant la réalisation conjointe de « l'Abécédaire de la Métropole du Grand Paris », préalablement à la création de la Métropole. Voir *Les dossiers de la FNAU*, n° 39, septembre 2016, précités, p. 9.

35. Voir les rapports annuels d'activité de la FNAU.

publiés en 2015. Ce processus a entraîné l'élargissement de cette coopération, dite Urba 4, formalisée, en 2015, lors de la 36e Rencontre annuelle des agences d'urbanisme à Lyon[36].

Sur le second mode cité, une coopération inter-agences a été engagée depuis 2009 « autour d'une volonté commune de faire émerger la vallée de la Seine, comme un territoire de développement intégré »[37], réunissant à l'origine six agences puis cinq, après la dissolution de l'AUDAS en 2016[38]. Ces agences sont implantées dans les deux régions actuelles de Normandie et d'Île-de-France ; ce sont les agences d'urbanisme : de Rouen et des boucles de Seine et Eure (AURBSE) ; de la région du Havre et de l'Estuaire de la Seine (AURH), de Caen-Métropole (AUCAME) ; l'Institut d'Aménagement et d'Urbanisme Île-de-France (IAU-IDF) ; l'Atelier d'Urbanisme de Paris (APUR). Ce partenariat a débuté par quatre rencontres des agences et des travaux cartographiques, statistiques sur ce territoire particulier, pour ensuite se matérialiser dans une charte, signée en novembre 2014[39]. Ces avancées se sont accompagnées de partenariats avec les acteurs intervenant sur ce territoire et, plus spécialement, l'inscription du projet des agences dans le contrat de plan interrégional vallée de la Seine (Île-de-France Normandie) signé en juin 2015. La charte tout d'abord marque une étape de la coopération, destinée à lui « donner un cadre formel » et « à constituer un réseau d'ingénierie pérenne au sein de l'espace Paris Seine Normandie ». Rédigée en sept articles, elle a pour trame « une vision partagée de l'avenir du territoire », « une culture commune » sur laquelle viennent se greffer des engagements assez précis, rédigés en sept articles. Elle inscrit expressément le partenariat dans un cadre normatif fixé par l'article L. 121-3 du Code de l'urbanisme relatif aux agences et dans celui des principes de fonctionnement du réseau des agences. Elle traite, plus particulièrement, des objectifs et des modalités du travail partenarial et de l'organisation du partenariat. Soulignons l'introduction d'un programme de travail collectif qui s'articule avec l'activité de chaque agence. Il est défini d'un commun accord, pour une durée de trois ans, et porte sur les actions à conduire, les documents à produire. Il est ensuite approuvé par chaque agence (art. 3). Dans le même temps, les agences s'engagent à « faire figurer » ce partenariat « dans leur programme de travail annuel » (art. 4). En outre, il est prévu de développer « une expertise et un socle de connaissances communs », les agences décidant « de partager leur ingénierie

36. J.-M. Mestres, « À l'heure de la grande région, les agences d'urbanisme d'Auvergne-Rhône-Alpes s'adaptent à la nouvelle donne », revue *Urbanisme*, Hors-série n° 55, 2016, p. 10.

37. *« Les agences de la vallée de la Seine, La vallée de la Seine : enjeux et connaissances partagés vers de nouveaux partenariats », Les dossiers de la FNAU*, n° 39, précité, p. 8.

38. Voir *supra*.

39. E. Moreau, « Les agences de la vallée de la Seine unissent leurs forces », revue *Urbanisme*, Hors-série n° 52, mars 2015, p. 70. Notons que la signature de la charte a eu lieu, lors de la 35e Rencontre annuelle des agences d'urbanisme.

et de mutualiser leurs données et connaissances […] » (art. 5). Ce partenariat est tourné vers les acteurs du territoire du développement de la vallée de la Seine. La charte prévoit une réponse collective à leurs sollicitations, notamment celles de la Délégation interministérielle au développement de la vallée de la Seine (art. 4 et 6) et une rencontre annuelle avec publication des travaux (art. 7). Concernant la dimension institutionnelle, elle prévoit la prise de décision, au sein du réseau, par l'accord des partenaires. Elle introduit, de plus, un système de pilotage confié à une agence et à son directeur, mis en œuvre, sur la base d'un commun accord, pour une durée d'un an (art. 4). Ce partenariat s'est trouvé conforté grâce à des moyens à allouer au titre du contrat de plan interrégional (CPIER) vallée de la Seine signé en juin 2015, pour la période 2015-2020. L'inscription dans ce contrat est destinée à soutenir la dynamique engagée et d'apporter un appui à l'ingénierie territoriale constituée par ce réseau. Il est ainsi prévu le financement d'un « dispositif pérenne d'observation, d'études et de prospective » à réaliser par les agences maîtres d'ouvrage, selon deux phases de financement triennal. Sur un total de 1,83 M€, la part de l'État s'élève à 1 M€, tandis que les 0, 83 M€ sont répartis entre trois régions. L'engagement des deux régions Basse et Haute-Normandie porte respectivement sur 0,2 et 0,30 M€, celui de la région d'Île-de-France sur 0,33 M€. Dans le contexte général du financement de ces contrats, où celui des régions tend à dépasser celui de l'État, à la baisse, la programmation retenue marque le caractère de priorité donné au projet. De manière générale, selon les observateurs, ce rapprochement des agences a permis « qu'elles travaillent de concert », avec l'État (Délégation interministérielle au développement de la vallée de la Seine, État déconcentré) les régions, les EPF ou encore la SNCF[40]… La création d'un site dédié est une modalité du partenariat des agences, qui permet la présentation et l'accès aux travaux de ces cinq agences, avec la mise en ligne d'un bilan annuel[41].

Bibliographie

- CODE DE L'URBANISME, annoté et commenté, Dalloz, 27e éd., 2018.
- « Note technique du 30 avril 2015 relative aux agences d'urbanisme : conditions de fonctionnement modalités de financement et rôle des services de l'État », NOR : ETLL1509571 N (texte non paru au *JO*).
- « PLF, Annexes budgétaires, Urbanisme, territoires et amélioration de l'habitat », programme n° 135, *www.performance-publique.budget.gouv.fr*. Voir spéc. depuis 2014.
- JACQUOT H. et PRIET F., *Droit de l'urbanisme*, Précis Dalloz, 7e éd., 2015, p. 87.
- JÉGOUZO Y. (dir.) *Droit de l'urbanisme, Dictionnaire pratique*, Le Moniteur, 2e éd. 2013. Voir « Agence d'urbanisme », Y. JÉGOUZO.

40. *Les dossiers FNAU*, n° 39, précité, p. 8.
41. *Www.vdseine.fr*.

- Delaunay B., Lerousseau N. et Manson C., Chronique « Administration et acteurs de l'aménagement et de l'urbanisme », rubrique « Agences d'urbanisme » (NL), *in Droit de l'Aménagement de l'Urbanisme et de l'Habitat (DAUH)*, publication annuelle du GRIDAUH, Le Moniteur. Voir. spéc. depuis 2008.
- Jarlier P., *Pour une nouvelle architecture territoriale de l'ingénierie en matière d'urbanisme*, *Rapport d'information an nom de la délégation aux collectivités territoriales et de la décentralisation*, 10 juillet 2012, doc. Sénat n° 654 (2011-2012).
- Bariol-Mathais B. (FNAU) et Schmit P. (CGED), *Étude exploratoire en vue de la création d'une agence d'urbanisme en Savoie*, Rapport n° 010254-01, CGED, décembre 2015.
- Schmit P. (CGED) avec la participation de Bariol-Mathais B. (FNAU), *Le positionnement d'une agence d'urbanisme dans les Alpes-Maritimes*, Rapport n° 010359-01, CGED, juillet 2016.
- CCR Île-de-France, *Rapport d'observations définitives et ses réponses*, *L'Atelier Parisien d'Urbanisme*, 12 juillet 2016.
- CCR Île-de-France, *Rapport d'observations définitives, Institut d'Aménagement et d'Urbanisme d'Île-de-France* (IAU-IDF), 28 juillet 2016.
- Gerbeau D., « Les agences d'urbanisme à un tournant », *lagazette.fr*, 19 novembre 2014.
- Kis M., « Les agences élargissent leurs champs d'action », *courrierdesmaires.fr*, 23 juin 2015.
- Kis M., « Les agences d'urbanisme s'organisent en réseau », *courrierdesmaires.fr*, 23 juin 2016.
- Localtis, « Les agences d'urbanisme : un financement sous conditions », *Localtis.info*, 29 mai 2015 ; « Les agences d'urbanisme nouent des alliances stratégiques », *Localtis.info*, 24 juin 2015.
- *Objectif Grand Paris Magazine*, « Réorganisation forcée pour les agences d'urbanisme », 27 octobre 2016, *objectifgrandparis.fr*.
- Kitaeff R., « Les agences d'urbanisme, un maillon utile pour la politique territoriale », *L'Hémicycle*, 15 mai 2013. *www.lhemicycle.com*.
- Valbon A., « Et si l'ingénierie urbaine se posait plus de questions ? », 20 mars 2017, *metropolitiques.eu*.
- La Revue *Urbanisme*, en particulier, les numéros « Hors-série » consacrés à la publication des travaux des Rencontres annuelles des agences d'urbanisme dont, « Construire l'Europe des lieux et des liens », 38e Rencontre, Strasbourg, Hors-série n° 63, décembre 2017.
- Lien : *http://www.fnau.org/fr/accueil/* :
  - permet en particulier l'accès aux *Rapports annuels d'activité de la FNAU*, à la « Plaquette de présentation de la FNAU », aux publications, aux informations sur les Rencontres annuelles des agences.

- parmi les publications, spécialement :
  - Les dossiers FNAU, *Agences d'urbanisme et stratégies territoriales en relais des politiques de l'État*, septembre 2016.
  - *Guide pour créer une agence d'urbanisme*, Agence française de développement, FNAU, octobre 2016.
- lien : *http://www.fnau.org/fr/les-agences-durbanisme/*. Permet l'accès au site web de chaque agence d'urbanisme.

QUELLE INGÉNIERIE FACE AUX FRACTURES TERRITORIALES ?

par

Laurent RIEUTORT

Professeur de géographie
Université Clermont-Auvergne
Directeur de l'Institut d'Auvergne du Développement des Territoires, UMR Territoires

L'ingénierie dédiée au développement territorial, définie par Sylvie Lardon (2009) comme « l'ensemble des concepts, méthodes, outils et dispositifs mis à disposition des acteurs des territoires, pour accompagner la conception, la réalisation et l'évaluation des projets de territoire » est une priorité afin d'éviter de nouvelles fractures ou ségrégations sociospatiales (Raynaud, 2018). Cette attention aux territoires et à leurs transformations est au cœur de notre réflexion. Nous avançons que les formes contemporaines d'ingénieries ne peuvent s'établir indépendamment d'une appréhension des dynamiques de développement et des réformes institutionnelles telles qu'elles se sont accélérées depuis 2014. Cette analyse s'appuie sur notre expertise en matière de formation diplômante sur le développement local, et sur un travail bibliographique analytique. Ce chapitre, structuré en deux sections, revient sur les évolutions systémiques qui touchent les territoires, notamment ceux de faible densité de population (I). La spécification de ces déterminants débouche ensuite sur une explicitation des besoins et nouvelles compétences de l'ingénierie territoriale (II).

I. L'ingénierie au risque des bouleversements territoriaux

L'ingénierie territoriale est confrontée à un contexte changeant, extrêmement diversifié, que ce soit sur le plan des nouvelles territorialités qui se dessinent ou du fait des récentes réformes institutionnelles.

A. Des mutations dans le fonctionnement des territoires

Rappelons tout d'abord que, sous les effets de changements globaux (mondialisation, urbanisation), les territoires se recomposent avec, en simplifiant, l'affirmation de cinq dynamiques interreliées.

En premier lieu, une double logique d'*agglomération/métropolisation* et de *dispersion*, *via* la *périurbanisation* autour des villes. Cette logique, capitale, débouche sur une nouvelle géographie économique et des risques de fragmentation territoriale, notamment entre les cœurs métropolitains où les « économies d'agglomération » jouent à plein[1] et les espaces ruraux, peu denses et éloignés des effets d'entraînement des grandes villes. L'armature des petits organismes urbains est aussi remise en question, notamment du fait des fragilités des commerces et services au public ou de difficiles reconversions industrielles. Vulnérables, certaines zones hyper-rurales sont menacées par la déprise, le vieillissement ou l'atonie économique tandis que se dessine ce que Richard Florida (2017) appelle une *« nouvelle crise urbaine »*, opposant les villes gagnantes et les villes perdantes, les cités hyper-attractives devenant inabordables et inégalitaires. Parallèlement, comme le rapporte le Commissariat général à l'égalité des territoires (2018), la crise économique de 2008-2009 a accentué

> « la polarisation du territoire national et l'émergence de grands espaces suprarégionaux aux trajectoires de plus en plus divergentes. Elle a révélé le découplage croissant entre les dynamiques de développement économique et celles de l'attractivité résidentielle. Autrement dit, on observe parallèlement deux mouvements : la création des emplois suit une logique d'agglomération, tandis que les migrations résidentielles se font au profit des zones périurbaines et sont faiblement corrélées aux dynamiques du marché du travail, notamment au taux de chômage ».

Conjointement à ce processus, il faut aussi compter avec l'explosion des *mobilités des personnes* en lien notamment avec la dissociation entre territoire de production et territoires résidentiels ou de loisirs[2] ; il faut aussi invoquer la transition numérique qui conduit à une horizontalité des modes de fonctionnement, à la diffusion instantanée d'une information abondante et à l'émergence d'une société du partage de données et de services, encourageant les interdépendances, coopérations et co-constructions. Dans ces conditions, on assiste à une modification des échelles de temps et d'espace, à une multiplication des flux, des échanges, et donc à l'affirmation des réseaux et des territoires réticulaires (Vanier, 2015).

---

1. Rappelons par exemple qu'en France, sur moins de 10 % de l'espace, l'ensemble des aires urbaines, densément peuplées ou de densité intermédiaire, concentre 65 % de la population et 63,7 % des actifs occupés.
2. Rappelons qu'en France, la part d'actifs travaillant quotidiennement hors de leur commune de résidence est de 65,8 % même si, comme le note G. Doré (2017), cette mobilité des populations varie en fonction des cycles de vie et se situe dans un rayon proche.

Face à la mondialisation et à la recherche de compétitivité, on a pu aussi parler du tournant de *« l'économie territoriale »* (B. Pecqueur), c'est-à-dire d'un « retour au local » cherchant à valoriser des « ressources territoriales » (Campagne et Pecqueur, 2014). Dans un contexte de fortes turbulences économiques globalisées, la capacité d'un territoire à pouvoir s'appuyer sur cette « base locale » et sur ses ressources spécifiques (matérielles et immatérielles), non délocalisables, constitue un atout précieux et est à l'origine d'un cercle vertueux de valorisation économique et de compétitivité. Mais cet ancrage territorial suppose la mise en place d'une forte coopération des différents acteurs concernés et la conception d'une gouvernance partagée et efficiente.

Les enjeux du changement climatique et de la transition énergétique ainsi que la multiplication des *risques* environnementaux, économiques et sociétaux, débouchent également sur une quatrième dynamique, mêlant peur du changement et recherche d'autonomie ; cette dernière peut conduire à une stratégie visant à maîtriser les « coûts du territoire » (immobilier, déplacements, énergie, dépenses publiques) et à organiser des « boucles locales », des circuits courts et autres paniers de biens et services, voire une « économie de la fonctionnalité » remplaçant des produits de consommation mondialisés par des services localisés.

Enfin, *l'individualisation des modes de vie*, les changements rapides dans le rapport à l'État amènent à des modifications du rapport aux espaces vécus et aux collectifs, à une remise en cause du processus de décision que l'on souhaite plus partagé, davantage participatif.

B. Des bouleversements institutionnels

À ces profondes mutations touchant le fonctionnement socio-économique des espaces à différentes échelles, s'ajoute une « révolution institutionnelle » avec la série des lois de 2014 à 2017[3], qui visent à conforter les métropoles, à mettre en place de vastes régions et de grandes intercommunalités, ou à créer des « communes nouvelles ». Même si l'évaluation rigoureuse des effets de ces réformes est encore partielle, nous insisterons sur quelques conséquences en matière de territoires[4] et d'ingénierie.

3. Loi n° 2014-58 du 27 janvier 2014 de modernisation de l'action publique territoriale et d'affirmation des métropoles (dite loi MAPTAM).
– Loi n° 2015-29 du 16 janvier 2015 relative à la délimitation des régions, aux élections régionales et départementales et modifiant le calendrier électoral.
– Loi n° 2015-991 du 7 août 2015 portant nouvelle organisation territoriale de la République (dite loi NOTRe).
– Loi n° 2017-257 du 28 février 2017 relative au statut de Paris et à l'aménagement métropolitain.
4. Voir également la riche intervention de G.-F. Dumont, « Le bouleversement territorial en France : bilan et perspectives » lors du colloque « Désertification et réanimation des territoires » de la Fondation Res Publica, du 27 février 2018. En ligne sur : *https://www.fondation-res-publica.org/*

Un premier effet tient à la question de l'accessibilité et de la *proximité* géographique. En effet, l'élargissement des périmètres d'intervention (communes, intercommunalités, régions et métropoles) entraîne inévitablement des recompositions dans les rapports de force politico-administratifs et dans les systèmes de gouvernance. Outre de délicates réorganisations dans les ressources humaines et les organigrammes, et malgré les promesses de nouvelles méthodes de travail « décentralisées » ou numériques, on observe un éloignement entre les lieux de décision et les lieux de vie des habitants. De plus, ces remaniements institutionnels et territoriaux sont complexes et difficiles à partager auprès des citoyens – les nouveaux périmètres ne relevant pas toujours d'un substrat culturel ou historique –, les réservant à quelques experts bien informés. Comme le note G.-F. Dumont (*op. cit.*, note 5) : « Le citoyen peut se demander si les décisions sont prises par des élus ou par des technostructures qui ont la chance d'avoir la compétence technique. » Plus globalement se pose la question de l'émergence de dynamiques collectives dans ces « nouveaux » territoires, tandis que les périmètres et compétences évoluent rapidement sans associer la société civile, et alors que les réflexes « défensifs », la « lutte des places » et les rivalités de pouvoir l'emportent fréquemment sur des stratégies partagées.

Un deuxième effet tient à l'émergence d'organisations territoriales de plus en plus *autonomes* et disposant de *compétences multiples* (régions, métropoles, voire grandes intercommunalités). Il en résulte trois conséquences qui perturbent les dispositifs d'ingénierie territoriale :

- des rivalités territoriales accrues à toutes les échelles, par exemple entre régions et métropoles, entre État et régions, entre régions et départements, entre départements et grandes intercommunalités (surtout urbaines) ;
- la remise en cause – même si elle est variable selon les lieux – des démarches partenariales et de contractualisation avec les territoires de projet, y compris au travers du financement des ingénieries ;
- une spécialisation des métiers en lien avec cette diversification/spécialisation des compétences et besoins de territoires de grande taille[5]. Même si cette « division du travail » est moins marquée dans les zones rurales où des « généralistes » sont souvent à l'œuvre, il n'en reste pas moins que se dessine un divorce entre une ingénierie de « pilotage », généralement portée par des directeurs généraux de service, et une ingénierie « opérationnelle », très spécialisée et experte dans son secteur d'intervention ; la figure de l'animateur de terrain au contact des habitants tend ainsi à s'effacer. Ce défi interroge

Le-bouleversement-territorial-en-France-bilan-et-perspectives_a1132.html.

5. Y compris sur de nouveaux enjeux de développement durable, d'environnement, de gestion de l'eau ou de transition énergétique…

finalement la séparation entre activités de conception et d'exécution, division qui se révèle moins favorable à l'innovation qui suppose expérimentations et incertitudes.

Enfin, le troisième défi porte sur la *question budgétaire* et financière : outre le fait que ces réformes engendrent des coûts supplémentaires (coûts de coordination, coûts de transfert de compétences, coûts liés à l'alignement des régimes indemnitaires, etc.), c'est surtout la nouvelle approche gestionnaire dans le champ du développement territorial qui modifie la donne de l'ingénierie : multiplication des procédures d'appels à manifestation d'intérêt ou projets, pilotage à distance, gestion de dispositifs très sectorisés, création d'agences spécialisées par les régions, voire les départements, recours à l'expertise privée, etc.

C. Des besoins accrus dans les ruralités

Notons tout d'abord que les besoins en ingénierie sont importants, particulièrement dans les territoires peu denses. À la différence des collectivités de plus grande taille qui peuvent s'appuyer sur des personnels qualifiés et des dotations budgétaires plus importantes, les territoires ruraux travaillent souvent avec de faibles moyens humains et financiers. Dans le cadre d'une recherche doctorale sur la place des élus locaux dans le développement des zones hyper-rurales, Laurent Bonnard[6] a conduit une enquête par questionnaire, à partir d'un échantillon de 2 565 maires (sur 4 661) de la région Occitanie Pyrénées-Méditerranée. Sur les 339 répondants, les problèmes liés aux moyens financiers dont ils disposent sont très souvent perçus comme le premier frein au développement des projets communaux. En seconde place arrive la question de l'ingénierie et de la complexification administrative. Le poids des normes, le manque d'accompagnement et les coûts de l'assistance à maîtrise d'ouvrage viennent compléter ces obstacles perçus. Partageant avec une ou deux communes voisines un poste de secrétaire de mairie, leurs capacités d'innovation et d'accompagnement de projet se révèlent très limitées, voire quasi inexistantes.

Rappelons que cette question de l'ingénierie rurale est devenue plus difficile avec, d'un côté l'éloignement des centres de décision, la montée en compétences et l'accumulation de nouvelles responsabilités, et de l'autre la réduction drastique de l'ingénierie publique (l'ancienne assistance technique fournie par les services de l'État) tant appréciée des maires ruraux. La taille des intercommunalités et les niveaux d'engagements budgétaires ne permettent que très rarement la création de postes d'ingénierie et l'on doit donc « externaliser » la mission auprès de cabinets privés. Et même quand les financements sont réunis, les collectivités ont souvent beaucoup de difficultés à recruter des cadres ayant de l'expérience.

---

6. L. BONNARD, « Territoires immobiles et territoires innovants, l'hyper-ruralité à l'épreuve du pouvoir », thèse de doctorat de géographie en cours, Université Clermont-Auvergne, UMR Territoires.

Pour les bourgs-centres ou petites villes plus peuplés, la question des charges de centralité représente un handicap lourd et la mobilisation d'une ingénierie de projet efficiente est très peu activée faute de moyens.

II. La lente émergence d'une ingénierie renouvelée

L'ingénierie se doit donc d'intégrer de nouvelles postures, parfois contradictoires, et contrecarrant même des tendances lourdes : faciliter la participation des citoyens et éviter une dérive « techniciste », construire de nouvelles coopérations entre les territoires et les acteurs locaux alors qu'ils se sentent de plus en plus concurrents, favoriser la mise en réseau, l'interdépendance et la complémentarité, territorialiser l'action publique, en valorisant les compétences, les ressources locales et en adaptant les moyens en fonction des besoins spécifiques (CGET, 2018). Il s'agit bien de « mettre en capacité » l'ensemble des territoires, métropolitains comme de faible densité, en alliant proximité géographique et proximité organisée… ce qui peut paraître antinomique avec les réformes territoriales récentes !

A. Nouveaux enjeux, nouvelle ingénierie ?

Plus généralement, toutes ces évolutions conduisent inévitablement à reconsidérer la vision et l'ingénierie des territoires (Vanier, 2013). En premier lieu, il devient essentiel de penser « systèmes territoriaux » plutôt que catégories d'espace, et donc travailler aux alliances urbain-rural, à un maillage urbain *et* métropolitain et non plus seulement à l'affirmation d'un petit nombre de métropoles. Les besoins d'*animation* sont donc prioritaires pour faire émerger des projets interterritoriaux et une gouvernance renouvelée (Piveteau, 2011). Deuxièmement, il importe de raisonner en termes de réseaux et flux plutôt qu'en fonction de territoires mythifiés et identitaires, avec un besoin accru de connexion et d'*accessibilité*. L'opposition entre métropoles, agglomérations urbaines et zones rurales est stérile, car les dynamiques actuelles montrent surtout l'importance de la relation entre les espaces, les logiques d'interdépendances. Enfin, il faut réfléchir aux transitions et à la variété des trajectoires, dans lesquelles l'hybridation des fonctions, la combinaison des modèles de développement, la réversibilité des aménagements, sont à prendre en compte. La diversité des territoires conduit à promouvoir des *actions définies sur-mesure* (Bouba-Olga, 2017). Ainsi, et par exemple, les zones rurales offrent de réels potentiels avec une croissance de l'emploi supérieure aux cœurs métropolitains, ce qui s'explique à la fois par la redistribution géographique de certaines fonctions de production, et par la montée en puissance des activités attachées à la demande résidentielle (Rieutort, 2017). En bref, cette nouvelle ingénierie repose sur les trois *« a »* de *l'animation, l'accessibilité* et de *l'action spécifique*.

B. Une ingénierie publique qui tente de s'adapter

Face à la montée en compétences des intercommunalités et des régions, les offres publiques sont loin d'être absentes : conseils d'architecture, d'urbanisme et d'environnement, agences de développement départementales ou régionales, « structures d'intermédiation » (pays/pôles d'équilibre territorial et rural, parcs naturels régionaux, pôles territoriaux de coopération économique, voire *clusters*...). Mais elles ne peuvent couvrir l'ensemble des besoins.

La *mutualisation* des ressources humaines et matérielles peut aussi s'envisager à travers des systèmes interterritoriaux maillant agglomérations et espaces ruraux. Mais les coopérations entre pôles urbains, où se concentre justement cette ingénierie stratégique, sont encore balbutiantes. Et comment mieux articuler ces niveaux régionaux et infrarégionaux et mieux intégrer la société civile et les milieux économiques ? Les schémas régionaux de développement économique, d'innovation et d'internationalisation (SRDEII), et, davantage encore, les schémas d'aménagement, de développement durable et d'égalité des territoires (SRADDET) offrent des opportunités d'approches plus inclusives (concertation, conventions de partenariat, soutiens aux entreprises et à l'ingénierie). La nature intrinsèquement ascendante du développement territorial impose à l'ingénierie publique de contribuer à une planification soutenant l'initiative, mais aussi à des stratégies opérationnelles visant à impulser un *« processus régénératif »* (Vincent Chaigneau) en combinant la stimulation et l'ancrage de l'écosystème d'acteurs (diagnostic partenarial et participatif, captation des innovations, choix de ressources à spécifier, etc.).

Face à ces besoins stratégiques, comment peut évoluer l'ingénierie d'État ? Un État expert, porteur des politiques publiques ? Un État facilitateur et incitateur qui aide à l'émergence de projets ou qui étudie leur faisabilité (ingénierie de conception) ? Cette nouvelle approche de management de projet est basée sur l'échange, la proximité avec les acteurs locaux ; elle rompt avec les seules missions de contrôle d'application des normes et pose la question des compétences nouvelles (évaluation des politiques publiques, élaboration concertée des projets, méthode de *design thinking* permettant de faire naître la créativité).

Une certaine « mutation culturelle » est donc nécessaire, de la part des agents en poste, mais aussi de la part des acteurs locaux dans la perception des actions des services de l'État. Il s'agit bien pour ce dernier de redevenir acteur de l'aménagement et du développement du territoire en faisant converger ses politiques avec celles conduites par les collectivités territoriales (notamment avec les régions, les nouveaux EPCI et les départements qui valorisent leur compétence « solidarités et cohésion territoriale » pour intervenir en soutien au bloc communal). Le CGET et son ingénierie ne doivent pas rester seulement dans un rôle de « facilitateur », mais bien s'engager comme un intervenant actif; la future Agence nationale de cohésion des territoires pouvant constituer une opportunité.

C. Une « ingénierie sans ingénieurs » ?

Cette formule de Grégoire Feyt (citée par Trognon *et al.*, 2012) insiste sur le fait que si l'expertise technique propre à l'ingénierie est revendiquée, elle ne signifie pas que les métiers et compétences sont clairement identifiés ; l'exercice professionnel est tempéré par l'importance des savoir-être et des mises en situation tandis que la formation initiale aux métiers du développement territorial est interrogée face aux contenus très cadrés des écoles d'ingénieurs. Finalement, le lieu d'apprentissage privilégié est l'expérience sur le terrain. Les formations universitaires tentent alors de se positionner en insistant sur les postures professionnelles, les valeurs, l'engagement « militant » en faveur du développement local et, de plus en plus, l'innovation sociale et territoriale. Ajoutons que, en dehors de la préparation des concours de la fonction publique territoriale, la culture de la formation continue reste modeste, avec une faible implication de l'université.

Compte tenu de la transversalité des enjeux énoncés précédemment et dans des contextes en forte mutation, quels sont alors les besoins en termes de compétences, et ce malgré les différences de statuts des agents et de leurs représentations ? On évoque souvent l'idée d'une « chaîne de l'ingénierie territoriale » afin de cerner plus complètement l'ensemble des intervenants (élus, commanditaires, bureaux d'études et consultants, services techniques de l'État et des collectivités territoriales, chercheurs et formateurs) et les riches réseaux qu'ils créent (Aradel, 2005 ; Lardon *et al.*, 2007). Georges Gontcharoff (1990) parle aussi d'une fonction d'ensemblier ou d'*« assemblier »* et d'un

> « art combinatoire, jouant dans la pluridisciplinarité et dans l'interinstitutionnel. De même qu'un ingénieur technique sait combiner et faire collaborer tous les corps de métier concourant à une même œuvre, l'ingénieur social est un diplomate, capable de faire travailler tous les acteurs si divers et si exclusifs ensemble, en respectant la légitimité de chacun. On peut dire que c'est un agent de passage du sectoriel au global ».

Les conséquences de la technicisation de procédures, renforcée par les périmètres territoriaux élargis, ainsi que la diversification des systèmes de normes, ont évidemment des conséquences sur l'exercice des métiers et les compétences à mobiliser. De nombreux « développeurs » expriment le souhait d'un rééquilibrage de leurs missions, associant l'opérationnel (la gestion des contrats/procédures, *soit la recherche du bon fonctionnement*) au pilotage (*soit l'atteinte de la destination*) et à la construction de stratégie de développement mobilisant les acteurs locaux.

Figure

Le nouveau système de compétences de l'ingénierie territoriale

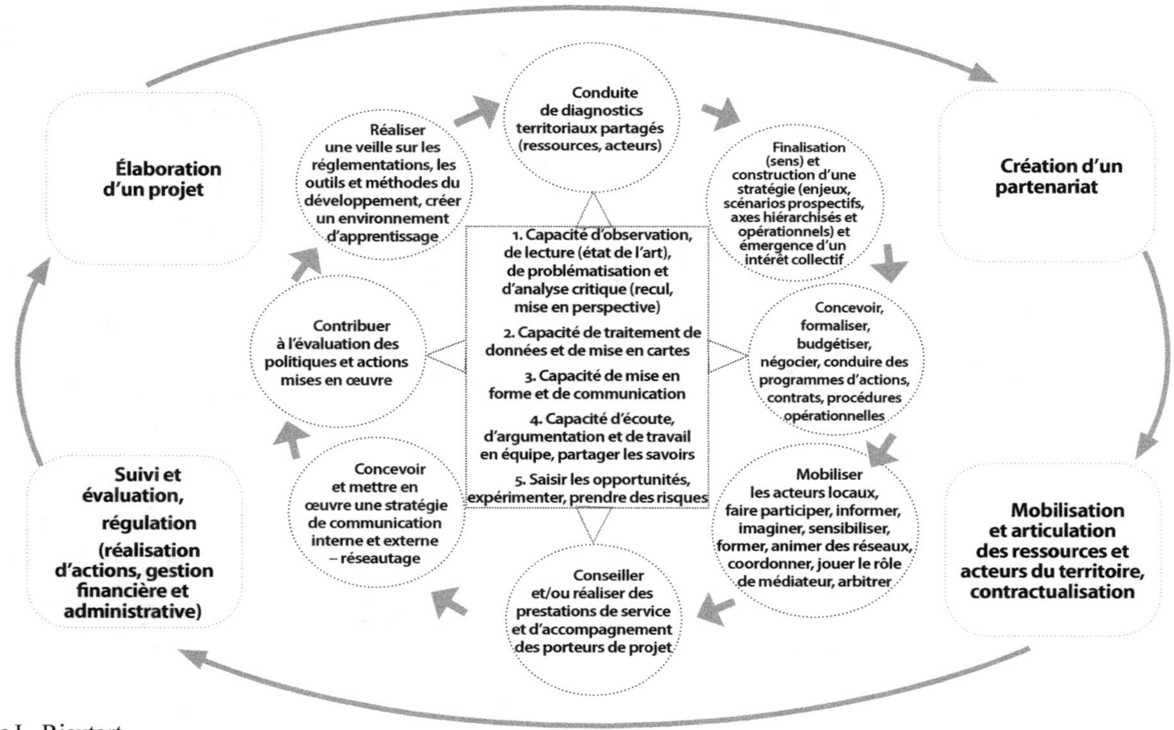

Source : Synthèse L. Rieutort.

En définitive, l'ingénierie territoriale change dans des systèmes plus complexes et davantage multiacteurs et plusieurs types de compétences apparaissent désormais essentiels (voir schéma). On citera notamment :

– la capacité à conduire de nouveaux types de diagnostic territoriaux partagés, dépassant les classiques méthodes de recensement des forces/faiblesses/opportunités/menaces pour aller vers la révélation et la valorisation/spécification des *ressources* territoriales, vers l'analyse des « environnements » à différentes échelles (enjeux locaux et globaux) ou vers l'innovation, l'expérimentation, la recherche-action, les solutions « disruptives » prenant en compte les transitions physiques, numériques et la perception que les usagers ont des solutions ;

– la capacité à « orchestrer » les finalités et donc notamment à construire *l'inter-territorialité* (Béhar *et al.*, 2009), à travers la médiation, la coopération, l'émergence de partenariats et réseaux d'acteurs, la co-élaboration et la co-évaluation, toutes choses qui supposent prise de recul, prospective, veille, culture des données, prévention et gestion des conflits ;

– la capacité à construire une véritable stratégie de développement maintenant la *proximité* avec les citoyens et prenant en compte l'intérêt commun, l'auto-organisation collective durable impliquant des acteurs et des usages divers et dépassant le seul cadre de la gestion des ressources pour embrasser l'ensemble du système territorial.

Cette nouvelle approche de l'ingénierie soulève toutefois quelques points de vigilance quant au passage d'une responsabilité individuelle à une responsabilité collective, à la clarification des espaces de construction, des arènes de concertation et de décision, ou au possible « conflit de professionnalité » dans la relation entre développeurs et élus, les premiers devant surtout articuler les processus (en intégrant la société civile) et aider à la prise de décision.

***
*

Dans cet article, nous avons cherché à appréhender les effets des mutations institutionnelles et de la nouvelle donne territoriale (métropolisation, systèmes interterritoriaux, transitions alimentaires, énergétiques, numériques, technologiques, démographiques et de gouvernance) sur l'ingénierie dédiée. Comment cette dernière peut-elle aider au développement local durable entre visions stratégiques, projets structurants et actions de la quotidienneté ? La redéfinition de ce qui fonde l'ingénierie territoriale ne s'établit pas sans tensions. Ces tensions s'expriment aujourd'hui à propos de la professionnalisation des métiers, de la place respective de l'action publique et des initiatives privées, du maintien d'un cadre national « vertical » ou bien d'une approche privilégiant « la souplesse, l'agilité, l'expérimentation et l'ajustement par les acteurs eux-mêmes pour obtenir du sur-mesure »

(CGET, 2018). L'un des enjeux pour la recherche est bien de comprendre comment articuler les transformations des territoires – de plus en plus réticulaires – avec des formes innovantes et hybrides d'ingénierie.

Bibliographie

- ARADEL, « Le référentiel des compétences des professionnels du développement territorial », *Les cahiers du développement économique*, n° 8, 2005, 46 p.
- BÉHAR D., ESTÈBE Ph. et VANIER M., « Meccano territorial : de l'ordre territorial à l'efficacité interterritoriale », *Pouvoirs locaux*, n° 83, 2009, p. 79-83.
- BOUBA-OLGA O. *et al.*, *Dynamiques territoriales : éloges de la diversité*, Atlantique, Éditions de L'Actualité scientifique Nouvelle-Aquitaine, 2017, 104 p.
- CAMPAGNE P. et PECQUEUR B., *Le développement territorial. Une réponse émergente à la mondialisation*, Éditions Charles Léopold Mayer, 2014, 268 p.
- CGET, *Rapport sur la cohésion des territoires*, Ministère de la Cohésion des territoires, 2018, 44 p.
- DORÉ G., *Hors des métropoles, point de salut ? Les capacités de développement des territoires non métropolitains*, L'Harmattan, 2017, 358 p.
- FLORIDA R., *The New Urban Crisis : how our Cities are Increasing Inequality, Deepening Segregation, and Failing the Middle Class and what we can do about it*, New York, Basic Books, 2017, 336 p.
- GONTCHAROFF G., *Dix territoires d'hier et d'aujourd'hui pour mieux comprendre le développement local*, Adels, 2009, 150 p.
- LARDON S., MOQUAY P. et POSS Y. (dir.), *Développement territorial et diagnostic prospectif. Réflexions autour du viaduc de Millau*, 2007, Éditions de l'Aube.
- LARDON S., VOLLET D., RIEUTORT L., DEVÈS C., MAMDY J.-F., *Développement, attractivité et ingénierie des territoires. Des enjeux de recherche pour l'action et la formation*, numéro spécial de la *Revue d'Auvergne*, n° 590-591, 2009.
- PECQUEUR B, « Le tournant territorial de l'économie globale », *Espaces et sociétés*, n° 124-125, 2006, p. 17-32.
- PIVETEAU V., « L'ingénierie territoriale, défi pour la gouvernance », *Pour*, n° 209-210, 2011, p. 159-164.
- RAINAUD A., *Ségrégation territoriale en France. Manifestations et corrections*, Mare et Martin, 2018, 266 p.
- RIEUTORT L., « La ruralité en France : des potentiels oubliés ? », *Population et Avenir*, n° 731, 2017, p. 4-7.
- TROGNON L., CAYRE P., LARDON S., MAURY C., « Ingénierie territoriale : de quoi parle-t-on ? », *Revue d'Auvergne*, n° 602-603, 2012, p. 321-342.
- VANIER M., « La métropolisation ou la fin annoncée des territoires ? », *Métropolitiques*, 2013, URL : *https://www.metropolitiques.eu/La-metropolisation-ou-la-fin.html.*
- VANIER M., *Demain les territoires. Capitalisme réticulaire et espace politique*, Hermann, 2015, 216 p.

Partie II

QUELQUES APPROCHES SPÉCIFIQUES ET SECTORIELLES

MÉCANISME DE MOBILISATION DE L'INGÉNIERIE TERRITORIALE À PARTIR DU PROCESSUS D'ÉLABORATION DU SRADDET

Leçons d'enquête

par

Abdelhamid ABIDI

Maître-assistant en sociologie
Université de Carthage, Tunisie
Chercheur associé au GRALE

Cette recherche s'inscrit dans le cadre du projet de recherche du GRALE[1] sur « l'ingénierie territoriale », en partenariat avec la Caisse des dépôts et consignations, suite à la conduite d'une enquête portant sur le processus d'élaboration et les perspectives d'application du « schéma régional d'aménagement, de développement durable et d'égalité des territoires » (SRADDET). L'enquête s'adressait aux élus en charge de l'aménagement du territoire au sein des régions en France. Nous avons axé l'investigation sur la manière dont les services concernés ont pu fonctionner durant ce processus soumis à de multiples injonctions. Si l'ingénierie territoriale est considérée comme l'ensemble des moyens humains, des méthodes et des missions concourant à l'élaboration et à la conduite d'un projet territorial, elle est aussi mobilisée dans la définition de dispositifs de régulation territoriale dans le cadre du SRADDET. Il s'agit d'un processus de coordination et de mise en cohérence des différents enjeux de territoires appelant la région, désormais en position de chef de file, et d'emblée à mobiliser les mécanismes nécessaires de cette ingénierie territoriale. Nous entendons par mécanisme de production de

1. Il est important ici de rappeler les *étapes de la recherche du GRALE*. Il s'est agi d'abord de catégoriser les principaux espaces de l'ingénierie territoriale, en mettant en rapport des paramètres construits dans différents champs disciplinaires, ainsi qu'en les resituant au regard des cadres institutionnels (État, collectivités territoriales) et de montages juridiques existants (SPL ; SEM à opération unique). Ensuite les bases ainsi réunies, nous entrons début 2017 dans une deuxième phase de recherche, portant sur l'évaluation des différentes formes d'ingénierie territoriale.

l'ingénierie territoriale l'ensemble des pratiques territoriales instituées, qu'elles reposent sur des traditions institutionnelles, ou sur des instances ou acteurs locaux ayant présidé à la production de cette ingénierie dans le sens retenu ci-dessus.

Cette recherche s'inscrit dans un champ carrefour entre deux aires de réflexion. La première s'intéresse tout d'abord à l'action publique locale, tant ses mutations retentissent sur la perception que l'on peut avoir de l'ingénierie territoriale, dont une part est « internalisée » au sein de l'appareil administratif des collectivités territoriales, le reste étant « externalisé ».

La seconde est consacrée à la perception que l'on a du développement économique local, dont le paysage s'est considérablement transformé durant les trente dernières années. À partir de travaux de la science politique et de la sociologie de l'action publique, il se révèle qu'un enjeu essentiel du développement local consiste aujourd'hui à « réinventer une gouvernance face à des projets complexes, impliquant de multiples partenaires » et promouvant la participation des acteurs économiques et sociaux.

S'appuyant sur les recueils de l'enquête, cette étude essaye de rendre compte, dans la mesure du possible, des interactions entre divers acteurs et services au sein, et à l'extérieur, des régions, engagées pour élaborer les SRADDET. Elle pourra aussi aborder la manière dont les régions perçoivent ce dispositif et le rôle de *leadership* que la loi leur accorde. Quels rapports, les régions vont-elles entretenir avec les acteurs infrarégionaux ? Quelle place est laissée aux collectivités locales dans l'aménagement du territoire et l'exercice de leurs compétences respectives désormais bousculées par les SRADDET ? Quel sens les régions donnent-elles à la cohérence des territoires au regard de la loi NOTRe ?

I. Les grandes orientations de la réforme territoriale

La loi NOTRe constitue le troisième volet de la réforme territoriale après un train législatif qui a forgé le statut des métropoles et engendré des fusions de certaines régions en France. Elle a redéfini les compétences des communes, des intercommunalités, des départements et des régions. Pour ces dernières, de grands changements affectent leurs compétences et prérogatives en rapport aux acteurs infrarégionaux.

Le premier grand changement consiste à supprimer la clause de compétence générale des départements et des régions. Elle permettait à ces deux collectivités d'intervenir sur des domaines qui ne leur étaient pas directement attribués, dès lors que l'intérêt du territoire était en jeu, au risque, parfois, de se concurrencer. Ensuite est confortée l'attribution d'une compétence exclusive aux régions sur les aides aux entreprises. Plus largement, les régions, rappelle la loi, coordonnent désormais toutes les actions en faveur de l'économie sur leur territoire.

Le schéma régional de développement économique, d'innovation et d'internationalisation (SRDEII) cadrera leur intervention sur cinq ans. En outre, en matière d'accompagnement des demandeurs d'emploi, les régions, déjà en charge de l'apprentissage et de la formation professionnelle, peuvent coordonner les acteurs du service public de l'emploi (excepté Pôle emploi). L'organisation des transports interurbains et des transports scolaires leur est également confiée, les régions étant déjà pilotes de l'intermodalité et du transport ferroviaire.

En outre, si les compétences en matière de tourisme et d'environnement restent partagées, les régions peuvent fédérer les initiatives de l'ensemble des collectivités dans un schéma régional d'aménagement du territoire ayant le caractère prescriptif : le SRADDET.

Par ailleurs, ce schéma doit respecter les règles générales d'aménagement et d'urbanisme à caractère obligatoire ainsi que les servitudes d'utilité publique affectant l'utilisation des sols. Il doit en outre être compatible avec les objectifs de qualité et de quantité des eaux définis dans les schémas directeurs d'aménagement et de gestion des eaux (SDAGE), ainsi qu'avec les plans de gestion des risques inondation.

II. Objectifs et défis du SRADDET

Les objectifs du SRADDET s'imposent aux documents locaux d'urbanisme : schémas de cohérence territoriale (SCoT), plans locaux d'urbanisme (PLU) et cartes communales, plans de déplacements urbains, plans climat énergie territoriaux et chartes de parcs naturels régionaux. À cette obligation de prise en compte dans ces documents des objectifs du SRADDET[2] s'ajoute une obligation de compatibilité des règles fixées dans ces documents avec les règles générales répertoriées dans le fascicule du SRADDET.

Face à la pluralité des schémas de planification régionale dans le domaine de l'aménagement du territoire, le législateur a souhaité créer un nouveau schéma intégrateur qui aurait vocation à se substituer au schéma régional d'aménagement de développement du territoire (SRADT) au regard de son bilan très modeste, notamment en raison de son caractère non contraignant.

Ce nouveau schéma, le SRADDET, se substitue donc à d'anciens schémas préexistants tels que le schéma régional climat air énergie, le schéma régional de l'intermodalité, et le plan régional de prévention et de gestion des déchets, le schéma régional de cohérence écologique[3]. Le SRADDET devient l'outil principal de la région en matière d'aménagement du territoire et de développement durable.

2. Selon l'article L. 4251-3 du Code général des collectivités territoriales (CGCT).
3. L'ordonnance n° 2016-1028 du 27 juillet 2016 énonce les mesures de coordination rendues nécessaires par l'intégration dans le SRADDET des schémas sectoriels suivants : le schéma régional des infrastructures et des transports (SRIT) ; le schéma régional de l'intermodalité (SRI) ; le schéma

Quant aux objectifs quantifiés[4] que doit fixer le schéma à moyen et long termes, ils visent surtout l'équilibre et l'égalité des territoires, l'implantation des différentes infrastructures d'intérêt régional, le désenclavement des territoires ruraux, l'habitat, la gestion économe de l'espace, l'intermodalité et le développement des transports de personnes et de marchandises[5].

III. L'enquête de terrain : le protocole et les thèmes

L'enquête[6] a été réalisée entre janvier et avril 2018 sur la base d'un questionnaire administré par voie électronique aux services et aux élus chargés de l'aménagement des territoires à l'exception de la région des Pays de la Loire, lieu de pilotage de cette enquête, où le questionnaire a été administré directement sous support papier et un entretien en face à face avec l'élu chargé de l'aménagement du territoire. Le questionnaire est composé de quatorze questions réparties autour de trois thèmes généraux à savoir : 1. le stade d'avancement dans l'élaboration du SRADDET ; 2. l'usage des schémas antérieurs et la mobilisation des ressources d'expertise ; 3. les rapports avec les acteurs infrarégionaux.

Le premier thème du questionnaire portant sur le stade d'avancement dans l'élaboration du SRADDET se compose de six questions :

- Q. 1 : À quel stade en sont les travaux d'élaboration du SRADDET ? Votre région, a-t-elle déjà élaboré un fascicule rassemblant les règles générales du SRADDET ?
- Q. 2 : Votre région, a-t-elle déjà élaboré un état des lieux régional qui énonce la stratégie et fixe les objectifs de moyen et long terme du SRADDET, communiqué aux collectivités et groupements qui devront prendre en compte ces objectifs ? La région s'est-elle appuyée sur les documents sectoriels existants ?

---

régional climat air énergie (SRCAE) ; le schéma régional de cohérence écologique (SRCE) ; le plan régional de prévention et de gestion des déchets (PRPGD). Concernant ce dernier, le décret n° 2016-811 du 17 juin 2016 modifie les dispositions du Code de l'environnement relatives à la planification des déchets, conformément aux dispositions des articles 8 et 9 de la loi NOTRe qui confient cette compétence aux conseils régionaux.

4. Ils sont énoncés à l'article L. 4251-1 du CGCT et précisés par thématique à l'article 1 du décret du 3 août 2016 précité.

5. À ce titre, le décret précise que ces objectifs concernent les infrastructures de transport, d'intermodalité et de développement des transports, qu'il s'agisse de personnes ou de marchandises. Dans la pratique, la maîtrise et la valorisation de l'énergie qui comprend la maîtrise de la consommation d'énergie, tant primaire que finale, exige une rénovation énergétique, le développement des énergies renouvelables et des énergies de récupération, notamment celui de l'énergie éolienne et de l'énergie biomasse, le cas échéant par zones géographiques. Dans ce cas, la lutte contre le changement climatique se traduit par l'atténuation du changement climatique et l'adaptation au changement climatique pour les populations et les activités économiques.

6. L'enquête est conduite par l'auteur.

- Q. 3 : Votre région, a-t-elle déjà élaboré la carte synthétique, établie à l'échelle du 1/150 000e, qui peut être décomposée en plusieurs cartes (incidences environnement, prévention et gestion des déchets, présentation des continuités écologiques, plan d'action stratégique, atlas cartographique)[7] ?
- Q. 4 : La conférence territoriale de l'action publique (CTAP) s'est-elle réunie pour votre région avec un ordre du jour prévoyant de partager une méthode et un calendrier d'élaboration du SRADDET ?
- Q. 9 : À quel stade la concertation obligatoire en est-elle rendue à ce jour ?
- Q. 11 : L'organisation de la concertation est-elle menée directement par les services de la région ou par un organisme tiers ?

Le second thème qui porte sur l'usage des schémas antérieurs et la mobilisation des ressources d'expertise est composé de quatre questions à savoir :

- Q. 5 : Votre région, pense-t-elle intégrer tous les schémas sectoriels (SRCAE, SRCE, SRI, SRIT, SRPGD) dans le SRADDET ?
- Q. 6 : Un lien est-il opéré entre la conception du SRADDET et celle du SRDEII ?
- Q. 7 : Quelles ressources d'expertise sont mobilisées pour l'élaboration du SRADDET ?
- Q. 8 : L'État a-t-il prévu de mettre à votre disposition des ressources d'expertise/d'appui pour l'élaboration et la mise en œuvre du SRADDET ?

Le troisième et dernier thème concerne les rapports avec les acteurs infrarégionaux et se compose de quatre questions énumérées dans l'ordre qui suit :

- Q. 10 : Là où la concertation est facultative[8] la région envisage-t-elle de saisir le CESER, les chambres consulaires et les conseils régionaux de régions limitrophes ?
- Q. 12 : Dans l'application du SRADDET, comment concevez-vous les rapports avec les collectivités et groupements infrarégionaux ? Quelle place laissez-vous à l'adaptation du contenu normatif du SRADDET aux spécificités des territoires locaux ?
- Q. 13 : Des relations particulières sont-elles nouées avec la métropole pour garantir les effets du SRADDET sur les documents d'urbanisme métropolitain ?
- Q. 14 : Dans quelle mesure pourraient être clarifiés les rôles des collectivités territoriales dans la valeur prescriptive du SRADDET ?

7. Prévus dans les articles R. 371-26 à R. 371-29 du Code de l'environnement.
8. Voir art. L. 4251-5 § II et III, CGCT.

IV. Quelques résultats de l'enquête

Il semble que toutes les régions ont pris au sérieux l'élaboration du SRADDET et toutes ont compris les enjeux auxquels ce schéma est lié. On peut aisément déduire cela d'une lecture partant de l'état d'avancement des unes et des autres dans ce processus d'élaboration. Par contre, le stade auquel est parvenue chaque région reste variable en fonction des conditions propres de chacune d'elles, sans que ne soit absolument remis en question l'intérêt de son élaboration. Par exemple, la région Grand-Est a élaboré son rapport (état des lieux, enjeux et objectifs) et elle est sur le point de diffuser un vivier de règles générales et mesures d'accompagnement comme base pour la concertation en vue de l'élaboration du projet de fascicule. Nombreuses sont les régions qui ont déjà un calendrier pour produire ce fascicule[9]. Elles tendent à intégrer le schéma régional de cohérence écologique (SRCE) dans le SRADDET autant que certains autres schémas régionaux, mais ce regroupement n'est pas encore opéré. On envisage d'écrire les règles qui seront ensuite communiquées aux collectivités et autres structures infrarégionales. La région des Pays de la Loire par exemple s'inscrit plutôt dans une vision *a minima* en évitant le « trop prescriptif », car les petites communes craignent l'adoption d'un schéma qui serait trop contraignant, notamment celles récemment créées telles que les communes nouvelles. Ce type d'opposition s'était déjà manifesté lors de l'écriture des trames vertes et bleues dans le SRCE. Pour nous, affirmait l'élu :

> « Le SRADDET n'est qu'un outil d'aménagement à long terme pour le volet économique, la mobilité, les transports, la gestion de l'eau et le changement climatique et enfin le rapport entre villes et territoires ruraux ; sont concernés les grands enjeux dans ces domaines. Pour ce qui est des rapports avec Nantes Métropole, les enjeux sont plus politiques. »

De nombreuses régions ont déjà élaboré, selon les procédures prévues par le schéma, un état des lieux régional qui énonce la stratégie et fixe les objectifs de moyen et long terme du SRADDET ; elles ont communiqué aux collectivités et groupements qui devront prendre en compte ces objectifs les documents sectoriels existants, comme références de cet état des lieux. Par contre, pour d'autres régions l'état des lieux régional, les enjeux et les objectifs se sont appuyés sur les documents sectoriels lorsqu'ils existaient. Le rapport du SRADDET a été enrichi par le travail réalisé au cours des séminaires de co-construction et par la centaine

9. La région des Hauts-de-France n'a pour l'instant pas élaboré le fascicule du SRADDET rassemblant les règles générales. L'arrêt du projet est pour le moment prévu en octobre 2018. Pour ce qui est de la région Sud Provence-Alpes-Côte d'Azur, le fascicule des règles est en cours d'élaboration. Pour la région des Pays de la Loire il est en cours d'élaboration de l'état des lieux stratégiques et devrait être débattu/validé dans ses grandes lignes, lors de la prochaine session de cadrage du budget 2018, prévue les 19 et 20 décembre 2017.

de contributions écrites reçues par la région. Par la suite, les objectifs ont été présentés lors de rencontres territoriales et ont rencontré une forte approbation des participants[10].

Certaines régions se sont appuyées sur les documents sectoriels existants, mais surtout sur une très importante phase de concertation entre 2016 et 2017. Parmi les outils mis en œuvre, on compte des ateliers régionaux, ateliers thématiques, conférences territoriales, espace web dédié pour recueillir des contributions. On a noté aussi que certaines parmi elles ont confié l'étude de l'état des lieux aux services de l'État (DRAF, ADEME, Agence de l'eau, etc.), pilotée par le SGAR avant adoption par le conseil régional.

La question de savoir si les régions ont élaboré la carte synthétique à l'échelle du 1/150 000e, qui peut être décomposée en plusieurs cartes (incidences environnement, prévention et gestion des déchets, présentation des continuités écologiques, plan d'action stratégique, l'atlas cartographique)[11] n'a pas rencontré de réponses pertinentes. Il n'est pas du tout évident que cette carte soit produite à la même période dans ce processus. Il y a des régions qui ont anticipé le travail compte tenu de leurs moyens techniques propres, alors que d'autres, à la période de la réalisation de cette enquête, ne l'avaient pas encore élaboré et se contentaient des cartes intermédiaires sur certains des objectifs qui ont été réalisés. Dans le même thème dédié au stade d'avancement, on s'est interrogé sur la réunion d'une instance apparemment importante dans ce processus. Il s'agit de la conférence territoriale de l'action publique (CTAP), qui devait, pour chaque région avoir, lors de cette réunion, un ordre du jour prévoyant de partager une méthode et un calendrier d'élaboration du SRADDET. Pratiquement, dans la plupart des régions la réunion de la CTAP s'est tenue et ses membres ont partagé la méthode et le calendrier d'élaboration du SRADDET, durant le troisième trimestre de l'année 2016. En s'appuyant sur la loi égalité et citoyenneté de janvier 2017, certaines régions ont demandé l'association de la population. Toutefois, on a relevé la faiblesse des débats au sein de la CTAP, car les acteurs sont peu mobilisés.

Nous avons interrogé les services des régions sur la réalisation d'une importante action rendue obligatoire par la loi; il s'agit de la concertation avec les parties prenantes afin de donner plus de légitimité à ce processus de co-construction. On s'est intéressé aux possibles difficultés qui peuvent entraver la mise en œuvre de cette concertation. Les obstacles portent sur la complexité du sujet pris dans son intégralité (transversalité, échelle régionale agrandie, multiplicité des acteurs associés, etc.) et sur la contrainte du calendrier très court. Depuis le lancement de la démarche, la concertation est au cœur de l'élaboration du SRADDET (le terme

10. Les retours de questionnaire montrent que les participants partagent 76 % des objectifs et seulement 3 % ne sont pas partagés (pour le reste les participants ne se prononcent pas).

11. Prévus dans les articles R. 371-26 à R. 371-29 du Code de l'environnement.

de co-construction du SRADDET est même employé). Des ateliers régionaux sur le SRADDET ont été organisés rassemblant des centaines de partenaires tout comme de nombreux ateliers thématiques sur les dimensions thématiques biodiversité, déchets, transports, climat air énergie ainsi que des conférences territoriales. Un club des personnes publiques associées a aussi été mis en place afin de travailler avec elles sur les objectifs et les règles générales dans un cadre collectif, et sur des modalités pour une « prescriptivité » utile et consentie. La concertation avec le public devrait être initiée en 2018 alors que l'enquête publique sera organisée en 2019. La concertation a été organisée pour d'autres régions directement par les services internes de la plupart des régions en partenariat avec les agences d'urbanisme.

Il s'impose que l'intégration des anciens schémas sectoriels soit un questionnement crucial de par la nature du SRADDET qui, par la législation, ne remet pas en question les schémas précédents, mais devrait les intégrer. Dans les faits, cela dépend naturellement de la volonté des régions. L'enquête montre clairement la volonté favorable des régions à l'endroit de cette intégration. Conformément aux dispositions législatives les régions intègrent les différents schémas sectoriels dans le SRADDET : les SRCE SRCAE adaptés suite à un bilan, le PRPGD une fois élaboré, le PRI/PRIT en cours d'élaboration ; s'y ajoute la SCORAN. Certaines envisageaient au moment de l'enquête d'intégrer tous ces schémas cités.

Sur un autre niveau, les liens ont été opérés entre la conception du SRADDET et celle du SRDE. Cela montre l'intérêt de cette question, car on a mesuré l'importance de ce dernier document dans les dispositions juridiques et par rapport aux configurations régionales. L'ensemble des régions répondantes à l'enquête disent avoir déjà prévu cette articulation entre les deux schémas.

La démarche d'élaboration du SRDEII a précédé chronologiquement la démarche d'élaboration du SRADDET, toutefois les liens existent depuis le début entre les deux documents que ce soit par un travail important d'articulation au niveau technique et au niveau politique. Le SRADDET doit combiner au mieux développement et aménagement durable, au bénéfice d'un maintien ou d'une création d'activités tout en respectant les objectifs mentionnés dans la loi Notr(e).

À notre avis partant du terrain, l'ambition du SRADDET est de se projeter dans l'avenir à un terme de dix ou vingt ans, et ce, pour anticiper les enjeux démographiques, de l'éducation, de l'eau, de l'énergie et des changements climatiques. Pour certaines régions, on essaye d'articuler les travaux des commissions, entre par exemple l'eau, l'agriculture et les changements climatiques ; aussi entre la démographie, l'éducation et les transports. Mais aussi surtout entre les enjeux de l'économie et ceux du climat. Il s'agit en fait des enjeux croisés entre le monde agricole, l'industrie agroalimentaire et la transition énergétique.

Là où la concertation est facultative, les régions peuvent envisager de saisir le CESER, les chambres consulaires et les conseils régionaux de régions limitrophes. Effectivement, le processus montre le réel besoin de l'expertise du CESER qui s'est autosaisi du sujet. Les chambres consulaires et les régions voisines (françaises et transfrontalières) sont invitées à tous les temps forts de l'élaboration du SRADDET : lancement, séminaires de travail, rencontres territoriales, consultations en ligne. Le CESER fait d'ailleurs partie du comité de pilotage partenarial et les élus et services de la région participent à de nombreuses commissions ou groupes de travail sur les thématiques du SRADDET. Des réunions bilatérales sont organisées aussi avec les chambres consulaires (CCIR, chambre régionale d'agriculture) qui sont par ailleurs invitées aux différents ateliers mis en place. Les contacts existent aussi avec les régions limitrophes (et transfrontalières). L'ensemble de ces partenaires sera aussi consulté pour avis sur le projet de SRADDET, même si cela n'est pas obligatoire. Certaines régions ont élargi les partenaires associés dans le cadre de la concertation préalable. Les conseils régionaux limitrophes allaient être rencontrés et nos interlocuteurs considèrent que c'est un peu tôt pour évoquer cette question. Mais en tout cas, on saisira certainement le CESER.

Dans l'application du SRADDET, les rapports avec les collectivités et groupements infrarégionaux dépendent de la volonté politique des régions et de leur vision. Quelle place laissent-elles à l'adaptation du contenu normatif du SRADDET aux spécificités des territoires locaux ? Il semble que certaines travaillent dans le respect du principe de subsidiarité. Des régions travaillaient notamment en partenariat avec les SCoT par des réunions à chaque étape clé de l'élaboration du SRADDET.

Si la question de l'application du SRADDET est un peu prématurée, on peut avancer toutefois que le principe de subsidiarité sera bien mis en avant, laissant ainsi une adaptation aux spécificités des territoires. Les débats des conférences territoriales organisées par les régions dans le cadre de l'élaboration du SRADDET, à l'échelle des espaces de dialogue vont permettre d'examiner si oui ou non de manière exceptionnelle certaines règles pourraient être davantage territorialisées, sans que pour autant, il n'y ait aujourd'hui, de volonté régionale d'aller vers des règles trop territorialisées. On a eu pour certaines régions une approche spatiale différenciée selon les problématiques – approche régionale et interrégionale – approche par grands espaces (familles d'aires urbaines) stratégie urbaine – coopérations et réseau… Nous avons une ligne directrice dédiée à la prise en compte de la diversité et des spécificités locales. Globalement, nous prévoyons chaque fois que nécessaire une modulation des règles aux spécificités locales.

Dans le même esprit, les relations avec les métropoles sont importantes pour garantir les effets du SRADDET sur les documents d'urbanisme métropolitains. Pratiquement toutes les régions ayant répondu à l'enquête confirment cette prédisposition. En effet, des liens étroits de collaboration existent avec les métropoles dans la mesure où le président est membre du comité de pilotage partenarial du

SRADDET ; donc des réunions régulières ont lieu entre les services pour faire le point sur la démarche d'élaboration[12]. La question transfrontalière étant très importante dans le SRADDET des régions frontalières avec des pays européens comme la région de Hauts-de-France, il y a une synergie importante dans l'élaboration de ces deux documents. Les métropoles sont naturellement associées aux travaux.

Sans remettre en question l'intention du législateur dans cette réforme territoriale, la valeur prescriptive du SRADDET fait consensus lors des différentes lectures. À ce niveau se pose la question de savoir dans quelle mesure pourraient être clarifiés les rôles des collectivités territoriales dans la valeur prescriptive du SRADDET. L'ensemble des collectivités territoriales doit être partie prenante de ce projet de territoire ; d'où l'importance de partager largement les objectifs du SRADDET. La région entend répondre à cette question en échangeant et partageant les points de vue avec les personnes publiques associées, elles-mêmes porteuses de documents d'urbanisme ou de planification territoriale.

V. Mécanismes de l'ingénierie territoriale

Nombreuses sont les acceptions de l'ingénierie territoriale en fonction des approches traitant cette question. Parmi ces différentes définitions, on a adopté celle qui considère l'IT comme « l'ensemble des moyens humains, des méthodes et des missions concourant à l'élaboration et à la conduite d'un projet territorial, ainsi qu'à la définition, au montage et à la mise en œuvre d'actions » à différentes échelles locales. C'est le sens retenu par l'Union nationale des acteurs et structures du développement local (UNADEL). Elle est tirée d'une recherche-action portant sur la transformation des métiers relatifs au développement local[13]. Cette option se retrouve dans un rapport préparé par un groupe d'élèves-administrateurs territoriaux de l'INET[14], une vision qui apparaît à notre avis comme étant la plus pertinente pour cette recherche et cette problématique.

De manière générale, les mécanismes de l'ingénierie territoriale se répartissent en quatre axes[15]. Le premier porte sur le diagnostic stratégique de territoire. On passe des analyses de territoire, aux diagnostics « AFOM » (atouts, faiblesses, opportunités, menaces). Les efforts portent notamment sur l'énumération des

---

12. Le SCoT de la métropole lilloise a été adopté en février 2017 ; donc sa révision (qui prendra en compte le SRADDET) n'est pas d'actualité. Par contre, la Métropole européenne de Lille est chargée à l'instar des autres métropoles européennes d'élaborer un schéma de coopération transfrontalière.

13. Telle la « Plate-forme des métiers du développement territorial » achevée en juillet 2013 par l'UNADEL avec le soutien de la CDC.

14. D. DÉTRIE, C. HÉMERY, P. HILAIRE *et al.*, *L'ingénierie territoriale au service de l'autonomie locale*, rapport à l'ADF et à l'AdCF, INET, 2014 (voir synthèse dans *Les Cahiers de la fonction publique*, n° 352, févr. 2015, p. 60, s.).

15. P.-A. LANDEL et K. KOOP. *De l'animation locale à l'ingénierie territoriale. Le développement local : mécanismes, stratégies et gouvernance*, Agadir, Maroc, févr. 2011. <*halshs-00580760*>.

ressources spécifiques des territoires et la manière de les valoriser sans oublier le besoin en moyens humains, financiers et organisationnels dont disposent les territoires.

Le second mécanisme de l'IT doit porter sur la question des prospectives territoriales qui seraient en mesure de construire des représentations socialement partagées sur le devenir souhaité du territoire. On trouve à ce titre des travaux qui portent sur l'identification et la comparaison des méthodes de prospective territoriale.

Quant au troisième mécanisme de l'IT, il concerne la construction d'un programme d'actions et la définition de l'approche de sa contractualisation entre les acteurs du territoire concerné. Cela doit se traduire par la construction des programmes déclinés en axes, objectifs stratégiques, objectifs opérationnels, puis en mesures regroupant différents types d'actions. Le contrat *in fine* permet la définition des engagements financiers des différents partenaires sur des objectifs partagés.

Enfin, le quatrième mécanisme de cette ingénierie territoriale porte sur l'évaluation périodique des politiques publiques territoriales. Les travaux de cette évaluation exigent le recours aux différents champs d'évaluation, ainsi qu'aux méthodes de définition des indicateurs d'évaluation, de collecte d'informations et de construction de questions et jugements d'évaluation.

En réalité, ces quatre champs distincts sont structurellement corrélés et nécessitent des métiers pas toujours disponibles au sein des équipes régionales en interne. C'est la raison pour laquelle on s'appuie sur des cursus de développement territorial mis en place dans des formations universitaires. Dans la mise en œuvre de ces mécanismes, on relève des questions délicates. La première de ces questions porte sur les dispositifs participatifs et leur mise en œuvre réelle. Si l'observation montre que les décideurs politiques n'ont plus le monopole des questions du territoire, l'organisation concrète des lieux de dialogue et de concertation souligne en permanence la nécessité d'une définition des rôles de chacun, en identifiant clairement ce qui relève de la décision politique. Une deuxième question difficile porte sur la relation entre les élus et les techniciens, qui reste le plus souvent totalement occultée en dépit du fait qu'elle soit au cœur de la problématique de l'exercice d'une démocratie locale et du renforcement des organisations territoriales. Les efforts pour résoudre cette question passent inévitablement par une décomposition des rôles à chaque phase du développement du projet : identification des problèmes à résoudre, décision de mise à l'agenda d'une action publique, définition des objectifs, étude de l'ensemble des solutions possibles, adéquation objectifs/solutions, réalisation et mesure des impacts réels.

Il va de soi que l'ingénierie territoriale n'est pas dissociée de ces axes dont elle dépend dans sa mise en pratique. Dans le cadre du processus d'élaboration du SRADDET, les différentes régions n'ont pas les mêmes conditions de fonctionnement. L'enquête réalisée par nos soins pour détecter les niveaux d'avancement et les mécanismes mobilisés dans ce processus montre clairement le contraste entre les régions fusionnées et celles restées à périmètre constant. Celles fusionnées ont fait un effort considérable dans la capitalisation des moyens humains et des expériences de construction de l'action territoriale, non seulement en termes de méthodes et d'approches, mais aussi sur le plan technique. De nouvelles organisations des services ont été réalisées, ce qui a permis cette capitalisation fort utile à une mobilisation des services en interne. En revanche, les régions non fusionnées, certaines du moins, restent en partie dépendantes des aides de l'État et le recours à des structures privées ou agences régionales dans la réalisation des études et expertises s'est révélé nécessaire à la mise en œuvre des réformes sous leurs différents aspects.

À un autre niveau, les régions françaises, avant comme après la réforme territoriale, n'ont pas la même vision ni les mêmes capacités techniques en interne. Certaines font recours aux expertises externes alors que d'autres mobilisent leurs services en interne. C'est dans ce contexte qu'à la question relative aux ressources d'expertise mobilisées pour l'élaboration du SRADDET, les réponses n'ont pas été homogènes. Certaines ont mobilisé les bureaux d'études ou, comme le cas du réseau des sept agences d'urbanisme du Grand-Est, les services de l'État et ses agences (agences de l'eau et ADEME), le CEREMA et autres observatoires. Par contre, la région de Hauts-de-France engage un processus d'élaboration de son SRADDET totalement en régie, avec l'expertise des différents services. Bien entendu, l'importante phase de concertation mise en place permet la participation et la mobilisation des différents partenaires. Par ailleurs, dans le cadre d'une collaboration avec le réseau régional des agences d'urbanisme, quatre notes d'enjeux ont été produites par celles-ci dans le cadre de l'élaboration des SRADDET. La seule AMO (assistance à maîtrise d'ouvrage) sollicitée dans le cadre de la démarche d'élaboration est un accompagnement juridique à la rédaction des règles générales du fascicule. D'autres régions ont aussi fait appel à une AMO, un bureau d'études pour l'évaluation environnementale, des partenariats public/public avec l'INSEE, les agences d'urbanisme ou encore les universités.

La mobilisation des ingénieurs de l'État venant de différents services (DREAL, DRAF, DRIRE), qui sont détachés auprès des collectivités territoriales, est un autre moyen d'usage. Mais il faudrait rappeler un point important selon un élu de la région des Pays de la Loire :

> « La fonction publique territoriale n'est pas la fonction publique de l'État. Par exemple, les administrateurs ou les ingénieurs territoriaux travaillent assez souvent dans le dialogue avec les élus locaux ce qui fait qu'ils ont une certaine responsabilité dans les stratégies adoptées. À l'inverse, pour les cadres fonctionnaires de l'État, tout est décidé au niveau central. Ils subissent les politiques publiques sans forcément chercher à comprendre le pourquoi. »

D'où une certaine méfiance des élus et cadres territoriaux à l'égard d'une « règle-planification » adoptée par l'administration de l'État. L'exemple allemand, laissant une autonomie aux *Länder* par rapport au Bund, semble plus satisfaisant.

Toutefois, il a été prévu, dans le cadre de cette réforme, que l'État mette à la disposition des régions, un appui technique par des expertises spécialisées en guise d'élaboration et de mise en œuvre du SRADDET. On a confirmé, pour certaines régions, que l'État suit le travail d'élaboration du SRADDET au fil de l'eau avec une équipe projet mobilisée sur le SRADDET au sein de la DREAL et plus largement avec l'ensemble des directions de l'État en région, sous pilotage du SGAR.

Mais bien que cela soit prévu dans la loi, cela n'est pas le cas de toutes les régions. Le même élu des PDL considère que :

> « Il n'y a, pas à proprement parler, de mise à disposition de ressources et d'expertises de l'État, toutefois dans le cadre d'une étroite collaboration, des réunions régulières sont organisées avec les services de l'État (DREAL, SGAR) pour faire le point sur la démarche. Des services sectoriels et thématiques de l'État participent à des réunions de travail ou ateliers organisés dans le cadre de la démarche d'élaboration du SRADDET. Enfin, le préfet est membre du comité de pilotage partenarial qu'a mis en place la région ainsi que les présidents de départements, le président du CESER et le président de la Métropole européenne de Lille. Les services de l'État, la DREAL en particulier, sont associés aux travaux, le préfet de région et le SGAR participent aux instances partenariales et interviennent en tant que de besoin. »

***

*

Il est évident, de ce qui précède, que les régions françaises, dans cet exercice d'élaboration du SRADDET, s'engagent dans un processus plus ou moins tumultueux. Bien que les enjeux qui président à cette réforme soient cohérents à l'échelle nationale, il semble qu'à l'échelle des régions les spécificités territoriales imposent d'autres enjeux aux instances régionales et rendent parfois l'exercice difficile. On peut dire aussi que le caractère prescriptif du SRADDET n'est pas communément admis clairement par les régions, la plupart d'entre elles, du moins celles ayant répondu à cette enquête, ne souhaitent absolument pas entrer en conflit avec les structures infrarégionales. Le processus semble déjà engagé par toutes les régions, mais le degré d'avancement demeure variable au regard des moyens mis en œuvre par chaque région.

LES RÉFORMES RELATIVES AUX FINANCES LOCALES : QUEL CONTEXTE FINANCIER POUR L'INGÉNIERIE TERRITORIALE ?

par

Romain BOURREL

Maître de conférences en droit public
Centre de recherches juridiques (CRJ)
Université Grenoble Alpes

Les finances locales sont au cœur de l'actualité juridique, politique et médiatique depuis de nombreuses années. En effet, la diminution des financements étatiques, la réforme des dotations octroyées par l'État aux collectivités et aux établissements publics de coopération intercommunale (EPCI), la maîtrise de la progression de leurs dépenses de fonctionnement ainsi que les derniers soubresauts concernant la fiscalité locale ont mis en lumière la situation – ou plutôt devrait-on dire les situations – financière des collectivités, ainsi que la place centrale de l'État dans la maîtrise des finances locales.

Les problématiques relatives à l'ingénierie territoriale ne sont pas véritablement mises en avant lors des débats – parfois tendus – relatifs aux finances locales. En effet, lesdits débats tournent le plus souvent autour d'éléments classiques, montrant d'ailleurs que la constitutionnalisation de l'autonomie financière locale opérée par la révision constitutionnelle de 2003[1] n'a pas apporté les garanties attendues aux collectivités[2]. Lesdits débats concernent la libre disposition de leurs ressources, leurs prérogatives fiscales, leur niveau de « ressources propres » (ainsi que la

1. Loi constitutionnelle n° 2003-276 du 28 mars 2003 relative à l'organisation décentralisée de la République.
2. Il n'est pas nécessaire de rappeler ici les incertitudes pesant sur la portée de l'autonomie financière consacrée à l'article 72-2 de la Constitution. La jurisprudence du Conseil constitutionnel semble également peu protectrice de l'autonomie financière locale. Voir par exemple à ce sujet : X. CABANNES,

définition plutôt incompréhensible de celles-ci), la compensation des nouvelles compétences qui leur sont attribuées et, dans une moindre mesure, la question de la péréquation.

Pourtant, l'ingénierie territoriale, entendue comme l'« ensemble des moyens humains, des méthodes et des missions concourant à l'élaboration et à la conduite d'un projet territorial, ainsi qu'à la définition, au montage et à la mise en œuvre d'actions »[3], est bien évidemment concernée par la situation des finances publiques, tant au niveau étatique qu'au niveau local : la diminution des moyens impacte nécessairement les réponses aux demandes des territoires, alors que les besoins en compétences techniques ne cessent de croître. Les effets se font naturellement davantage sentir sur les territoires les plus faiblement dotés en moyens matériels et financiers[4]. On constate donc une sorte d'« effet ciseaux » : alors que les besoins en ingénierie augmentent, les moyens stagnent ou diminuent. Comme l'a remarqué la Caisse des dépôts, « face aux contraintes budgétaires, de plus en plus de collectivités se servent de l'ingénierie territoriale comme variable d'ajustement. Après le désengagement de l'État dans ce domaine, ce sont les structures de développement local qui licencient aujourd'hui. À plus long terme, la disparition d'un savoir-faire précieux en matière de projets territoriaux risque de se ressentir »[5].

Pour aller au-delà de ce simple constat, il convient de s'interroger sur l'évolution du niveau d'implication possible des collectivités et de leurs groupements dans les prochaines années. La question de l'évolution de la place de l'État en matière d'ingénierie territoriale ne sera donc pas abordée en tant que telle[6]. Dès lors, alors que les acteurs locaux constituent des composantes essentielles de l'ingénierie territoriale, comment les réformes des finances locales impactent-elles l'engagement des collectivités et des EPCI ? Quels sont les risques encourus et quelles sont les inquiétudes des élus locaux ? Aborder l'ingénierie par le prisme des finances

---

« Le contentieux des relations financières entre l'État et les collectivités territoriales », *AJDA* 2016, p. 598. Voir aussi P. De Montalivet, « QPC et droit des collectivités territoriales », *AJDA* 2016, p. 586.

3. Définition « ingénierie territoriale », EtD, le Centre de ressources du développement territorial, note sur l'ingénierie territoriale, juillet 2012.

4. Il faut en effet toujours garder à l'esprit que si les grandes collectivités ont les moyens de s'équiper en interne des capacités d'ingénierie répondant à leurs besoins ou de sous-traiter, tel n'est pas le cas des plus « petites » collectivités : elles n'ont pas les moyens de s'occuper en interne, ni de sous-traiter en externe. À un niveau intermédiaire, les collectivités de taille « moyenne » n'ont pas les moyens de s'équiper en interne, mais peuvent sous-traiter en externe.

5. Caisse des dépôts, actualités de *Localtis*, « Quand l'ingénierie territoriale devient une variable d'ajustement des collectivités », 23 mai 2017.

6. Sur ce point, il est possible de se reporter à la directive nationale d'orientation relative à l'ingénierie de l'État du 10 mars 2016. Voir le commentaire d'H. Pauliat, « Ingénierie territoriale : nouvelle culture professionnelle de services de l'État ou nouvelle recentralisation de compétences locales ? », *La Semaine Juridique – Administrations et collectivités territoriales* 18 avril 2016, n° 15, act. 325.

publiques nécessite d'adopter un point de vue relativement large et de s'intéresser à l'ensemble des acteurs locaux concernés, pas seulement aux EPCI ou aux départements, structures habituellement mises en avant en matière d'ingénierie.

Notre ambition est d'appréhender les principaux enjeux auxquels sont aujourd'hui confrontés les acteurs locaux. Afin d'aborder cette question, et d'inscrire notre approche dans la continuité des dernières réformes territoriales, la relation entre les problématiques financières et l'ingénierie territoriale peut être abordée en deux temps. D'une part, il est possible de rapprocher les enjeux financiers et les dernières réformes territoriales (I). D'autre part, d'envisager les moyens et les contraintes financières pesant sur les collectivités (II).

I. L'ingénierie territoriale, les enjeux financiers et la réforme territoriale

Les dernières réformes territoriales se situent à la croisée de plusieurs enjeux, mais ont été indéniablement influencées par des considérations financières, au moins dans le discours politique et médiatique. Les acteurs locaux ont donc vu leur organisation remise en question, ce qui a un effet indéniable sur leur organisation, leur taille, leurs services et donc au final sur l'ingénierie territoriale. Quelles sont les considérations financières à l'origine de ces évolutions et quelles en sont les conséquences ? Comment les acteurs locaux se sont-ils organisés dans ce contexte particulier ? Il est possible de s'arrêter sur trois points reflétant trois enjeux : la fusion des régions métropolitaines (A), la réorganisation de la carte intercommunale (B) et l'accélération de la création de communes nouvelles (C).

A. Le cas de la fusion des régions métropolitaines

Cette fusion a été opérée par la loi du 16 janvier 2015[7]. Pour reprendre les propos de François Rangeon, la réforme a produit des « effets institutionnels importants et complexes »[8] étant donné que la réforme est une « fusion-absorption » : les nouvelles régions ne comportent qu'un seul conseil régional et qu'une seule direction des services. Le même auteur souligne les « effets indirects sur les autres collectivités territoriales » notamment le « sentiment d'abandon, de délaissement de la part des villes moyennes et des territoires périphériques. Le risque est celui d'un élargissement de la fracture territoriale et du déclin des politiques de proximité ».

Cette loi a été en partie motivée par des considérations financières dans un contexte contraint et s'est traduite par la réduction du nombre de régions à treize en France métropolitaine. Cependant, les arguments financiers n'ont pas été

7. Loi n° 2015-29 du 16 janvier 2015 relative à la délimitation des régions, aux élections régionales et départementales et modifiant le calendrier électoral.

8. Fr. RANGEON, « Les effets du redécoupage régional », *in* J.-Cl. NEMERY (dir.), *Quelle organisation pour les grandes régions en Europe ?* L'Harmattan, p. 227.

particulièrement mis en avant au sein des documents d'information entourant la loi : l'étude d'impact évoquait rapidement ce point[9] et le rapport sénatorial fait au nom de la Commission spéciale sur la délimitation des régions abordait uniquement la « nécessité de traiter dans une future loi de finances les conséquences du présent texte sur les finances régionales »[10]. En revanche, l'exposé des motifs du projet de loi[11] retenait les éléments d'explication suivants : « Le présent projet de loi se fonde sur la nécessité d'améliorer la gouvernance territoriale ainsi que l'efficacité et l'efficience des politiques publiques mises en œuvre dans les territoires. » Ainsi que le soulignait le rapport sénatorial précité, l'objectif de cette loi n'était pas en premier lieu de réaliser des économies[12] mais de bâtir des régions capables de rivaliser avec leurs homologues européennes : « L'étude d'impact ne procède à aucune évaluation de ces "gains d'efficience", qui dépendront *in fine* des décisions des collectivités elles-mêmes et des mutualisations qu'elles auront su mettre en œuvre[13]. »

L'article 39 du projet de loi de finances pour 2016 a eu pour principal objectif d'« adapter la fiscalité aux évolutions institutionnelles des régions » afin de permettre l'application des taxes perçues à leur profit la première année de leur création. Cependant, les textes financiers de la fin de l'année 2015 ont tiré de plus vastes conséquences des réformes territoriales, s'agissant notamment des dotations versées aux régions sans réflexion globale sur la DGF ni en termes de péréquation[14]. Au final, l'impact de la fusion des régions a eu peu d'effets en matière de dotations, davantage en termes de fiscalité[15]. Une note de *Localtis* a cependant permis de constater que les contraintes budgétaires ont eu des effets très importants sur l'offre d'ingénierie territoriale[16].

---

9. Voir l'étude d'impact de cette loi aux p. 37 et s. : « S'agissant des concours financiers de l'État, les nouvelles régions bénéficieront de l'addition des dotations forfaitaires et des dotations de compensation pour les transferts de compétences des anciennes régions auxquels elles succèdent. » Cette étude était peu précise, sans pour autant que cette imprécision ne soit sanctionnée par le Conseil constitutionnel : décision n° 2014-12 FNR du 1er juillet 2014, considérant n° 6.

10. Sénat, *Rapport n° 658 (2013-2014) de Michel Delebarre, fait au nom de la Commission spéciale sur la délimitation des régions*, déposé le 26 juin 2014, p. 31.

11. Projet de loi relatif à la délimitation des régions, aux élections régionales et départementales et modifiant le calendrier électoral, déposé au Sénat le 18 juin 2014.

12. La presse et l'opinion publique ayant pourtant depuis l'annonce de la fusion porté leur attention sur cette question.

13. Rapport sénatorial précité, p. 27.

14. M. Houser, « Loi de finances initiale pour 2016 et loi de finances rectificative pour 2015 : la mise en œuvre des lois MAPTAM et NOTRe. Un contexte financier en pleine mutation », *AJCT* 2016, p. 33.

15. Du moins jusqu'à l'octroi d'une part de TVA pour remplacer la DGF des régions dès 2018.

16. Voir la note précitée. Elle précise notamment les éléments suivants : « À l'occasion de son conseil d'administration de fin mars 2017, l'Unadel avait dénoncé l'abandon par plusieurs conseils régionaux et autres collectivités du financement des structures de coopération et de développement local et d'animation de l'éducation populaire. L'association compte aujourd'hui interpeller le nouveau

B. L'achèvement et la rationalisation de la carte intercommunale

Le second point à aborder concerne l'achèvement et la réorganisation de la carte intercommunale[17] et leurs effets.

La situation des EPCI est particulière, en raison du rôle qu'ils jouent – ou pourraient être amenés à jouer dans les années à venir en matière d'ingénierie. En effet, ils ont une place essentielle puisqu'ils peuvent être amenés à développer une offre d'ingénierie au profit des petites collectivités.

> « L'ingénierie territoriale est de façon plus large un outil de développement territorial, facilitant en particulier la convergence des politiques publiques sur un même territoire entre les différents niveaux de collectivités, et permettant d'optimiser la dépense publique, c'est-à-dire de "dépenser mieux" dans un contexte financier "de plus en plus contraint"[18]. »

En termes d'enjeux financiers, l'achèvement de la carte intercommunale pourrait être un prélude à une réforme de la dotation globale de fonctionnement (DGF) intercommunale permettant de dégager de nouvelles marges de manœuvre pour la prise en charge des missions d'ingénierie. Il est possible de s'arrêter sur l'article 150 de la loi de finances pour 2016[19]. L'exposé des motifs de cet article expliquait clairement l'objectif poursuivi :

> « Il s'agit de fusionner la dotation d'intercommunalité et la dotation de compensation en une dotation globale de fonctionnement des EPCI, également répartie en trois composantes : une composante péréquatrice et une composante favorisant l'intégration s'ajoutent à la part de la dotation de centralité calculée au niveau du territoire qui revient à l'EPCI. Le calcul d'enveloppes différentes en fonction des catégories juridiques des EPCI est abandonné. »

Cette disposition faisait suite au célèbre « rapport Pirès-Beaune » de juillet 2015[20] qui proposait notamment de revoir l'architecture de la DGF des EPCI : il était proposé de créer une « dotation universelle de fonctionnement » pour financer les services intercommunaux partout sur le territoire, une dotation de péréquation répartie en fonction du potentiel fiscal ainsi qu'une dotation d'intégration et de

---

gouvernement ainsi que les exécutifs régionaux à ce sujet. Si l'Unadel prépare un état des lieux précis, elle signale d'ores et déjà que la situation est tendue dans certaines régions comme la région Auvergne-Rhône-Alpes et la région Provence-Alpes-Côte d'Azur, où des licenciements sont en cours. »

17. Depuis le 1er janvier 2017, tout le territoire national est en effet couvert par des établissements publics de coopération intercommunale, à l'exception de quelques communes insulaires. Au premier janvier 2017, 1266 EPCI à fiscalité propre étaient dénombrés. Voir le *Bulletin d'information statistiques de la DGCL*, n° 113, janvier 2017.

18. AdCF, ADF, rapport *Territoires ingénieux : l'ingénierie au service de l'autonomie locale*, 31 mars 2014, p. 13.

19. Loi n° 2015-1785 du 29 décembre 2015 de finances pour 2016.

20. Ch. PIRES-BEAUNE et J. GERMAIN, rapport *Pour une dotation de fonctionnement équitable et transparente : osons la réforme !*, 15 juillet 2015, p. 13.

mutualisation (cette dernière prenant en compte non seulement l'intégration fiscale, mais aussi une mesure de la part des dépenses de l'EPCI dans l'ensemble des dépenses du territoire)[21].

Pour autant, la réforme initiée par la loi de finances pour 2016 n'a jamais été mise en œuvre. Les critiques issues d'un autre rapport parlementaire à l'égard de cette réforme sont éclairantes sur les effets financiers qu'elle aurait provoqués[22]. Il proposait notamment que la DGF des EPCI comprennent les trois éléments suivants : une dotation d'intégration, une dotation de péréquation et une dotation territoriale (selon des critères relatifs à l'ensemble intercommunal). L'article 150 de la loi de 2016 a été abrogé par l'article 138 de la loi de finances pour 2017[23] avec comme principal argument le fait qu'il convenait d'attendre la reconfiguration de la carte intercommunale avant de mettre en œuvre une réforme ayant pour objectif d'améliorer la répartition des concours financiers versés aux acteurs locaux.

La nouvelle carte intercommunale a un impact évident sur la dotation globale de fonctionnement.

> « Outre les changements de catégories juridiques, les modifications de périmètres s'accompagnent de changements très importants et simultanés en matière de régimes fiscaux (diminution des EPCI à fiscalité additionnelle au profit de ceux à fiscalité professionnelle unifiée) ou de disparités sociales et territoriales[24]. »

En effet, les paramètres d'attribution de la DGF ont été modifiés du fait de l'accroissement de la taille des EPCI et les dispositifs de péréquation doivent être adaptés à cette nouvelle carte[25] :

> « Les critères utilisés pour l'attribution des différentes parts de la DGF – le potentiel fiscal, le potentiel financier, le potentiel financier agrégé – ne sont plus totalement adaptés pour apprécier les richesses territoriales et permettre une répartition équitable des dotations… Il conviendra de procéder à un véritable aggiornamento de la DGF du bloc communal, en modernisant les outils d'analyse qui sous-tendent sa répartition, notamment en réexaminant les critères de charges des nouveaux territoires, les réalités financières sur lesquelles reposent les calculs actuels de la DGF étant devenues largement obsolètes[26]. »

---

21. *Op. cit.*, p. 77 et s.

22. Assemblée nationale, *Rapport d'information sur la dotation globale de fonctionnement du bloc communal*, par Ch. Pires-Beaune et V. Louwagie, 13 juillet 2016, 98 p.

23. Loi nº 2016-1917 du 29 décembre 2016 de finances pour 2017.

24. *Avis présenté au nom de la commission des lois constitutionnelles, de législation, du suffrage universel, du règlement et d'administration générale (1) sur le projet de loi de finances pour 2017*, Tome XIV, « Relations avec les collectivités territoriales », par Jacqueline Gourault, p. 18.

25. Il faut ajouter à cela le poids représenté par les communes nouvelles sur la DGF.

26. Avis sénatorial précité, p. 21.

Cette réforme territoriale aujourd'hui aboutie, la réflexion sur la réforme de la DGF des EPCI pourrait reprendre, par exemple en accentuant les effets péréquateurs de la DGF en vue d'obtenir des nouvelles ressources destinées à l'ingénierie territoriale.

De plus, le lien entre réforme territoriale, finances locales et ingénierie se retrouve à l'article L. 5211-39-1 du Code général des collectivités territoriales (CGCT) qui évoque le schéma de mutualisation des services entre les services de l'EPCI à fiscalité propre et ceux des communes membres. Il doit être rédigé par le président de l'EPCI dans l'année qui suit chaque renouvellement général des conseils municipaux et adopté par son organe délibérant. L'article 55 de la « loi MAPTAM »[27] avait prévu que le montant des dotations versées soit lié à un coefficient de mutualisation afin de favoriser le regroupement des compétences d'ingénierie existantes au niveau des communes et qu'ils puissent assurer ensuite des prestations pour l'ensemble des membres de l'EPCI. Cependant, l'article 138 de la loi de finances pour 2017 a abrogé la disposition relative au calcul de ce coefficient de mutualisation dans le cadre du vaste mouvement de « réforme - non-réforme » touchant la DGF ces dernières années, le décret d'application destiné à mettre en œuvre ce dispositif n'ayant jamais été adopté. Ce coefficient avait été fortement critiqué par un rapport de l'IGA et de l'IGF, estimant qu'il n'était pas fiable et proposant d'y substituer et coefficient d'intégration et de mutualisation (CIM)[28]. Par ailleurs, le coefficient d'intégration fiscale (CIF) permettait déjà, dès avant cette disposition législative, de prendre en considération les efforts de mutualisation.

Malgré ces vicissitudes, cette forme de mutualisation est une piste à poursuivre, notamment en vue de réaliser des économies d'échelle *via* des plates-formes d'ingénierie. En effet, l'appréciation portée sur la mutualisation des services par un rapport du Sénat il y a quelques années est toujours pertinente :

> « La finalité de l'intercommunalité et de la mutualisation n'est pas, en soi, de générer des économies, mais d'abord – et sans forcément que ceci empêche cela – de dégager les marges de manœuvre pour améliorer des prestations, pour en mettre en place, voire pour continuer à assurer celles qui seraient menacées par une évolution défavorable des finances publiques locales [...] le succès d'une mutualisation comme d'une entreprise d'intercommunalité réside aussi, en partie, dans leurs vertus péréquatrices ; mais celles-ci ne se mesurent pas en termes exclusivement financiers : en réalisant des services dans des communes qui n'ont pas les moyens de les financer, la mutualisation

27. Loi n° 2014-58 du 27 janvier 2014 de modernisation de l'action publique territoriale et d'affirmation des métropoles. Voir M. HOUSER, « Le volet intercommunal de la loi MAPAM : de nouvelles perspectives offertes aux acteurs locaux », *AJCT*, 2014, p. 288.

28. Inspection générale des finances et Inspection générale de l'administration, *Les mutualisations au sein du bloc communal*, décembre 2014, 62 p.

et l'intercommunalité opèrent une forme de péréquation qualitative, difficile à faire figurer dans un bilan comptable[29]. »

Il ne faut tout de même pas omettre que les effets financiers engendrés par la fusion des EPCI, et donc par l'augmentation mécanique de leur taille, devront être appréhendés dans les prochaines années : les économies d'échelle pouvant résulter de cette fusion pourront-elles conduire à un accroissement des missions d'ingénierie territoriale ?

C. L'accentuation du phénomène des communes nouvelles

La loi du 16 mars 2015[30], issue d'une proposition de loi de l'Assemblée nationale, a été adoptée en vue d'améliorer le régime juridique applicable aux communes nouvelles et de favoriser la fusion de communes face au célèbre « éclatement territorial ». Cette loi a déjà remodelé et est de nature à continuer à remodeler le paysage territorial. L'exposé des motifs de la proposition de loi[31] est assez éclairant sur le constat de la situation : il souligne le coût de l'organisation du bloc communal, l'existence de doublons entre le niveau communal et le niveau intercommunal dans un contexte de raréfaction des ressources, causé notamment par une baisse des dotations de l'État.

Les objectifs poursuivis par les signataires de la proposition étaient énoncés dans les termes suivants :

> « Elle a pour ambition d'améliorer le dispositif existant de la commune nouvelle afin d'aller vers des communes fortes et vivantes. Cet objectif se justifie d'autant plus aujourd'hui, à l'heure où les EPCI sont appelés à croître. Il s'agit avec ce texte de concilier l'extension des périmètres intercommunaux avec la nécessaire et indispensable proximité pour certains services. »

Les dispositions introduites par la loi afin de favoriser la création de communes nouvelles comprenaient un volet financier important, notamment en garantissant la stabilité de la dotation globale de fonctionnement (DGF)[32] pour les communes nouvelles créées au plus tard le 1er janvier 2016 dont la population est inférieure

29. Sénat, *Rapport d'information n° 495 (2009-2010) de MM. Alain Lambert, Yves Détraigne, Jacques Mézard et Bruno Sido, fait au nom de la Délégation aux collectivités territoriales*, déposé le 25 mai 2010, p. 42 et s.
30. Loi n° 2015-292 du 16 mars 2015 relative à l'amélioration du régime de la commune nouvelle, pour des communes fortes et vivantes.
31. Proposition de loi relative à l'amélioration du régime de la commune nouvelle, pour des communes fortes et vivantes, déposée à l'Assemblée nationale le 3 octobre 2014.
32. Sur le contenu précis de la mesure, voir V. AUBELLE, « Les conditions de fluidification du fonctionnement de la commune nouvelle », *AJCT* 2015, p. 88.

ou égale à 10 000 habitants ou qui comprennent toutes les communes membres d'un ou plusieurs EPCI à fiscalité propre. Cette mesure est applicable les trois premières années suivant leur création[33].

L'article 159 de la loi de finances pour 2018[34] a pérennisé le dispositif de stabilité des dotations pour les communes nouvelles en 2018 et en 2019, c'est-à-dire au bénéfice des communes nouvelles créées entre le 2 janvier 2017 et le 1er janvier 2019. Elles bénéficieront donc de garanties sur le montant de leurs attributions au titre de la dotation forfaitaire et des dotations de péréquation (DSU, DSR, DNP) pendant les trois années suivant leur création[35]. Le seuil pour bénéficier de ces mesures financières a été fortement relevé, de 15 000 à 150 000 habitants.

La loi de 2015 a permis la création de nombreuses communes nouvelles[36], les incitations financières ayant sans nul doute joué un rôle positif. Un premier bilan des enjeux entourant la création de ces communes nouvelles est possible à partir de deux études : le *Panorama des communes nouvelles* de l'Association des maires de France[37] et l'enquête « Communes nouvelles : où en êtes-vous ? » de la Caisse des dépôts[38]. La première de ces études comprend un bilan du coût pour les finances publiques des différents dispositifs d'accompagnement en rappelant que ce coût est nul dans la mesure où les avantages financiers attribués aux communes nouvelles sont financés au sein de l'enveloppe de la DGF des communes et des intercommunalités. La seconde étude est très éclairante sur plusieurs points. Elle permet d'abord de souligner que la « redynamisation » locale est un facteur explicatif du succès des communes nouvelles (développement de services publics, développement de projets). Cependant, les facteurs incitatifs, notamment financiers, semblent également jouer un rôle important : les avantages financiers ont permis le maintien de services et l'octroi de capacités d'investissement même si l'enquête démontre que le renforcement de la mutualisation des équipements et des services publics dans une stratégie d'économie d'échelle l'emporte sur les considérations financières immédiates, pour les communes nouvelles de plus de 5 000 habitants. L'autre constat important est l'absence de hausse généralisée des

33. Article L. 2113-20 CGCT. Une majoration de 5 % de la dotation forfaitaire des communes concernées regroupant une population comprise entre 1 000 et 10 000 habitants est également prévue par le même article. Par ailleurs, l'article L. 2113-22 du même code comprend des dispositions concernant la dotation nationale de péréquation, la dotation de solidarité urbaine et de cohésion sociale et la dotation de solidarité rurale.

34. Loi nº 2017-1837 du 30 décembre 2017 de finances pour 2018.

35. Ces dispositions sont codifiées aux articles L. 2113-20 et L. 2113-22 CGCT.

36. Il ne faut pas pour autant oublier l'autre texte important dans cette dynamique : la loi du 8 novembre 2016 tendant à permettre le maintien des communes associées, sous forme de communes déléguées, en cas de création d'une commune nouvelle.

37. AMF, *Panorama des communes nouvelles*, par V. AUBELLE, mars 2017, 96 p.

38. Caisse des dépôts et AMF, enquête « Communes nouvelles : où en êtes-vous ? », 12 novembre 2017, 48 p.

dépenses de fonctionnement et l'octroi de marges de manœuvre financière et non-financière (comme davantage de flexibilité et une meilleure répartition en fonction des besoins) ainsi que de meilleures possibilités d'investissement.

La taille des acteurs locaux renvoie directement à la question de l'ingénierie territoriale, notamment au niveau des intercommunalités. En effet, leur taille influence directement les offres en matière d'ingénierie. Selon un très intéressant rapport réalisé il y a quelques années[39], les petites entités n'offrent pas d'ingénierie : ils ont constaté « une relation positive entre la taille des collectivités et la structuration d'une offre d'ingénierie : plus les collectivités sont importantes, plus elles ont tendance à disposer d'une offre en matière d'ingénierie, et inversement ». L'une des explications révélées par l'enquête concerne le manque de moyens humains et la surcharge de travail des agents, à côté notamment d'offres d'ingénierie proposées par d'autres acteurs. Ce constat a été renouvelé plus récemment par les sénateurs dans les termes suivants qui traduisent parfaitement la situation :

> « En raison du coût élevé de l'ingénierie, il existe une véritable fracture entre les collectivités. Seules celles d'une certaine taille – régions, départements et EPCI/communes les plus importants – ont réellement les moyens de se doter de personnels d'encadrement et d'ingénierie en nombre suffisant. Les petites collectivités n'ont quant à elles pas les moyens de s'appuyer sur une réelle capacité d'expertise, ni en interne faute de personnel, ni en externe faute de crédits pour financer les bureaux d'études[40]. »

Cette situation est d'autant plus problématique au regard du contexte dans lequel évoluent aujourd'hui les acteurs locaux. En effet,

> « le développement de l'ingénierie publique territoriale devient une condition nécessaire de l'autonomie des collectivités territoriales, et de leur capacité à concevoir et mettre en œuvre des projets d'aménagement du territoire »[41].

La question des moyens financiers retrouve encore une fois toute son importance dans la mesure où elle est directement liée au développement de l'ingénierie et à l'autonomie des collectivités.

Au-delà des dispositions relatives aux réformes territoriales elles-mêmes, et dans la continuité de ces dernières, plusieurs réformes adoptées ces dernières années contribuent à contraindre les finances des collectivités territoriales.

---

39. AdCF, ADF, rapport *Territoires ingénieux : l'ingénierie au service de l'autonomie locale*, 31 mars 2014, p. 24 et s.
40. Sénat, *Rapport d'information n° 565 (2016-2017) d'Hervé Maurey et Louis-Jean de Nicolay, fait au nom de la commission de l'aménagement du territoire et du développement durable*, déposé le 31 mai 2017, p. 85.
41. *Op. cit.*, p. 85

II. L'ingénierie territoriale, les moyens et les contraintes financières des collectivités

Au-delà des réformes territoriales, l'évolution des financements, plus précisément l'évolution des modalités et des niveaux de financement des acteurs locaux, peut impacter les moyens des collectivités, l'exercice de leurs missions et donc, au final, l'ingénierie territoriale. À ce titre, les collectivités et les EPCI ont été confrontés ces dernières années à la baisse sensible des dotations de l'État (A) et sont aujourd'hui confrontés à la « contractualisation » de l'évolution de leurs dépenses de fonctionnement (B).

A. La baisse des concours de l'État

La baisse des concours versés par l'État a bien sûr une conséquence directe et importante sur les ressources des collectivités. En effet, les dotations permettent de garantir un « niveau suffisant de ressources locales »[42] : au-delà de la question de la définition et du niveau des ressources propres, les dotations peuvent en effet garantir aux collectivités un niveau de recettes suffisant et, s'agissant spécifiquement des dotations de péréquation, une forme d'« égalité d'accès de toutes les collectivités à ces recettes ». La diminution desdites ressources agit mécaniquement sur le niveau de leurs dépenses de fonctionnement, mais aussi d'investissement. Concernant ces dernières, les collectivités ont la possibilité de recourir à l'emprunt en vue de compléter leur épargne brute et ainsi de continuer à investir. En revanche, la diminution des recettes de fonctionnement commence à avoir, et aura sans doute de manière encore plus importante à l'avenir, des conséquences sur les dépenses de fonctionnement et donc sur l'offre de services proposée par les collectivités. En effet, afin de préserver leurs capacités d'autofinancement, les collectivités vont être amenées à faire des efforts concernant la maîtrise des dépenses de fonctionnement[43].

La dotation globale de fonctionnement (DGF) a été créée par la loi du 3 janvier 1979[44] dans un contexte marqué par « la responsabilisation des collectivités locales » avant qu'elle ne soit utilisée afin de « faire participer les collectivités à la

42. A. HASTINGS-MARCHADIER, « Dotations et autonomie financière locale : pour une affirmation du rôle des dotations dans l'approche conceptuelle de l'autonomie », *in* M. LEROY (dir.), *L'autonomie financière des collectivités territoriales*, Economica, coll. « Finances publiques », janvier 2017, p. 179.
43. Pour un bilan très récent de l'ensemble de ces éléments, voir le rapport de l'Observatoire des finances et de la gestion publique locales, *Les finances des collectivités locales en 2018 : état des lieux*, juillet 2018, p. 13, p. 18 et p. 26.
44. Loi n° 79-15 du 3 janvier 1979 instituant une dotation globale de fonctionnement versée par l'État aux collectivités locales et à certains de leurs groupements et aménageant le régime des impôts directs locaux pour 1979.

maîtrise des budgets publics »[45]. Le quinquennat de François Hollande a été marqué par une certaine défiance des collectivités envers l'État, en raison de la baisse des dotations puis du vote d'une réforme de la DGF finalement jamais mise en œuvre[46].

Avec quelques années de recul, il est possible d'observer les effets de cette politique, étant entendu qu'une analyse très fine et très détaillée serait nécessaire afin d'observer les effets pour chaque collectivité[47]. À ce titre, le rapport de la Cour des comptes sur les finances locales fournit des éléments intéressants. Le rapport d'octobre 2017[48] permet de faire le point sur la situation de l'année 2016, année au cours de laquelle la DGF a diminué de 3,3 milliards d'euros (baisse de la dotation forfaitaire de 3,67 milliards, mais hausse des dotations de péréquation) :

> « Le gouvernement a choisi, dès 2014, de la répartir entre les niveaux de collectivités (bloc communal, départements et régions) en fonction de leur poids respectif dans les recettes locales. La part forfaitaire de la DGF des régions, des départements et du bloc communal a été diminuée en 2016 respectivement de 451 M€, 1 148 M€ et 2 071 M€. À l'inverse, la péréquation, qui ne représente que 14 % du montant total de la DGF, a augmenté de 317 M€ en 2016. Cette hausse a été financée pour moitié au sein de la DGF par un écrêtement sur les collectivités dont le potentiel fiscal est le plus important, et pour moitié par une minoration des allocations de compensations d'exonérations, appelées "variables d'ajustement", qui figurent dans l'enveloppe normée des concours financiers de l'État. »

Les précédents rapports rendus en 2015 et 2016 faisaient également état de la baisse des concours de l'État. La garantie offerte par le mécanisme des dotations semble alors altérée : leur caractère « prévisible » et « évolutif »[49] est remis en cause au point d'inquiéter les collectivités.

La question suivante se pose alors : les acteurs locaux compensent-ils (ou non) la réduction des dotations par l'accroissement du niveau de taxation de leurs contribuables ? Françoise Navarre résume parfaitement la question de la manière suivante :

45. C. Allé, « La contrainte budgétaire : moteur des transformations des finances locales en France », *in* M. Houser et G. Gourgues (dir.), *Austérité et rigueur dans les finances locales : une approche comparative et pluridisciplinaire*, L'Harmattan, juin 2017, p. 51.

46. Voir *supra*.

47. Les évolutions de la DGF constatées ces dernières années ont pu, en effet, conduire à des situations paradoxales et nuancées selon les collectivités : certaines communes ont par exemple subi une baisse importante de leur dotation, avant de constater une hausse annulant les baisses intervenues lors des dernières années.

48. C. comptes, *Les finances locales, Rapport sur la situation financière et la gestion des collectivités territoriales et de leurs établissements publics*, octobre 2017, 510 p.

49. Pour reprendre les termes d'A. Hastings-Marchadier, art. cit.

> « Ils élèveraient alors, au moins partiellement, la charge des prélèvements, préservant cependant l'équilibre budgétaire et le mode de fonctionnement local. L'exercice, à l'intérieur des limites légales, de leur autonomie fiscale et d'un pouvoir décentralisé les amènerait à s'inscrire en faux contre les orientations d'ensemble »[50] [autrement dit à l'encontre de la logique d'ajustement des niveaux de dépenses locales et d'une incidence sur la gestion et l'action local].

> « Si les recettes des APUL rapportées au PIB croissent entre 2007 et 2017, c'est du fait de la seule dynamique spontanée des prélèvements obligatoires, régulièrement supérieure à celle du PIB du fait notamment du dynamisme des bases de la taxe d'habitation et de la taxe foncière. Les hausses de taux de la fiscalité locale, opérées sur l'ensemble de la période, permettent *in fine* de compenser presque intégralement la baisse des prélèvements obligatoires induite par la réforme de la taxe professionnelle et celle des concours de l'État aux collectivités locales[51]. »

Ces dernières années, la situation financière des collectivités semble s'améliorer[52] : les recettes de fonctionnement du bloc communal sont en progression continue depuis 2012, l'« effet-ciseaux » constaté depuis plusieurs années au niveau des départements semble remis en cause et les régions ont réussi à compenser la stagnation de leurs produits de fonctionnement par une diminution de leurs charges de fonctionnement. Les données les plus récentes démontrent des efforts de la part des acteurs locaux en termes de dépenses « sous l'effet d'une réduction des dotations » dès 2015[53]. Si l'on reprend les dernières données connues (celles de 2017), le rapport de l'Observatoire de la gestion et des finances publiques locales[54] démontre une hausse des dépenses de fonctionnement de 1,9 % (dont une hausse de 2,6 % des frais de personnel) et des recettes de fonctionnement dynamiques (en progression de 2,3 %). Au sein de ces recettes, les recettes fiscales issues des impôts locaux sont en hausse de 3 %, principalement en raison d'un effet base et pas d'un effet taux[55].

---

50. Fr. NAVARRE, « La fiscalité locale, une fonction d'ajustement potentielle plutôt qu'effective », *in* M. HOUSER et G. GOURGUES (dir.), *Austérité et rigueur dans les finances locales : une approche comparative et pluridisciplinaire*, L'Harmattan, juin 2017, p. 87.
Cette question se pose naturellement dans un contexte de révision des valeurs locatives des locaux professionnels et, peut-être, prochainement de révision des valeurs locatives des locaux d'habitation.
51. C. comptes, *Rapport sur la situation et les perspectives des finances publiques*, juin 2018, p. 82.
52. C. comptes, *Rapport sur les finances locales*, précité.
53. C. comptes, *Rapport sur la situation et les perspectives des finances publiques*, précité, p. 70 et s.
54. Observatoire des finances et de la gestion publique locales, *Les finances des collectivités locales en 2018 : état des lieux*, juillet 2018, 194 p.
55. Observatoire des finances et de la gestion publique locales, *op. cit.*, p. 18 et annexe 8 du rapport. Voir également le rapport de la Direction générale des collectivités locales, *Les collectivités locales en chiffres 2018*, mai 2018, p. 63 et p. 117.

La question de la contrainte financière se pose avec une acuité particulière pour les départements, qui ont connu des difficultés financières ces dernières années et qui offrent des services d'ingénierie en régie ou sous forme d'établissements publics administratifs, conformément à l'article L. 5511-1 du CGCT[56].

> « Pour les départements, c'est la contrainte financière globale qui prédomine et les amène à réexaminer l'ensemble de leurs dépenses non obligatoires, et en particulier les subventions aux associations, mais aussi aux communes et communautés [...]. Le développement de l'offre d'ingénierie, en lien avec une conditionnalité accrue des aides, est ainsi une réponse à la raréfaction des enveloppes de subventions aux communes et communautés ; les conseils fournis visent une optimisation du rapport coût/avantages des équipements. Partant de là, il est probable que la dépense d'ingénierie devienne partie intégrante du coût final de l'opération. Elle demeurera formellement gratuite, mais le financement départemental sera réduit d'autant »[57].

Malgré ces constats, aucun « toilettage » général des textes applicables à la DGF n'a été réalisé. On constate principalement un écrêtement de la part forfaitaire de la DGF afin de financer la part relative à la péréquation. De manière semblable, aucune réflexion d'ensemble ne semble se dessiner derrière les réformes des finances locales menées depuis 2010 : l'exemple de la réforme de la taxe d'habitation[58] est assez éclairant puisque cette réforme a été conduite sans réflexion sur l'évolution des dotations, la question de la compensation « à l'euro près » du dégrèvement législatif ayant occupé l'essentiel des débats. Le rapport Richard-Bur[59] remis au gouvernement en mai 2018 n'a pas initié de véritable réflexion sur la réforme des concours financiers versés par l'État.

B. La contractualisation entre l'État et les collectivités/groupements

Deux mouvements aux effets relativement incertains agitent les acteurs locaux : la réforme de la taxe d'habitation et la contractualisation de l'État avec les collectivités et leurs groupements. Ces questions ne semblent pas directement liées à l'ingénierie territoriale, mais elles impacteront nécessairement le niveau et la nature des dépenses des acteurs locaux. Face à la portée et à l'ampleur incertaines de la

---

56. Cet article dispose que : « Le département, des communes et des établissements publics intercommunaux peuvent créer entre eux un établissement public dénommé agence départementale. Cette agence est chargée d'apporter, aux collectivités territoriales et aux établissements publics intercommunaux du département qui le demandent, une assistance d'ordre technique, juridique ou financier. »

57. AdCF, ADF, rapport *Territoires ingénieux : l'ingénierie au service de l'autonomie locale*, 31 mars 2014, p. 51.

58. Article 5 de la loi n° 2017-1837 du 30 décembre 2017 de finances pour 2018.

59. Mission « Finances locales », *Rapport sur la refonte de la fiscalité locale*, 9 mai 2018, 153 p.

réforme de la taxe d'habitation et de la fiscalité locale en général[60], il convient de s'arrêter sur la demande (l'injonction ?) de maîtrise des dépenses locales formulée par le gouvernement, qui suscite des inquiétudes et des critiques de la part des élus locaux.

En effet, l'article 29 de la loi de programmation des finances publiques pour les années 2018 à 2022[61] a prévu un dispositif controversé de contractualisation entre l'État et les 322 collectivités et établissements de coopération intercommunales les plus importants[62]. Cette mesure se substitue à la baisse de la DGF décidée par les gouvernements successifs depuis plusieurs années : le montant de la dotation pour 2018 est donc stable par rapport à celle de 2017. Une circulaire du 16 mars dernier[63] est venue préciser le dispositif législatif : il s'agit de limiter la progression des dépenses réelles de fonctionnement des collectivités locales et des EPCI à 1,2 % par an pendant les cinq prochaines années, d'améliorer le besoin de financement des collectivités et d'atteindre des objectifs en termes de capacité de désendettement. Le Conseil constitutionnel a validé ce dispositif en soulignant notamment les facultés d'adaptation du pourcentage de progression des dépenses de fonctionnement[64]. En effet, des modulations de l'objectif d'évolution des dépenses réelles de fonctionnement sont possibles, en fonction de certaines caractéristiques de la collectivité[65].

L'appréciation de l'évolution des dépenses réelles de fonctionnement devra prendre en compte les éléments susceptibles d'affecter la comparaison sur plusieurs années comme les changements de périmètre budgétaire, les changements de périmètre géographique (tel la modification du territoire d'un EPCI ou la création d'une commune nouvelle), les transferts de compétences (notamment les effets en année pleine des transferts de compétences intervenus en 2017) ou encore les transferts de charges entre une commune et un EPCI.

---

60. Annoncée au sein d'une loi de finances rectificative au premier semestre 2019, par le Premier ministre, Édouard Philippe, lors d'une réunion de l'instance de dialogue de la Conférence nationale des territoires le 4 juillet 2018.

61. Loi n° 2018-32 du 22 janvier 2018 de programmation des finances publiques pour les années 2018 à 2022.

62. Au 30 juin 2018, échéance fixée par la loi de programmation, 70 % des collectivités et établissements concernés s'étaient engagés auprès de l'État (soit 228 au total dont 55 présidents d'EPCI et 43 présidents de conseils départementaux).

63. Instruction interministérielle NINTB1806599J relative à la mise en œuvre des articles 13 et 29 de la loi n° 2018-32 du 22 janvier 2018 de programmation des finances publiques pour les années 2018 à 2022.

64. Cons. const., *Décision n° 2017-760 DC du 18 janvier 2018, Loi de programmation des finances publiques pour les années 2018 à 2022.*

65. Il s'agit de : la démographie, la construction de logements, le revenu moyen par habitant, la population résidant dans des quartiers prioritaires de la politique de la ville, l'évolution des dépenses en question entre 2014 et 2016.

L'incertitude demeure quant aux effets de cette contractualisation sur la progression des dépenses de fonctionnement[66]. Les collectivités signataires des « contrats » et les non-signataires entrant tout de même dans le champ d'application de la loi[67] respecteront-elles les contraintes imposées par l'État ? Restreindront-elles la progression de leurs dépenses de fonctionnement ? En tout état de cause, ces « contrats » ne prennent pas en compte les recettes d'exploitation des services (celles qui dégagent des excédents pourraient donc tout de même être sanctionnées en raison de l'évolution de leurs dépenses de fonctionnement). De plus, les conséquences des mesures décidées unilatéralement par l'État ne sont pas exclues de l'appréciation de la progression des dépenses réelles de fonctionnement[68], ce qui biaise la mesure.

Au final, si les finances publiques semblent éloignées des débats sur l'ingénierie territoriale, et alors que les discussions autour des questions financières ne laissent pas véritablement de la place au sujet de l'ingénierie, analyser la situation des collectivités territoriales au regard de l'ingénierie rend nécessaire un point de vue financier. L'environnement financier mouvant dans lequel se situent ces dernières doit être gardé à l'esprit, d'autant plus qu'il est encore amené à évoluer dans les prochaines années.

Bibliographie

- AdCF, ADF, rapport *Territoires ingénieux : l'ingénierie au service de l'autonomie locale*, 31 mars 2014, 88 p.
- ALLÉ C., « La contrainte budgétaire : moteur des transformations des finances locales en France », *in* M. HOUSER et G. GOURGUES (dir.), *Austérité et rigueur dans les finances locales : une approche comparative et pluridisciplinaire*, L'Harmattan, juin 2017, p. 51.
- AMF, *Panorama des communes nouvelles*, par V. AUBELLE, mars 2017, 96 p.
- ASSEMBLÉE NATIONALE, *Rapport d'information sur la dotation globale de fonctionnement du bloc communal*, par Christine Pires-Beaune et Véronique Louwagie, 13 juillet 2016, 98 p.

66. Dans son rapport sur la situation et les perspectives des finances publiques de 2018 précité, la Cour des comptes exprime des inquiétudes sur la réalisation incertaine du ralentissement des dépenses de fonctionnement prévu par le programme de stabilité de 2018, qui nécessitera un effort important en termes de maîtrise de la masse salariale (p. 109 et s.).

67. Qui en cas de non-respect du plafond de progression seront soumises à des sanctions encore plus lourdes.

68. Voir le compte-rendu de la conférence de presse de l'Association des maires de France, de l'Assemblée des départements de France, et de Régions de France du 10 avril 2018 qui plaident en ce sens, *La Semaine Juridique – Administrations et collectivités territoriales* 16 avril 2018, n° 15, act. 383.

- AUBELLE V., « Les conditions de fluidification du fonctionnement de la commune nouvelle », *AJCT* 2015, p. 88.
- CAISSE DES DÉPÔTS, « Quand l'ingénierie territoriale devient une variable d'ajustement des collectivités », Actualités de *Localtis*, 23 mai 2017.
- CAISSE DES DÉPÔTS et AMF, Enquête « Communes nouvelles : où en êtes-vous ? », 12 novembre 2017, 48 p.
- COUR DES COMPTES, *« Les finances locales », Rapport sur la situation financière et la gestion des collectivités territoriales et de leurs établissements publics*, octobre 2017, 510 p.
- COUR DES COMPTES, *Rapport sur la situation et les perspectives des finances publiques*, juin 2018, 181 p.
- DIRECTION GÉNÉRALE DES COLLECTIVITÉS LOCALES, *Les collectivités locales en chiffres 2018*, mai 2018, 124 p.
- HASTINGS-MARCHADIER A., « Dotations et autonomie financière locale : pour une affirmation du rôle des dotations dans l'approche conceptuelle de l'autonomie », *in* M. LEROY (dir.), *L'autonomie financière des collectivités territoriales*, Economica, coll. « Finances publiques », janvier 2017, p. 179.
- HOUSER M., « Le volet intercommunal de la loi MAPAM : de nouvelles perspectives offertes aux acteurs locaux », *AJCT* 2014, p. 288.
- HOUSER M., « Loi de finances initiale pour 2016 et loi de finances rectificative pour 2015 : la mise en œuvre des lois MAPTAM et NOTRe. Un contexte financier en pleine mutation », *AJCT* 2016, p. 33.
- INSPECTION GÉNÉRALE DES FINANCES ET INSPECTION GÉNÉRALE DE L'ADMINISTRATION, *Les mutualisations au sein du bloc communal*, décembre 2014, 62 p.
- NAVARRE Fr., « La fiscalité locale, une fonction d'ajustement potentielle plutôt qu'effective », *in* M. HOUSER et G. GOURGUES (dir.), *Austérité et rigueur dans les finances locales : une approche comparative et pluridisciplinaire*, L'Harmattan, juin 2017, p. 87
- OBSERVATOIRE DES FINANCES ET DE LA GESTION PUBLIQUE LOCALES, *Les finances des collectivités locales en 2018 : état des lieux*, juillet 2018, 194 p.
- PAULIAT H., « Ingénierie territoriale : nouvelle culture professionnelle de services de l'État ou nouvelle recentralisation de compétences locales ? », *La Semaine Juridique – Administrations et collectivités territoriales* 18 avril 2016, n° 15, act. 325.
- PIRES-BEAUNE Ch. et GERMAIN J., Rapport *Pour une dotation de fonctionnement équitable et transparente : osons la réforme !*, 15 juillet 2015, 162 p.
- RANGEON Fr., « Les effets du redécoupage régional », *in* J.-Cl. NEMERY (dir.), *Quelle organisation pour les grandes régions en Europe ?* L'Harmattan, p. 227.
- SÉNAT, *Rapport d'information n° 495 (2009-2010) d'Alain Lambert, Yves Détraigne, Jacques Mézard et Bruno Sido, fait au nom de la Délégation aux collectivités territoriales*, déposé le 25 mai 2010, 151 p.

- Sénat, *Rapport n° 658 (2013-2014) de Michel Delebarre, fait au nom de la Commission spéciale sur la délimitation des régions*, déposé le 26 juin 2014, 180 p.
- Sénat, *Rapport d'information n° 565 (2016-2017) d'Hervé Maurey et Louis-Jean de Nicolay, fait au nom de la commission de l'aménagement du territoire et du développement durable*, déposé le 31 mai 2017, 126 p.

FORCES ET FAIBLESSES DES SCIC COMME OUTIL DU DÉVELOPPEMENT ÉCONOMIQUE LOCAL[1]

par

Claude DEVÈS

Professeur émérite de droit public
Université de Clermont-Ferrand

Le schéma régional de développement économique, d'innovation et d'internationalisation (SRDEII) prévu à l'article L. 4251-13 du Code général des collectivités territoriales (art. 2 de la loi nº 2015-991 du 7 août 2015 portant nouvelle organisation territoriale de la République) consacre de manière officielle le rôle de l'économie sociale et solidaire dans l'action de la région, et subsidiairement des autres collectivités, en faveur du développement économique.

Ce schéma définit les orientations en matière de développement de l'économie sociale et solidaire en s'appuyant notamment sur les propositions formulées au cours des conférences régionales de l'économie sociale et solidaire. Celui-ci confirme, de ce point de vue, la reconnaissance juridique de ce secteur, par le biais de l'article 1er de la loi nº 2014-856 du 31 juillet 2014 relative à l'économie sociale et solidaire, même si historiquement le fondement doit en être recherché dans la grande loi nº 47-1775 du 10 septembre 1947 portant statut de la coopération.

1. Cet article reprend et complète la communication présentée à l'occasion du colloque du 6 avril 2018 « L'ingénierie territoriale face au défi du développement économique dans les ruralités », Institut d'Auvergne du Développement des Territoires (IADT), Clermont-Ferrand.

Si le mouvement coopératif a vécu, dans les années 1970, des heures difficiles, en revanche, à partir des années 2000, celui-ci a connu une sorte de renouveau, car il a été considéré comme permettant de relancer l'économie et de créer des emplois nouveaux[2].

La création de la société coopérative d'intérêt collectif (SCIC) par la loi nº 2001-624 du 17 juillet 2001 (art. 36) se situe clairement dans cette perspective pour lutter contre le faible développement des coopératives depuis quelques années, et créer ainsi une nouvelle forme de statut permettant à des activités ayant une utilité sociale d'échapper aux limites du statut associatif.

Cela dit, cette apparition de la SCIC dans la galaxie du mouvement coopératif n'est pas sans ambiguïté. D'une part, celle-ci bénéficie d'un régime juridique qui déroge sur plusieurs points au droit commun de la coopération, dérogation de nature à créer un trouble sur sa véritable nature. D'autre part, les deux lois de 2001 et 2014 font désormais des collectivités territoriales, de leurs groupements et des établissements publics territoriaux des partenaires de l'économie sociale et solidaire dans l'élaboration des projets.

Ainsi, la SCIC peut être envisagée comme un acteur privilégié du développement territorial dans des secteurs en difficulté lorsque notamment les mécanismes du marché ne permettent pas soit de satisfaire les besoins des populations, soit d'accéder dans de bonnes conditions à certains services. En d'autres termes, le « a-capitalisme »[3] vient au secours de la défaillance du marché.

La SCIC présente incontestablement certaines potentialités comme support de politiques publiques locales (I), mais le recours à cette forme juridique n'en comporte pas moins certaines interrogations sur les faiblesses de cet instrument juridique (II).

I. Les potentialités de la SCIC comme support de politiques publiques locales

Dans des secteurs ruraux ou urbains déprimés dans lesquels il est parfois difficile de faire émerger des projets de développement, la SCIC peut offrir une solution pour assurer cette innovation sociale que les mécanismes et instruments de l'économie classique sont incapables de porter.

---

2. M.-N. Lienemann, *« Les coopératives en France, un atout pour le redressement économique, un pilier de l'économie sociale et solidaire », Rapport d'information sur l'économie sociale et solidaire*, Sénat, nº 707, 25 juillet 2012, *https://www.senat.fr/rap/r11-707/r11-7071.pdf.*

3. D. Hiez, « Le cadre juridique de l'entreprise non capitaliste, clé de distinction entre l'entreprise sociale et l'entreprise d'économie sociale et solidaire », *Revue Internationale de l'Économie Sociale (RECMA)* 2013, nº 327, p. 95-103.

L'intérêt d'une telle structure se situe principalement dans la vision de plus en plus évolutive de la notion d'utilité sociale à laquelle la loi et la jurisprudence renvoient (A) et peut-être plus encore dans son mode d'organisation (B).

A. La vision évolutive de l'utilité sociale

Cette dernière notion est au cœur de la loi précitée du 17 juillet 2001, et le décret nº 2002-241 du 21 février 2002 précise sur ce point, dans son article 3 :

> « Pour apprécier le caractère d'utilité sociale du projet, le préfet tient compte notamment de la contribution que celui-ci apporte à des besoins émergents ou non satisfaits, à l'insertion sociale et professionnelle, au développement de la cohésion sociale, ainsi qu'à l'accessibilité aux biens et aux services. »

Certes, la loi nº 2012-387 du 22 mars 2012 supprime par ailleurs l'agrément du préfet pour la création d'une SCIC, mais le décret de 2002 est toujours en vigueur et laisse donc aux initiateurs d'une SCIC une large palette d'actions.

La loi de 2014 redéfinit l'utilité sociale propre à certaines entreprises de la manière suivante. Pour l'article 2 de celle-ci,

> « sont considérées comme poursuivant une utilité sociale au sens de la présente loi les entreprises dont l'objet social satisfait à titre principal à l'une au moins des trois conditions suivantes :
>
> 1° Elles ont pour objectif d'apporter, à travers leur activité, un soutien à des personnes en situation de fragilité soit du fait de leur situation économique ou sociale, soit du fait de leur situation personnelle et particulièrement de leur état de santé ou de leurs besoins en matière d'accompagnement social ou médico-social. Ces personnes peuvent être des salariés, des usagers, des clients, des membres ou des bénéficiaires de cette entreprise.
>
> 2° Elles ont pour objectif de contribuer à la lutte contre les exclusions et les inégalités sanitaires, sociales, économiques et culturelles, à l'éducation à la citoyenneté, notamment par l'éducation populaire, à la préservation et au développement du lien social ou au maintien et au renforcement de la cohésion territoriale.
>
> 3° Elles concourent au développement durable dans ses dimensions économique, sociale, environnementale et participative, à la transition énergétique ou à la solidarité internationale, sous réserve que leur activité soit liée à l'un des objectifs mentionnés aux 1° et 2° ».

Cet élargissement de l'utilité sociale a été théorisé dans un certain nombre de documents élaborés dans la mouvance du mouvement coopératif[4]. L'agence de valorisation des initiatives socio-économiques (AVISE) et l'Inter-Réseaux des SCIC ont publié récemment un document relatif aux SCIC, qui n'hésite pas à les présenter comme une entreprise d'utilité sociale au service des territoires[5].

Pour le *think tank* Cap Rural, du fait de sa capacité à associer différentes parties prenantes, y compris des collectivités territoriales, la SCIC peut ainsi devenir un « des outils incontournables de l'intérêt général »[6], notamment pour des territoires en marge du marché et pour lesquels des besoins d'ordre social, mais aussi agricole, culturel, environnemental et touristique doivent être satisfaits pour sauver justement lesdits territoires.

La circulaire du 18 avril 2002 est d'autant plus importante pour encadrer cette notion d'utilité sociale que la suppression de l'agrément n'était pas, au départ, faite pour rassurer les porteurs de projet, et sa suppression laisse désormais champ libre à toute interprétation. Il est bon de préciser que la notion d'utilité sociale est visée par de nombreux textes législatifs repris par certains codes, et analysée par la jurisprudence.

Cette notion d'utilité sociale est toutefois plus précise que celle d'intérêt social que le gouvernement souhaite faire admettre dans les statuts des entreprises. L'article 59 du projet de loi relatif à la croissance à la transformation des entreprises (PACTE), reprenant les recommandations d'un rapport de J.-D. Sénard et N. Notat, vise à en consacrer la notion sans en donner une définition précise pour faire admettre dans la gestion des sociétés que ces dernières ne sont pas tournées uniquement vers la défense d'intérêts particuliers, mais poursuivent un intérêt autonome et des fins qui leur sont propres, notamment *« en considération des enjeux sociaux et environnementaux »*[7].

La notion d'utilité sociale est donc plus restrictive, car elle vise des objectifs plus désintéressés relevant de la sphère du social, voire de ce que l'on qualifie d'activités à but non lucratif.

---

4. A. LIPIETZ, *L'opportunité d'un nouveau type de société à vocation sociale*, Rapport relatif à la lettre de mission du 17 septembre 1998.

5. « Les SCIC et les collectivités », *Points de repères*, juin 2015, *https://www.avise.org/ressources/les-scic-et-les-collectivites*.

6. Cap Rural, « Ressources pour le développement local », avril 2016, *http://www.caprural.org/co-construire/questions-reponses/4063-scic-et-developpement-local*.

7. Projet de loi relatif à la croissance et la transformation des entreprises (PACTE), NOR : ECOT1810669L/Rose-1 ; Voir rapport J.-D. SÉNARD et N. NOTAT, *L'entreprise, objet d'intérêt collectif*, 9 mars 2018, 123 p., *www.economie.gouv.fr/*.

Dans une décision du 30 novembre 1995[8], la Cour de cassation tente de définir l'utilité sociale en partant des conditions de fonctionnement d'un organisme. L'attendu principal précise :

> « En mentionnant les fondations et associations reconnues d'utilité publique à but non lucratif dont l'activité est de caractère social, le législateur a entendu exonérer du versement de certaines taxes, certaines fondations et associations dont l'activité présente, outre un caractère non lucratif, une utilité sociale. »

Devant le Conseil d'État, le commissaire du gouvernement Delmas-Marsalet, dans ses conclusions relatives à l'arrêt du 30 novembre 1973[9] indiquait notamment :

> « Le caractère d'utilité sociale d'une institution ne découle pas du secteur dans lequel elle exerce son activité, mais bien des conditions dans lesquelles elle l'exerce. Tout secteur d'action socio-économique, qu'il s'agisse de la santé, de l'éducation, de la culture ou, demain, de la protection de l'environnement, peut donner lieu à des activités sociales. »

La circulaire de 2002 précise que cette notion d'utilité sociale recouvre à la fois des objectifs d'intérêt général et des modalités spécifiques d'exercice de l'activité.

Sur le premier point, il peut s'agir de toute activité tendant à prévenir ou à lutter contre les facteurs de désagrégation sociale, la violence, l'insécurité, l'isolement, ou plus généralement l'exclusion sociale, ou de toute activité visant à prévenir la dégradation ou à protéger l'environnement ou le patrimoine dans un territoire donné pour les générations futures.

Sur le second point, les modalités spécifiques d'exercice de l'activité la distinguent de celles d'une part d'une société commerciale classique, notamment en raison de la nature du service ou du produit correspondant par exemple à un besoin non satisfait ou satisfait dans des conditions différentes de celles offertes par le marché, d'autre part du public auquel le service ou le produit s'adresse ou du prix proposé modulé ou adapté aux possibilités de solvabilité du public cible.

L'intérêt collectif qui doit caractériser l'activité de la SCIC repose autant dans sa capacité à organiser une pratique de gestion démocratique qu'à répondre, en externe, aux besoins d'un territoire par la meilleure mobilisation possible des ressources de ce territoire au niveau économique et social.

Pour la circulaire, la SCIC peut intervenir dans le domaine de l'action sociale et assurer la gestion d'activités réglementées, énumérées à l'article 19 *quindecies* de la loi de 1947 précitée. Cet article habilite en effet les SCIC à exercer des activités d'utilité sociale réglementées, sous réserve de répondre, dans leur organisation et leur fonctionnement, aux conditions posées par la réglementation applicable, par exemple la gestion désintéressée dont le principe doit figurer dans les statuts.

---

8. Cass. soc., 30 novembre 1995, n° 93-18 511, n° 93-18 584, *Jurisdata* n° 1995-003425, *Gaz. Pal.*, 1996, 2, pan. Juris, p. 212.
9. CE 30 novembre 1973, *Association Saint-Luc, Clinique du Sacré-Cœur*, req. n° 85586-85598.

La circulaire donne les exemples suivants :

– l'aide à domicile (aide ménagère, garde d'enfants, assistance aux personnes âgées ou handicapées, aide sociale à l'enfance, etc.) ;
– l'insertion par l'activité économique des personnes sans emploi ;
– les actions d'animation socio-éducatives visant à prévenir la marginalisation et à faciliter la promotion sociale des jeunes et des familles ;
– les centres d'aide par le travail pour handicapés adultes ;
– les centres d'hébergement et de réinsertion sociale ;
– l'accueil et l'hébergement des bénéficiaires de l'aide sociale ;
– le logement à titre temporaire des personnes défavorisées ou la gestion d'aires d'accueil pour les gens du voyage ;
– le tourisme social.

Une carte interactive des SCIC peut être consultée sur le site des SCIC[10], et on pourra constater que plus de 690 SCIC étaient en activité en août 2017, alors qu'en 2011 leur nombre dépassait à peine la double centaine.

Figure

SCI : un essor accéléré depuis 2012

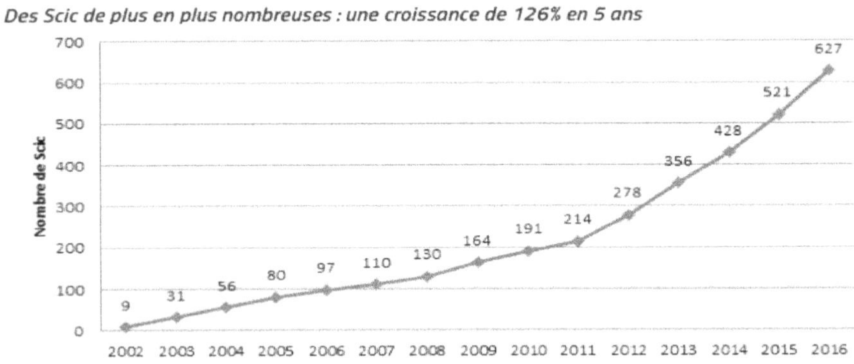

Source : « SCIC et collectivités, les chiffres », *http://rtes.fr/IMG/pdf/chiffresscic.pdf*.

La variété des domaines d'intervention, qui va aujourd'hui au-delà des exemples donnés par la circulaire de 2002, illustre le succès remporté par cette forme juridique (productions agricoles bio, énergies renouvelables, mobilités, valorisation

10. SCIC en activité, *http://www.les-scic.coop/sites/fr/les-scic/l-annuaire-scic/index.html*.

du patrimoine, culture, etc.). Une étude pilotée par le ministère de la Jeunesse, des Sports et de la Vie associative et l'AVISE envisage l'extension de la formule au domaine sportif.

Un rapport récent présenté par B. Amsalem au Conseil national du sport, intitulé *Sport et économie sociale et solidaire*, évoque l'application de la formule au développement du sport au même titre que d'autres dispositifs de l'économie sociale et solidaire[11].

B. Un mode d'organisation séduisant

Le statut de SCIC a trouvé sa forme actuelle en 2001, dans la loi précitée du 17 juillet 2001. Celui-ci est le résultat d'une longue réflexion pour trouver une nouvelle réponse au service du développement local, s'appuyant sur ce que l'on qualifie parfois de co-construction, c'est-à-dire d'un processus reposant sur une mise en forme d'interactions entre des acteurs afin que ceux-ci élaborent, à partir de leurs échanges, un projet d'innovation sociale qui n'aurait pas pu se construire autrement.

L'intérêt de la SCIC réside justement dans cette possibilité d'associer autour d'un même projet des acteurs multiples en s'inspirant des principes coopératifs (principe démocratique, principe de gestion altruiste, répartition encadrée des excédents), quitte à s'en écarter parfois.

Le mode d'organisation de la SCIC consacre ce que l'on appelle parfois un multisociétariat, qui est la traduction juridique du concept sociologique de co-construction[12].

L'article 19 *septies* de la loi de 2014 relative à la composition du sociétariat de la SCIC prévoit ainsi cinq catégories potentielles d'associés. La coexistence de ces diverses catégories d'associés (salariés, usagers, bénévoles, collectivités territoriales, entreprises, etc.) constitue un trait distinctif de la SCIC. Elle se justifie par la finalité même de cette forme de société, dont elle accuse ainsi la spécificité par le rapport au droit commun des coopératives qui repose sur l'unisociétariat.

Par ailleurs, le passage en SCIC des associations, nombreuses sur ce terrain de l'action publique locale, est encouragé par le législateur. La loi n° 2001-624 du 17 juillet 2001 a introduit à ce sujet, dans la loi initiale, un article 28 *bis* original que d'aucuns n'hésitent pas à qualifier de révolutionnaire[13]. Cet article indique

11. *Construire des prestations de services dans le secteur Sport*, janvier 2007, 37 p. ; *Rapport Amsalem, Sport et économie sociale et solidaire*, Conseil national du sport, 2017, 49 p., *www.sports.gouv.fr*.

12. F. Espagne, « Les coopératives à but social et le multisociétariat », *Revue des études coopératives, mutualistes et associatives (RECMA)*, 1999, n° 274, p. 72.

13. P. Le Vey, « Sociétés coopératives d'intérêt collectif », *Fasc. 170-90, Juriscl. Sociétés, Traité*, Lexis Nexis, juillet 2016.

qu'il est possible de transformer une association régie par la loi du 1er juillet 1901 en société coopérative sans qu'il y ait création d'une personne morale nouvelle. Jusqu'à cette date, il était unanimement considéré qu'une telle opération était juridiquement impossible, sauf à procéder à la dissolution préalable de l'association et créer une société qui reprenait totalement, ou partiellement, tout ou partie des éléments de l'actif de l'association. Il était également possible de procéder à un apport partiel d'actif à une société créée pour la circonstance.

Désormais, la transformation directe en société coopérative est possible. Il faut noter aussi que le nouvel article 28 *bis*, s'il pose un principe qui doit trouver une application juridique, ne résout pas les difficultés qui se présentent sur le plan fiscal et comptable. On indiquera que l'association ne peut se transformer qu'en une société coopérative ayant une activité analogue. La loi ne définit pas ce qu'il faut entendre par activité analogue. Sans doute faut-il entendre que la transformation d'une association ne doit pas toucher à son objet social. Celui-ci peut être, dans les statuts de la société, simplement affiné ou précisé, mais dans l'ensemble son économie doit rester la même.

La loi n'indique pas qui prend la décision et selon quelles modalités.

Le législateur a voulu faciliter le « passage » de la forme association à la forme société coopérative. Par ailleurs, la dissolution de l'association peut être décidée par son assemblée générale extraordinaire, ainsi d'ailleurs qu'un éventuel apport d'actif. Enfin, on peut, sans trop solliciter les textes ni la volonté du législateur, considérer que la transformation s'analyse, en définitive, en une simple modification statutaire. La décision appartient donc à l'organe qui, dans les statuts de l'association, est chargé de prendre les décisions relatives à la modification des statuts.

Par ailleurs, les alinéas 2 et 3 du nouvel article 28 *bis* fixent le régime juridique des réserves constituées avant la transformation de l'association et des fonds associatifs. Ils ne sont ni distribuables aux associés ni incorporables au capital.

En outre, les réserves constituées antérieurement à la transformation et le fonds associatif ne sont pas pris en compte pour le calcul de la valeur de remboursement de la part, lorsque l'un des membres perd la qualité d'associé, notamment en cas de résultat comptable négatif. Seules les réserves constituées postérieurement à la transformation sont prises en compte.

Afin d'assurer une sécurité juridique, la loi a prévu que tous les agréments, habilitations, conventions, subventions et avantages divers sont maintenus, sous réserve de la continuité de l'objet statutaire et du respect des règles de fonctionnement prévues par la forme juridique considérée.

L'article 19 *quaterdecies* de la loi indique également que toute société peut prendre la décision de modifier ses statuts pour les adapter aux dispositions régissant les SCIC sans création d'une personne morale nouvelle. Cet article reprend mot pour mot l'article 48 de la loi n° 78-763 du 19 juillet 1978 sur les SCOP. L'opération de transformation s'analyse comme une simple modification statutaire résultant d'une décision de l'assemblée générale extraordinaire et nécessite bien évidemment que la société remplisse les conditions pour être une SCIC et les dispositions du Code de commerce, à savoir l'article L. 224-3 dudit code permettant de vérifier la consistance des biens composant l'actif social de la société en transformation.

Cette forme d'encouragement à évoluer vers la SCIC pour des activités précédemment portées par une association loi 1901, voire une société, peut expliquer le succès remporté par cette forme juridique depuis quelques années. Dans un article paru il y a peu, les auteurs expliquent qu'une transformation en SCIC peut constituer un moyen de renforcer les liens entre vie bénévole, société civile et salariés permanents par la mise en place de collèges d'associés. La transformation donne ainsi naissance à une nouvelle gouvernance qui favorise la mobilisation de toutes les parties prenantes. Le recours à la SCIC, voire à tout autre statut coopératif, permet par ailleurs de mutualiser les moyens et les compétences en faveur d'un projet commun[14].

Parmi les associés, la loi de 2014 confirme et conforte le rôle des collectivités territoriales qui peuvent devenir associées dans la limite maximale de détention du capital soit 50 %, ce qui ne permet néanmoins pas aux collectivités de détenir la majorité du capital. Qui plus est, la règle « un homme, une voix » empêche les collectivités de détenir la majorité des voix dans la gouvernance, même s'il ne saurait être question de faire émerger une société d'économie mixte à forme coopérative. La société d'économie mixte locale repose sur des principes différents (voir L. 1524-5, CGCT), étrangers aux principes coopératifs même amendés quant à la détention du capital.

Comme l'indique la circulaire de 2002 précitée[15], les collectivités territoriales, sans qu'il soit nécessaire de distinguer entre les différents niveaux, peuvent, en vertu de l'article 19 *decies* de la loi de 1947 modifié par l'article 36 de la loi n° 2001-624 du 17 juillet 2001, accorder des subventions aux SCIC en vue de participer à leur développement dans des conditions fixées par décret en Conseil d'État.

Ces conditions sont fixées par un décret n° 2002-241 du 21 février 2002 et ces aides relèvent du régime d'exemption communautaire prévu par le règlement du 7 mai 1998 qui dispense les collectivités de l'obligation de notification.

Ces textes n'ont pas été modifiés par l'acte III de la décentralisation, notamment la loi NOTRe de 2015. En conséquence, le département, largement privé par ailleurs de sa compétence économique, peut prendre des parts de capital dans

14. M. Rohart et M. Yilmaz, « De l'association à l'entreprise coopérative », *Jurisassociations* 15 décembre 2012, n° 470, p. 18-21.
15. Dossier n° 3, « Les aides des collectivités locales aux SCIC ».

une SCIC et accorder des aides au fonctionnement ou à l'investissement selon les conditions fixées par le décret de 2002 précité et en faire ainsi un outil de la solidarité territoriale.

L'enquête publiée en 2016[16] montre tout l'intérêt des collectivités territoriales pour les SCIC. Celle-ci a été effectuée avant ou en même temps que l'évolution législative de 2014 et on peut penser que les études à venir montreront tout l'intérêt du passage du taux maximum de capital détenu par les collectivités de 20 % à 50 %.

Le bloc communal (commune et intercommunalités) l'emporte sur les autres niveaux de collectivités. Il est présent dans 89 % des SCIC ayant au moins une collectivité à son capital. Souvent, les SCIC peuvent avoir plusieurs actionnaires publics, instaurant ainsi une forme d'intercoopération publique, et c'est d'ailleurs dans les SCIC les plus capitalisées que l'on trouve la plus forte présence des collectivités territoriales, démontrant ainsi l'intérêt de la SCIC comme outil de l'intervention publique même si, comme l'écrit un auteur, la ou les collectivités peuvent être des acteurs *« encombrants »*[17].

En effet, les SCIC présentent pour les collectivités territoriales des atouts indéniables[18]. Si celles-ci peuvent, dans le respect des règles de concurrence, passer des marchés publics ou des concessions avec les SCIC, ces dernières ne constituent *a priori* pas des pouvoirs adjudicateurs au sens où l'entendent l'article 10 de l'ordonnance n° 2015-899 du 23 juillet 2015 ou l'article 9 de l'ordonnance concession n° 2016-65 du 26 janvier 2016.

Certes, les SCIC peuvent être assimilées, malgré leur forme sociétaire, à la catégorie des personnes morales de droit privé créées pour satisfaire spécifiquement des besoins d'intérêt général ayant un caractère autre qu'industriel et commercial, mais ne répondent pas, en principe, aux conditions posées par lesdits articles et relativement à leur financement majoritaire par un pouvoir adjudicateur, à leur soumission à leur contrôle par ce même pouvoir adjudicateur ou à la présence dans l'organe d'administration, de direction ou de surveillance de membres dont plus de la moitié sont désignés par le pouvoir adjudicateur[19].

Pourtant, l'augmentation de la participation au capital jusqu'à 50 % conjuguée avec la possibilité de recevoir des subventions pourraient conduire à réexaminer la situation de certaines SCIC. En effet, cette notion de financement public majoritaire peut résulter à la fois du cumul des transferts depuis le budget de l'organisme public sous forme de dotations en capital et de subventions.

---

16. CGSCOP, *Résultat de l'enquête sur les SCIC, chiffres 2016*, p. 4-5.
17. S. Grandvuillemin, « La société coopérative d'intérêt collectif, un statut inutile », *La Semaine juridique – Entreprise et Affaires* 20 décembre 2012, 1775.
18. C. Boiteau, « Les entreprises liées aux personnes publiques », *RDFA* 2017, 18 mars 2017.
19. Rép. min. n° 12296, *JO Sénat*, Q. 14 juillet 2005, p. 1897, B. Piras.

En outre, à l'instar des associations, les SCIC peuvent recevoir des concours financiers de la part des collectivités territoriales dans le cadre de conventions d'objectifs et de moyens qui n'ont pas pour objet l'exécution d'une prestation ou d'un service public. Ces sociétés poursuivent en effet un but d'utilité sociale qui peut être plus large que la notion de service public et qui ne correspond pas forcément à la logique de la commande publique[20]. La conclusion de telles conventions n'est soumise naturellement à aucune mesure de publicité ou de mise en concurrence.

L'article 10 de la loi n° 2000-321 du 12 avril 2000 prévoit que l'autorité qui accorde une subvention est tenue, lorsque celle-ci dépasse un certain seuil défini par décret en Conseil d'État, de conclure une convention avec l'organisme qui en bénéficie. Le décret précité de 2002 prévoit également que les subventions accordées aux SCIC en vue de faciliter leur développement doivent faire l'objet d'une convention qui définit l'objet, le montant et les conditions d'utilisation. Ces conventions sont en principe conclues sans aucune contrepartie directe.

Néanmoins, la frontière entre convention d'objectifs et marché public, voire concession, est relativement ténue et le risque de requalification existe lorsqu'il peut exister un lien direct entre la contribution et les prestations fournies, notamment lorsque la collectivité bénéficie de prestations nettement individualisées en contrepartie de sa contribution.

Ainsi, la cour administrative d'appel de Lyon n'a pas hésité à requalifier une convention d'objectifs et de moyens en délégation de service public eu égard au fait que même si la convention de subventionnement et d'objectifs conclue par la commune avec une association prévoyait que les recettes n'avaient pas pour objet de rémunérer l'association, mais de permettre un équilibre comptable de la situation, les produits escomptés incluaient une subvention annuelle de 110 000 euros. Le juge a considéré dès lors que le mode de rémunération de l'association n'en était pas moins substantiellement lié aux résultats de l'exploitation. En conséquence et pour celui-ci, la délibération approuvant la convention cachait en réalité la volonté de confier une délégation de service à l'association cocontractante[21].

Cette éventuelle requalification n'a pas que des conséquences en termes de respect des règles de la commande publique, mais également sur le plan fiscal, et la convergence d'analyse entre droit administratif et droit fiscal mérite d'être signalée.

20. S. Nicinski, « Les associations et le droit administratif : plaidoyer pour la convention d'objectifs et de moyens », *Droit administratif* juin 2006, n° 6, étude 11.

21. CAA Lyon, 18 avril 2013, *Commune de Saint-Nectaire*, n° 12LY01547, *Contrats marchés publics* 2013, comm. 168, note G. Eckert.

II. Les faiblesses de la SCIC comme instrument juridique

Pour séduisante qu'elle soit, la formule de la SCIC n'en présente pas moins quelques faiblesses qui doivent être prises en compte par les différents acteurs locaux lorsqu'ils décident d'y recourir. Celles-ci sont de deux natures : un statut juridique complexe (A), et un régime fiscal hésitant et mal défini qui débouche sur une impasse (B).

A. Un statut juridique complexe

Poursuivant un objectif spécifique, le législateur a cherché à concilier plusieurs points de vue faisant de la SCIC une personne morale *sui generis*[22]. Celle-ci se présente à la fois comme une coopérative et une société commerciale. Ainsi, le multisociétariat, dont a pu voir tout l'intérêt pour associer différents partenaires, pose des questions de gouvernance et de répartition des pouvoirs entre les différents associés, mus par des intérêts différents.

Tout d'abord, la possibilité de déroger au principe égalitaire « un homme, une voix » en créant un organe intermédiaire entre les associés et leurs assemblées générales, les collèges, peut être source de complexité. La loi précitée de 2014 améliore le fonctionnement du multisociétariat[23], mais des difficultés peuvent demeurer. Si le vote au sein des collèges s'y fait selon la règle « un homme, une voix », la prise de décision au sein de la société intervient ensuite par un report en assemblée générale des votes des collèges par l'intermédiaire de leurs délégués, chaque collège disposant d'un nombre égal de délégués et de voix.

Ce système présente l'avantage de préserver les intérêts de chacun[24], mais cette règle n'est que supplétive. Les statuts peuvent en effet prévoir une pondération des voix entre collèges sur le modèle des coopératives agricoles. Toutefois, afin de limiter le poids des investisseurs, l'article 19 *octies* de la loi de 1947 précise que cette pondération ne peut être mise en œuvre en fonction des apports des associés. On peut imaginer qu'elle peut en revanche dépendre de l'importance des effectifs des associés, ou de la qualité de leur engagement dans l'activité de la coopérative, comme le précisait l'article 19 *octies* avant la loi nº 2012-387 du 22 mars 2012, dite loi Warsmann IV, supprimant la référence à ces deux éléments.

Afin de limiter la prédominance ou la faiblesse d'une catégorie d'associés, l'article 19 *octies* précité prévoit également que la pondération doit être comprise dans une fourchette allant de 10 à 50 % des droits de vote. Comme le note un auteur,

---

22. P. Le Vey, article déjà cité, *Fasc. Juriscl. Sociétés*.

23. S. Grandvuillemin, « La loi du 31 juillet 2014 relative à l'économie sociale et solidaire et le droit coopératif », *La Semaine juridique – Entreprise et Affaires* septembre 2014, nº 39, 1478, points 26 à 28.

24. S. Grandvuillemin, *La Semaine juridique – Entreprise et Affaires* 20 décembre 2012, nº 51-52, déjà cité.

force est de constater que cette fourchette est large. L'évaluation de la pondération peut donc en pratique s'avérer difficile, et être source de tensions entre les groupes d'associés. Le multisociétariat induit donc des négociations entre des associés dont les intérêts et la culture sont différents, ce qui suppose une réflexion collective sur le partage du pouvoir, notamment de la part des acteurs publics. La création d'une SCIC nécessite donc des actions de formation et d'information, notamment à travers les réseaux coopératifs et d'accompagnement à la création d'entreprises, qui ne doivent pas être trop techniques, pour ne pas rebuter les bonnes volontés et faire oublier le projet initial, ni, à l'inverse, trop idéologiques, éloignées des réalités du terrain. La mise en œuvre du multisociétariat est donc exigeante, et peut par conséquent constituer un frein au développement des sociétés coopératives d'intérêt collectif. Le multisociétariat est l'élément phare du statut de SCIC.

D'autre part, cette question est d'autant plus importante que la loi de 2014 renforce, au sein de la SCIC, le rôle d'un associé pas comme les autres, à savoir les collectivités publiques, qui peuvent être tentées, comme avec les associations, de transformer ces sociétés en organismes parapublics, voire en simple relais de l'action publique.

La loi comporte par ailleurs une maladresse sur le rôle des collectivités publiques. Alors que les collectivités territoriales peuvent détenir jusqu'à 50 % des droits de vote (dernier alinéa de l'article 19 *septies* de la loi de 1947 précitée), le dernier alinéa de ce même article 19 *septies* indique que peuvent être associés d'une SCIC toute personne physique ou morale… tout salarié de la coopérative… ou toute personne publique. Or, cette dernière notion est plus large que celle de collectivité territoriale sans indiquer un quelconque plafond de participation. Cela signifie-t-il que les personnes publiques autres que les collectivités territoriales n'ont pas de limite quant au montant de leur participation ? La maladresse du texte sur le sujet entretient un doute qu'il n'est pas bon de laisser prospérer. Elle laisse à penser que l'État ou l'un de ses établissements publics pourraient être partie prenante d'une SCIC sans limitation de leur participation… Il est quand même difficile de poursuivre un tel raisonnement sans méconnaître la spécificité des SCIC.

En outre, la double fonction d'associé et de salarié au sein de la SCIC peut être source de difficultés. L'article 19 *undecies* de la loi de 1947 indique que tout associé peut être nommé en qualité de directeur ou de gérant, membre du conseil d'administration, du directoire, du conseil de surveillance ou de l'organe de direction lorsque la forme de société par actions simplifiée a été retenue. Ainsi, un salarié peut devenir dirigeant sans perdre le bénéfice de son contrat de travail. Dans cette hypothèse, l'article L. 225-22 du Code de commerce réglementant la situation du salarié devenu administrateur ainsi que l'article L. 225-85 limitant le nombre de membres du conseil de surveillance titulaires d'un contrat de travail ne s'appliquent pas au sein des SCIC.

La loi est donc très libérale sur le sujet alors même que la situation du salarié comme associé induit une question pratique difficile à gérer. En effet, l'admission d'un salarié en tant qu'associé relève de l'article 19 *septies* qui indique que « les statuts déterminent [...] les conditions dans lesquelles les salariés peuvent être tenus de demander leur admission en qualité d'associé ». Si cette disposition s'applique sans problème dans les SCOP, qui fonctionnent sur le principe de double qualité associé/salarié, la question de son application pratique au sein de la SCIC se pose.

Pour P. Le Vey[25], et afin de donner un sens au texte, il semble évident que le contrat de travail devra mentionner expressément l'obligation pour le salarié de devenir associé, mais il ne peut être exigé de lui qu'il s'engage à souscrire à une augmentation de capital et il ne peut être question que sa démission en tant qu'associé entraîne *de facto* la rupture du contrat de travail.

Enfin, d'aucuns s'interrogent sur la capacité de reconnaître à la SCIC la qualité de groupement d'employeurs. Il résulte de l'article L. 1523-2 du Code du travail que la constitution d'un groupement d'employeurs sous forme de SCIC n'est pas prévue par le législateur alors même que cet article prévoit qu'un groupement d'employeurs peut être constitué sous forme de société coopérative au sens de la loi de 1947 précitée. Force est donc de constater que le législateur n'a pas jugé bon d'en faire expressément de même pour les SCIC[26] malgré les avantages que le statut et l'objet de ces dernières peuvent présenter.

La SCIC, en effet, peut être un moyen original de prêt de main-d'œuvre, le personnel étant mis à disposition d'adhérents ou de membres du groupement, et celui-ci est lié par un contrat de travail avec le groupement. Dans des territoires en difficulté, la possibilité de constituer de tels groupements peut présenter un intérêt évident pour rendre certains services aux populations et l'utilité sociale affirmée pour les SCIC peut conférer au groupement une légitimité à son existence ou à son action[27].

La question est néanmoins posée de l'intérêt du recours au groupement d'employeurs dans le cadre d'une SCIC dans la mesure où d'une part sa forme commerciale étant de nature à l'empêcher de bénéficier d'un tel avantage, ce statut n'offre pas de véritables opportunités juridiques distinctes de la forme associative[28] et n'apporte rien sur le plan fiscal.

---

25. Fasc. 170-90, *Juriscl. Sociétés*, déjà cité.
26. P. FADEUILHE, « La constitution d'un groupement d'employeurs sous forme de SCIC, les incertitudes juridiques », *Petites Affiches* 26 septembre 2017, n° 192, p. 8-14.
27. P. FADEUILHE, déjà cité, p. 11.
28. P. FADEUILHE, déjà cité, p. 13.

B. L'impasse du régime fiscal

Outre ses difficultés d'organisation, le recours à la SCIC soulève sur ce dernier plan des difficultés qui peuvent relever d'un véritable piège, mais qui sont les conséquences de ce que l'on relevait dans le paragraphe précédent. Les espoirs nés de la loi de 2001 – la SCIC devant ainsi constituer le chaînon manquant entre les sociétés et les organismes à but non lucratif – n'ont pas été confirmés au plan fiscal. Alors même que le législateur insiste sur l'utilité sociale de la SCIC, les dérogations admises au droit commun sont limitées.

Si, du fait de son statut de société commerciale, la SCIC est soumise à l'impôt sur les sociétés, la loi de finances pour 2007 a ajouté un VIII à l'article 209 du Code général des impôts, qui prévoit la possibilité de déduire de l'assiette de l'impôt sur les sociétés la part des excédents mis en réserve impartageables. L'administration fiscale précise que la déduction de l'assiette de l'impôt sur les sociétés ne s'opère que pour l'exercice de mise en réserve des bénéfices constatés au titre de l'exercice précédent et qu'ainsi la déduction ne peut être reportée au résultat en cas de liquidation de la SCIC.

Le caractère limité de cette même mesure est renforcé par le fait que cette déduction ne s'applique qu'aux seuls bénéfices réalisés par la SCIC, ce qui exclut, en cas de transformation en SCIC d'une société commerciale, d'une société coopérative ou d'une association, les bénéfices réalisés antérieurement à la transformation[29].

La question la plus délicate concerne l'application aux SCIC des règles de la gestion désintéressée. L'article 261.7.1°a du Code général des impôts dispose que sont exonérés de la TVA les services de caractère social, éducatif, culturel ou sportif rendus à leurs membres par les organismes légalement constitués agissant sans but lucratif, et dont la gestion est désintéressée.

En vertu de ce même article, le caractère désintéressé de la gestion résulte de trois conditions :

- l'organisme est géré et administré à titre bénévole par des personnes n'ayant elles-mêmes, ou par personne interposée, aucun intérêt direct ou indirect dans les résultats de l'exploitation ;
- l'organisme ne procède à aucune distribution directe ou indirecte de bénéfice, sous quelque forme que ce soit ;
- les membres de l'organisme et leurs ayants droit ne peuvent être déclarés attributaires d'une part quelconque de l'actif, sous réserve du droit de reprise des apports.

Or, l'application de ce texte aux SCIC est difficile pour plusieurs raisons, malgré la présence d'indices qui peuvent être avancés en ce sens. Tout comme l'association, la SCIC ne peut partager à son terme le *bonus* de liquidation entre ses associés.

29. Instr. fiscale n° 93, 16 octobre 2008, *BOI* 4H-6.08.

Celui-ci doit être dévolu à d'autres coopératives ou œuvres d'intérêt général ou professionnel (art. 19). L'intérêt aux parts de capital est particulièrement limité dans les sociétés coopératives au motif que les coopérateurs ne s'associent pas pour retirer un bénéfice du capital investi. Ce régime se trouve particulièrement encadré dans les SCIC. En effet, en application de l'article 19 *nonies* :

> « Le montant total de l'intérêt servi aux parts sociales ne peut excéder les sommes disponibles après les dotations prévues au premier alinéa du présent article. Les subventions, encouragements et autres moyens financiers versés à la société par les collectivités publiques, leurs groupements et les associations ne sont pas pris en compte pour le calcul de l'intérêt versé aux parts sociales et, le cas échéant, des avantages ou intérêts servis en application des articles 11 et 11 *bis*. »

Ceci revient à supprimer tout intérêt au capital dès lors que la société reçoit des encouragements significatifs. La SCIC est une société dont le capital est variable. Les entrées et sorties d'associés se font par souscription et remboursement de leur part, au plus à la valeur nominale. L'associé d'une SCIC ne peut prétendre à une plus-value sur son capital puisque toute revalorisation est interdite. Les coopératives d'intérêt collectif se trouvent exclues du versement de la ristourne prévue à l'article 15 de la loi n° 47-1775 du 10 septembre 1947, au prorata des opérations traitées ou du travail fourni. En conséquence, les associés ne retirent même aucun avantage des opérations qu'ils ont réalisées avec la SCIC ou du travail qu'ils ont effectué.

Ajoutés aux limites apportées au partage du bénéfice du fait de l'obligation de constituer des réserves impartageables à hauteur d'au moins 57,5 % des bénéfices, sans aucune dérogation possible, ces quatre points illustrent les contraintes mises à la répartition du profit entre ses membres. Malgré celles-ci, l'administration fiscale refuse d'admettre la non-lucrativité des SCIC.

En effet, à part les points indiqués plus haut, les SCIC ne disposent d'aucun régime fiscal particulier. Malgré l'utilité sociale de leur action, celles-ci ne peuvent apparemment revendiquer l'application du régime propre aux organismes à but non lucratif de l'article 261.1.7.d du Code général des impôts. Soumises aux impôts commerciaux, elles ne peuvent donc bénéficier d'une exonération de TVA que lorsqu'une opération entrant dans le champ de cet impôt en est exonérée par une disposition émanant du législateur.

Une question essentielle concerne le régime fiscal des subventions reçues des collectivités territoriales, eu égard à l'importance que celles-ci peuvent prendre. Elles n'échapperont à la taxation qu'à la condition qu'elles ne soient pas analysées par l'administration fiscale comme des subventions constituant la contrepartie directe d'une opération, ou comme un complément de prix. Ainsi, pour le juge, une subvention d'équilibre versée par une collectivité à l'exploitant d'un service public en cas de déficit d'exploitation connu à l'avance et correspondant à des engagements souscrits avant le fait générateur de la taxe est soumise à la TVA[30].

S'agissant du risque de la taxation des subventions, les conventions passées avec les collectivités et groupements financeurs doivent donc être rédigées avec la rigueur qui s'impose pour éviter toute requalification susceptible d'entraîner l'assujettissement à la TVA, voire une requalification administrative du contrat (voir arrêt précité de la cour administrative d'appel de Lyon).

Toutefois, un risque fiscal n'est pas non plus totalement écarté lorsque l'association qui a précédé la SCIC était liée à l'autorité administrative par une ou des conventions d'objectifs et de moyens (art. 10 de la loi modifiée nº 2000-321 du 12 avril 2000), lesquelles s'appliquent expressément aux relations avec les associations.

Peut-on donc, *mutatis mutandis*, admettre pour les SCIC la même modalité contractuelle que pour les associations ? Là aussi, la réponse n'est pas évidente à donner du fait du caractère lacunaire de la loi et de la forme commerciale attribuée à la SCIC. Toutefois, l'article 36 de la loi précitée du 17 juillet 2001 et le décret nº 2002-241 du 20 février 2002 permettent aux collectivités d'attribuer des subventions pour couvrir les charges de fonctionnement, les dépenses d'investissement et les actions de formation de ces sociétés sur la base d'une convention. Celle-ci peut-elle remplacer la convention d'objectifs et de moyens et produire les mêmes effets sur le plan fiscal[31] ?

La rédaction du décret de 2002 laisse à penser que ces subventions ont une portée générale et ne correspondent pas à une contrepartie directe d'un service ou d'une prestation demandée par la collectivité territoriale.

Comme le relève un auteur, et alors que le législateur avait voulu, par le biais de la SCIC, combler les lacunes de la forme associative et trouver le chaînon manquant entre l'association et la société, celui-ci, malgré l'utilité sociale reconnue, n'a pas donné aux SCIC un statut fiscal particulier[32] correspondant aux attentes du secteur.

Les SCIC ne peuvent, comme d'autres formes de coopératives, relever d'un régime fiscal bienveillant[33] alors même que l'application des principes coopératifs devrait entraîner un traitement différent eu égard à la finalité qui les sous-tend. Le droit communautaire accepte pourtant cette prise en compte, sur le plan fiscal, de la spécificité des coopératives[34].

---

30. CE 10 juin 2010, *Sté Carilis*, req. nº 301586.
31. Voir dossier nº 3, « Les aides des collectivités locales aux sociétés coopératives d'intérêt collectif », circulaire précitée de 2002.
32. P. Le Vey, Fasc. 170.90, déjà cité, nº 64.
33. L. Chatain-Autajon, « Coopératives : un eldorado fiscal », *Droit fiscal* avril 2016, nº 14, 261.
34. G. Parléani, « La CJUE donne une leçon de droit coopératif », *Rev. Sociétés* 2012, nº 2, p. 104.

Pouvant être fortement sollicitée par les collectivités pour mener des actions sur les territoires, cette conception de la SCIC aboutit à surenchérir ses interventions si celle-ci doit appliquer, tant sur le plan de l'impôt des sociétés que sur la TVA, le droit commun de la fiscalité. Pourtant, ces contradictions, qui pourraient être un frein à la création de SCIC, n'ont pas empêché la tendance à la création de telles structures. Tout simplement peut-être parce que cette tendance correspond à un besoin essentiel – exprimé un peu confusément – au sein de la société de se tourner vers des solutions alternatives aux règles de l'économie classique ainsi qu'aux méthodes connues de l'intervention économique locale. Il est peut-être ici nécessaire que le législateur achève de compléter un statut qui peut être qualifié jusqu'ici d'*« inabouti »*[35].

Bibliographie

- Benazeth E., « Quand l'association devient coopérative », *Jurisassociations* 2018, n° 574, 1er mars 2018, p. 9.
- *Bulletin officiel des impôts*, 4H-6-08, « Impôts sur les sociétés. Dispositions particulières. Sociétés coopératives d'intérêt collectif », NOR : ECE L 08 10041 J.
- *Bulletin officiel des finances publiques*, « Impôts », BOI-IS-CHAMP-10-20-20-20120912, IS. Champ d'application et territorialité. Sociétés coopératives et leurs unions.
- *Circulaire DIES* n° 2002-316 du 18 avril 2002 relative à la société coopérative d'intérêt collectif, *solidarites-sante.gouv.fr.*
- « Créer en SCIC, Le statut et ses atouts », *www.les-scop-idf.coop.*
- Grandvuillemin S., « La société coopérative d'intérêt collectif, un statut inutile ? », *La Semaine juridique – Entreprise et Affaires* 20 décembre 2012, n° 51-52, 1775.
- Grandvuillemin S., « La loi du 31 juillet 2014 relative à l'économie sociale et solidaire et le droit coopératif », *JCP E* 2014, 1478.
- Le Vey P., « Statuts des SCOP et des SCIC après la loi du 31 juillet 2014 », *Revue Droit des sociétés* février 2015, n° 2, form. 2.
- Le Vey P., « Sociétés coopératives d'intérêt collectif », *Juriscl. Sociétés*, Fasc. 170-90, mise à jour juillet 2016.
- « Les SCOP, les SCIC, c'est quoi ? », Le portail des ministères, *https://www.economie.gouv.fr.*
- Lienemann M.-N., *Les coopératives en France, un atout pour le redressement économique*. Rapport d'information, Sénat, n° 707, 25 juillet 2012, *https://www.senat.fr/rap/r11-707/r11-7071.pdf.*

35. S. Grandvuillemin, *La Semaine juridique – Entreprise et Affaires* 20 décembre 2012, déjà cité.

– Rapport Lipietz, *L'opportunité d'un nouveau type de société à vocation sociale*, Lettre de mission du 17 septembre 1998 adressée par M. Aubry, Ministre de l'Emploi et de la Solidarité, *http://lipietz.net/*.
– Saint Alary R. et mise à jour P. Le Berre, « Sociétés coopératives, généralités », *Juriscl. Sociétés Traité*, fasc. 168-10.
– « Sociétés coopératives : nouveau bilan positif en 2016 », *Liaisons sociales Quotidien*, l'actualité, n° 17372.

UNE ILLUSTRATION DE L'INGÉNIERIE TERRITORIALE : LA MISE EN ŒUVRE DE LA COMPÉTENCE GEMAPI

par

Jean-Luc PISSALOUX

Professeur de droit public à l'Institut d'Études Politiques de Lyon
Laboratoire Triangle, CNRS UMR 5206
Vice-président du Conseil scientifique du GRALE

En raison de l'imperméabilisation et de l'artificialisation croissantes des sols et des paysages, liées au développement de l'urbanisme et d'une agriculture de plus en plus intensive, et dans le contexte du dérèglement climatique, le risque d'inondations n'a fait qu'augmenter ces dernières décennies, en gravité et en survenue. Les enjeux liés à ce risque sont à la fois sécuritaires et socio-économiques : les inondations peuvent être source de dommages matériels importants, mais aussi de pertes humaines nombreuses ; et elles coûtent cher à la collectivité et aux compagnies d'assurances.

Cette évolution explique, après une prise de conscience collective plutôt tardive, la mise en place de politiques publiques appropriées et l'adoption d'un encadrement juridique *a priori* pertinent, consacré par la création récente de la compétence « Gestion des milieux aquatiques et prévention des inondations », ou par abréviation « compétence GEMAPI ». Celle-ci a été instituée par la loi n° 2014-58 du 27 janvier 2014 de modernisation de l'action publique territoriale et d'affirmation des métropoles (dite « loi MAPTAM »).

Cette compétence juridique, attribuée au bloc communal, exclusive et obligatoire, est – effectivement – entrée en vigueur depuis le 1er janvier 2018, suite à la loi n° 2015-991 du 7 août 2015 portant nouvelle organisation territoriale de la

République (dite loi « NOTRe »)[1], étant observé que le transfert des communes vers les établissements publics de coopération intercommunale (EPCI) à fiscalité propre (métropoles, communautés urbaines, communautés d'agglomération, communautés de communes) est automatique depuis la même date[2].

Les quatre missions entrant dans le champ de cette compétence GEMAPI sont quant à elles définies aux alinéas 1, 2, 5, 8 de l'article L. 211-7 du Code de l'environnement, à savoir :

> « l'étude, l'exécution et l'exploitation de tous travaux, actions, ouvrages ou installations présentant un caractère d'intérêt général ou d'urgence, dans le cadre du schéma d'aménagement et de gestion des eaux s'il existe, et visant :
> – l'aménagement d'un bassin ou d'une fraction de bassin hydrographique[3] ;
> – l'entretien et l'aménagement d'un cours d'eau, canal, lac ou plan d'eau, y compris les accès à ce cours d'eau, à ce canal, à ce lac ou à ce plan d'eau[4] ;
> – la défense contre les inondations et contre la mer[5] ;
> – la protection et la restauration des sites, des écosystèmes aquatiques et des zones humides ainsi que des formations boisées riveraines »[6].

Il s'agit donc, en réalité, de la possibilité pour les communes et les EPCI compétents de prendre en charge des travaux, de construire ou d'exploiter des ouvrages et installations dans le but de poursuivre les quatre objectifs précités.

Si les alinéas 1, 2, 8 relèvent la « gestion des milieux aquatiques » et peuvent contribuer à la prévention des inondations, l'alinéa 5 « défense contre les inondations et contre la mer » concerne la gestion des ouvrages de protection. On peut ainsi distinguer deux volets dans la compétence GEMAPI : un premier volet « gestion des milieux aquatiques » et un second volet « protection contre les

---

1. Cette entrée en vigueur récente explique sans doute le très faible nombre d'ouvrages d'ensemble sur la compétence GEMAPI ; au 1er juillet 2018, on peut en effet recenser les études suivantes : J. Graindorge et É. Landot, *Mettre en œuvre la GEMAPI – Gestion des milieux aquatiques et prévention des inondations*, Territorial éditions, avril 2018, 158 p. ; A. Thirion, préface de G. Huet, Avant-propos de M. Verpaux, *La nouvelle compétence GEMAPI (Gestion des milieux aquatiques et Préventions des Inondations), Quels moyens mis à disposition des collectivités territoriales pour structurer et financer cette nouvelle compétence ?* Association française de droit des collectivités locales, L'Harmattan, juin 2018, 120 p. En revanche, de nombreux guides ou rapports ont été élaborés, à la suite de la loi MAPTAM, par le ministère de l'Environnement, par diverses agences de l'eau, et même par la Caisse des dépôts.
2. Si une commune n'est rattachée à aucun EPCI, ce qui en principe n'est plus le cas sur le territoire métropolitain, elle assure de plein droit la compétence GEMAPI depuis le 1er janvier 2018.
3. Voir al. 1er de l'article L. 211-7, C. env.
4. Voir al. 2 de l'article L. 211-7, C. env.
5. Voir al. 5 de l'article L. 211-7, C. env.
6. Voir al. 8 de l'article L. 211-7, C. env.

inondations ». Cependant, c'est bien dans une logique globale de protection contre les inondations que le législateur a souhaité confier un certain nombre de missions aux communes et – par voie de conséquence – aux EPCI à fiscalité propre[7].

Le dispositif attaché à la GEMAPI aboutit donc à confier cette compétence à une autorité publique unique qui en est responsable, à éventuellement transférer – en tout ou partie – ladite compétence à des syndicats ou à d'autres groupements[8], à définir – dans tous les cas – des périmètres de protection où seront pris en charge les ouvrages correspondants, et – pour financer la mise en œuvre de cette compétence nouvelle – à instituer une nouvelle taxe[9]. La mise en place de la compétence GEMAPI et son exercice impliquent dès lors la poursuite et la réalisation d'une cohérence à la fois territoriale, juridique et financière[10].

Depuis 2015[11], des notions techniques nouvelles ont été introduites dans le *corpus* législatif et réglementaire : le *système d'endiguement*, la *zone protégée* et le *niveau de protection*. L'autorité compétente s'engage en effet à veiller au bon état d'un ensemble d'ouvrages (système d'endiguement) assurant la protection d'une zone (la zone protégée), pour un niveau d'eau qu'elle détermine (le niveau de protection) ; c'est elle qui justifiera – et justifie – le niveau de protection pour lequel elle souhaite prendre ses responsabilités en tant que gestionnaire[12].

Ces nouvelles notions techniques ont des répercussions juridiques importantes pour les collectivités compétentes en matière de GEMAPI. C'est pourquoi, depuis l'instauration de cette compétence, s'est imposé l'établissement d'un état des lieux exhaustif des ouvrages potentiellement concernés par la nouvelle compétence. Cet état des lieux, normalement entrepris depuis 2014 au moins, est – en vérité – un chantier continu et permanent, permettant de guider les choix de l'autorité compétente pour définir ses systèmes d'endiguement ainsi que les niveaux de protection choisis, étant observé que ceux-ci peuvent nécessiter de nouveaux

7. Les articles du Code général des collectivités territoriales (CGCT), qui définissent les compétences de chaque catégorie d'EPCI à fiscalité propre, énoncent une même compétence obligatoire pour chacun d'entre eux, à savoir la gestion des milieux aquatiques et la prévention des inondations « dans les conditions prévues à l'article L. 211-7 du Code de l'environnement ».

8. D'où l'instauration d'une responsabilité nouvelle reposant sur les présidents d'EPCI (voir art. L. 562-8-1, C. env.).

9. Voir *infra*.

10. Celle-ci s'est traduite par l'élaboration pour le 31 décembre 2017 d'une « stratégie d'organisation des compétences locales de l'eau (SOCLE) » (voir *infra*).

11. Voir décret n° 2015-526 du 12 mai 2015.

12. L'autorité compétente pourra d'ailleurs se prévaloir d'une exonération de responsabilité dans le cas où un événement viendrait à dépasser le niveau de protection pour lequel l'ouvrage est dimensionné.

approfondissements[13] susceptibles eux-mêmes d'entraîner une nouvelle estimation des besoins, notamment financiers, en vue d'une meilleure mise en œuvre par l'autorité compétente en matière de GEMAPI.

Les missions entrant dans la compétence GEMAPI et leur exécution pratique, concrète et autant que faire se peut efficace consacrent à l'évidence une mise en œuvre de type « ingénierie territoriale » organisée en effet autour du triptyque « acteurs (publics pour l'essentiel, mais aussi parfois privés)/savoir-faire professionnels/approche synergétique et coordonnée », que ce soit à l'étape de l'état des lieux (en principe préalable, mais qu'il convient de constamment renouveler dans le but de disposer de données actualisées) (I), au niveau de l'organisation administrative et technique à mettre en place (II) et même à celui des modalités de financement à déterminer judicieusement (III).

I. De la nécessité de disposer d'un état des lieux exhaustif, établi de façon concertée, et en permanence actualisé

Il est évident que l'autorité compétente au titre de la GEMAPI doit disposer d'un état des lieux exhaustif et en permanence actualisé afin de prévenir les inondations et les submersions. Elle pourra ainsi définir un système d'endiguement approprié (A) et déterminer – dans le cadre d'une zone protégée – un niveau de protection (B) pour lequel elle engage sa responsabilité.

A. La définition du ou des systèmes d'endiguement

En matière d'inondations et de submersions, un territoire donné peut être protégé, soit à l'aide d'un *système d'endiguement*, soit à l'aide d'un *aménagement hydraulique*, soit par un système combinant ces deux moyens de protection. Ces deux catégories d'ouvrages[14], construits ou aménagés en vue par conséquent de prévenir les inondations et les submersions, sont distingués par le décret précité du 12 mai 2015 pris en application de la loi MAPTAM : la notion de système d'endiguement consiste à considérer qu'une digue[15] n'est pas le seul ouvrage permettant d'assurer la protection d'une zone, dans la mesure où une ou plusieurs digues – ainsi que d'autres types d'ouvrages – peuvent également remplir – collectivement et de façon cohérente – cette fonction, et c'est pourquoi l'on parle désormais de système d'endiguement ; un aménagement hydraulique renvoie à l'« ensemble des

13. Concrétisés par exemple par des diagnostics de vulnérabilité du territoire, des analyses coût-bénéfice.

14. Pour savoir si un ouvrage est concerné par le décret de 2015, il faut déterminer si l'ouvrage a vocation à prévenir les risques d'inondation. Si c'est le cas, il sera couvert par la réglementation issue du décret de 2015.

15. Notons que c'est la loi MAPTAM qui a proposé pour la première fois une définition juridique de la digue, inscrite désormais dans le Code de l'environnement : « Les digues sont des ouvrages construits ou aménagés en vue de prévenir les inondations et les submersions. » (voir art. L. 566-1-I, C. env.).

ouvrages qui permettent, soit de stocker provisoirement des écoulements provenant d'un bassin, sous-bassin ou groupement de sous-bassins hydrographiques, soit le ressuyage des venues d'eau en provenance de la mer »[16].

La loi MAPTAM attribue à l'autorité compétente, en matière de prévention des inondations, la gestion d'un système d'endiguement et/ou d'aménagements hydrauliques afin de garantir une protection efficace des territoires protégés par ces ouvrages.

Ce qui implique de disposer d'un état des lieux complet et précis, et qui – logiquement – a dû être établi avant le 1er janvier 2018.

Cet état des lieux impose, pour l'autorité compétente en matière de GEMAPI et donc en particulier en matière de prévention des inondations, de repérer et d'identifier tous les ouvrages présents sur le territoire considéré et susceptibles d'entrer dans un système d'endiguement[17]. Et pour cela, l'autorité compétente peut – voire doit – s'appuyer sur le classement des digues existantes lorsqu'il existe ou faire intervenir toute une série d'acteurs : depuis les services de l'État pour identifier les ouvrages jouant (ou pouvant jouer) un rôle de protection[18], jusqu'à des acteurs tels que les syndicats intercommunaux, les syndicats mixtes, les associations syndicales, les établissements publics de l'État gérant d'ores et déjà des digues et détenant de nombreuses informations sur les ouvrages[19]…

Après avoir identifié les différents ouvrages pouvant jouer un rôle de protection contre les inondations et les submersions[20], la deuxième étape consiste à vérifier à qui ils appartiennent et qui en assure (est censé en assurer !) l'entretien et la surveillance, en d'autres termes à identifier les propriétaires (publics ou privés) des ouvrages recensés et leurs gestionnaires, car le statut juridique de ces propriétaires et gestionnaires conditionne la mise à disposition ou non desdits ouvrages.

16. Voir art. R. 562-18, C. de l'env. : constituent par exemple des aménagements hydrauliques les barrages écrêteurs de crue ou bassins de stockage.

17. C'est pourquoi, de façon plus précise, il est préconisé après la phase de « pur » recensement, d'effectuer « une étude hydrologique (voire météorologique), puis une étude hydraulique (qui) permettront d'identifier, au regard des ouvrages et organes entrant dans le champ de la protection des inondations, la zone protégée par cet ensemble (appelé système de protection) ; (et) enfin une étude structurelle du comportement de chacun des ouvrages composant ce système (qui) permettra d'en identifier les limites (mécaniques, hydrauliques, géotechniques) en considérant les aléas (naturels ou liés à une défaillance) auxquels ils sont confrontés, leur probabilité d'occurrence puis leurs conséquences », voir L. SEMBLAT, « La gestion patrimoniale dans le cadre de la compétence "Gestion des milieux aquatiques et prévention des inondations" », *Sciences Eaux et Territoires*, 2016/3, nº 20, p. 50-53, *https://www.cairn.info/revue-sciences-eaux-et-territoires-2016-3-page-50.htm.*

18. Ces ouvrages sont recensés dans la base de données SIOUH (système d'information sur les ouvrages hydrauliques) renseignée par les services de l'État.

19. L'autorité compétente peut aussi lancer une étude spécifique !

20. Digues ou tout autre ouvrage pouvant contribuer – de fait – à la protection d'un territoire.

Par conséquent, l'établissement de l'état des lieux, qui, encore une fois, a dû – normalement et logiquement – être établi le plus rapidement possible, avant la prise effective de la compétence GEMAPI, s'est appuyé (et continue de s'appuyer) sur les structures existantes en vue de réunir des informations sur l'état, l'entretien et la surveillance des ouvrages présents sur le territoire concerné, ainsi que sur divers outils comme les programmes d'action de prévention des inondations (PAPI). Rappelons que ceux-ci, créés en 2003 pour prévenir les inondations dans le cadre d'une approche globale du risque, associent les services de l'État et les collectivités territoriales autour d'une stratégie de prévention et d'un programme d'actions formalisées par un contrat, et qu'ils constituent une source d'informations très utiles et précieuses sur laquelle peut s'appuyer (a tout intérêt à s'appuyer) l'autorité compétente en matière de GEMAPI[21].

Sur la base des informations recueillies au cours de ces deux étapes, l'autorité compétente doit alors définir un ou plusieurs systèmes d'endiguement, sur lequel ou lesquels elle engage (ou engagera) sa responsabilité.

B. Le choix du niveau de protection

L'autorité compétente doit, en effet, également décider du niveau de protection à partir duquel elle engage sa responsabilité, cela au regard des éléments de connaissance dont elle dispose, mais qu'elle pourra toujours par la suite ajuster. Le niveau de protection du système d'endiguement est défini en lien avec une « zone protégée », laquelle comprend l'ensemble des personnes et des biens bénéficiant de la protection du système d'endiguement[22].

Pour choisir au mieux le niveau de protection qu'elle compte assurer, l'autorité compétente doit avoir la meilleure connaissance précise des aléas et des risques présents sur son territoire[23] et de leurs caractéristiques[24]. Pour cela, elle doit échanger, dialoguer avec les divers acteurs territoriaux et consulter leurs instruments, en particulier : le « porter à connaissance » diffusé par l'État au moment de l'élaboration ou de la révision des documents d'urbanisme ; le dossier départemental des risques majeurs (DDRM) ; les documents d'information communale sur les risques naturels majeurs (DICRM) ; la note de présentation des plans de prévention des risques d'inondation (PPRI) ; et encore les rapports de présentation des schémas de cohérence territoriale (SCoT) et des plans locaux d'urbanisme

21. Un PAPI comprend notamment un diagnostic approfondi du territoire afin d'évaluer les conséquences des inondations ; il recense les divers enjeux encourus, liste et analyse les ouvrages et les dispositifs de protection existants.

22. Rappelons que, depuis la réglementation issue des décrets de 2007 et 2015, la classe de la digue est définie par le nombre de personnes protégées.

23. Ce qui vise notamment (exemples non exhaustifs !) les débordements – rapides ou lents – de cours d'eau, les submersions marines, les ruissellements pluviaux, les remontées de nappe, etc.

24. Comme la hauteur d'eau, la vitesse, la durée, la fréquence, l'étendue.

intercommunautaires ou non (PLU/PLUi). Mais elle a aussi tout intérêt à consulter les cartographies existantes[25], les diverses études techniques menées par les divers acteurs du territoire[26], ou encore le diagnostic des PAPI s'il en existe sur le territoire concerné et même les archives municipales et départementales, les repères de crues, les savoirs vernaculaires[27]…

C'est donc à l'autorité compétente au titre de la GEMAPI de décider de sa politique de prévention des inondations, et donc de décider quels enjeux elle choisit de protéger et – par voie de conséquence – quel(s) type(s) de zones elle souhaite privilégier[28].

Il est essentiel de comprendre que les trois éléments que sont le système d'endiguement, la zone protégée et le niveau de protection sont dépendants les uns des autres et intrinsèquement liés, et que leur détermination et/ou leur choix, qui ont nécessairement des conséquences juridiques importantes, résultent d'une approche combinant ingénierie territoriale et intelligence collective.

On constate la nécessité d'une même approche au niveau de la gestion administrative et technique de la compétence GEMAPI ; au demeurant, la réflexion sur l'organisation de cette gestion peut être – voire même doit être – menée en parallèle avec les étapes déjà exposées[29].

---

25. Notamment, l'*Atlas des zones inondables*, les cartographies réalisées sur les territoires à risque important d'inondation (TRI), lesquelles représentent les zones inondables et les enjeux exposés susceptibles d'être touchés par trois types d'inondations : fréquentes (durée de retour 10-30 ans) ; moyennes (durée de retour 100-300 ans) ; extrêmes (durée de retour > 1 000 ans).

26. Comme les études de qualification du risque d'inondation, les études hydrauliques, les études de dangers des ouvrages de protection réalisées par les gestionnaires ou propriétaires des digues classées sous le régime du décret nº 2007-1735 du 11 décembre 2007.

27. En somme, tout document contenant la mémoire collective du territoire !

28. Elle peut aussi bien décider de privilégier des zones plutôt urbanisées ou au contraire de protéger des secteurs peu urbanisés à forts enjeux économiques ou environnementaux.

29. Pour assurer les missions de gestion des systèmes d'endiguement, l'autorité compétente doit disposer d'un personnel suffisant et bien formé ainsi que de moyens matériels adaptés. En effet, les missions de surveillance et d'entretien, en somme la gestion technique des ouvrages, nécessitent en particulier des moyens appropriés, lesquels dépendent de la taille de la structure, de son budget, de la longueur du/des systèmes d'endiguement et surtout de la part des missions que la structure va décider de réaliser en régie par rapport à celles qu'elle va transférer ou déléguer à un syndicat mixte ou à un prestataire externe (voir *infra*). En raison du volume nécessairement limité imparti à cette contribution, l'organisation technique de la compétence GEMAPI, question fondamentale s'il en est au plan pratique, ne peut cependant pas être davantage développée.

II. De la détermination appropriée et justifiée du mode de gestion administrative de la compétence GEMAPI

Les réformes territoriales issues des lois MAPTAM et NOTRe ont exigé des collectivités territoriales de conduire des restructurations importantes dans des délais plutôt courts sur l'ensemble des champs de leurs compétences. Ces évolutions ont donc en particulier porté sur les compétences locales dans le domaine de l'eau, avec l'entrée en vigueur de la compétence GEMAPI au 1er janvier 2018, ainsi que de la mutualisation des compétences « eau potable et assainissement » à l'échelon intercommunal au plus tard en 2020.

Pour accompagner ces réformes, les collectivités représentées à l'échelle nationale ont demandé à l'État de coordonner, dans chaque grand bassin hydrographique et sous la responsabilité des préfets coordonnateurs de bassin, la réalisation d'une « stratégie d'organisation des compétences locales de l'eau » (SOCLE). La SOCLE est un outil local d'organisation de la mise en œuvre de la GEMAPI à l'échelle d'un ou de plusieurs bassins-versants[30] ; elle a donc été arrêtée par le préfet coordonnateur de bassin au plus tard le 31 décembre 2017, après avis du comité de bassin, et annexée au schéma directeur d'aménagement et de gestion des eaux (SDAGE) lors de sa révision.

Mais la gestion de la compétence GEMAPI s'appuie aussi sur la mise en place des schémas départementaux de coopération intercommunale (SDCI). Ces SDCI peuvent venir modifier les périmètres des EPCI à fiscalité propre suite à des fusions, et à des extensions de périmètre qui vont parfois jusqu'à étendre le territoire de certains EPCI à l'échelle de bassins-versants, à l'instar de certaines métropoles. Les objectifs des SDCI sont notamment d'établir une couverture intégrale du territoire par des EPCI en supprimant les enclaves et les discontinuités territoriales, de prévoir la rationalisation des périmètres des EPCI et des syndicats mixtes existants et de réduire significativement le nombre de syndicats intercommunaux et de syndicats mixtes fermés[31].

Après avoir identifié les ouvrages concernés sur son territoire, défini le système d'endiguement et choisi le niveau de protection pour telle ou telle zone à protéger, l'autorité compétente en matière de prévention des inondations doit en fonction du contexte de son territoire s'organiser pour garantir la sécurité des ouvrages dont elle a la charge, de sorte que soit mise en place une gestion pérenne des ouvrages, à la fois en temps normal, mais aussi en période de crise.

30. Arrêté du 20 janvier 2016 modifiant l'arrêté du 17 mars 2006 relatif au contenu des schémas directeurs d'aménagement et de gestion des eaux (SDAGE).
31. Voir art. L. 5210-1-1, CGCT.

En termes de responsabilité, le choix de l'organisation administrative n'est pas neutre : si l'EPCI gère les ouvrages en régie, il décide du niveau de protection et il est responsable de leur entretien et de leur surveillance; en revanche, un transfert de la compétence à un syndicat mixte attribue par là même à celui-ci cette responsabilité et aboutit à exclure l'EPCI des modalités de gestion de l'ouvrage; de même une délégation conduit à un partage des responsabilités à la hauteur de ce qui aura été décidé entre l'EPCI et le délégataire.

Il convient donc de bien distinguer les différentes modes de gestion de la compétence GEMAPI et d'apprécier les enjeux qui leur sont attachés.

A. De la gestion en régie par l'EPCI de la compétence GEMAPI

L'EPCI nouvellement compétent depuis le 1er janvier 2018 peut décider d'exercer tout ou partie de la compétence GEMAPI en régie directe. L'exercice en régie peut en effet n'être que partiel : l'EPCI peut, par exemple, décider de n'exercer en régie directe que l'alinéa relatif à la défense contre les inondations. L'exercice de la compétence GEMAPI en régie directe peut être particulièrement approprié si le périmètre de l'intercommunalité et ceux des bassins hydrographiques du territoire coïncident : la gestion hydraulique est alors tout à fait cohérente. L'EPCI, qui exerce la gestion des ouvrages et qui est dès lors gestionnaire du système d'endiguement avec les obligations qui s'ensuivent, doit s'assurer qu'il dispose bien des capacités financières, techniques et humaines suffisantes pour les exercer.

B. Du transfert ou de la délégation – en tout ou partie – de la compétence GEMAPI à un ou plusieurs syndicats mixtes

L'exercice de la compétence GEMAPI peut faire l'objet – en tout ou partie – soit d'un transfert (1), soit d'une délégation de compétence (2).

1. Le transfert – total ou partiel – de la compétence GEMAPI

À la suite du transfert de compétences, la commune n'est plus habilitée à intervenir au niveau des compétences transférées. C'est ce mécanisme qui a rendu juridiquement possible le transfert « automatique » à compter du 1er janvier 2018 de la compétence GEMAPI des communes vers les EPCI à fiscalité propre dont elles sont membres; et c'est ce même principe qui permet indirectement à ces EPCI de transférer tout ou partie de la compétence GEMAPI par l'adhésion à des groupements de collectivités, tels qu'un établissement public d'aménagement et de gestion de l'eau (EPAGE)[32], un établissement public territorial de bassin (EPTB), ou encore un syndicat mixte de droit commun (comme un syndicat de rivière par exemple). Mais, et il est fondamental de le souligner, dans la mesure où un EPCI

32. Catégorie de syndicat mixte créée par l'article 57 de la loi MAPTAM.

est un établissement public soumis en tant que tel au principe de spécialité, cet EPCI ne peut dès lors transférer que les compétences – comme la compétence GEMAPI – qui lui ont été attribuées par la loi ou par ses communes membres[33].

Le transfert de la compétence GEMAPI peut donc s'effectuer vers différents types de structures : des syndicats mixtes fermés ne regroupant que des communes et des EPCI ; ou des syndicats mixtes ouverts regroupant des communes, des EPCI et d'autres collectivités et qui définissent librement dans leurs statuts leurs règles de fonctionnement.

Les EPTB et les EPAGE sont des syndicats mixtes spécifiques, qui peuvent se voir transférer (ou également déléguer du reste) tout ou partie de la compétence GEMAPI en vertu de l'article L. 213-12 du Code de l'environnement : dans l'hypothèse d'un transfert, les EPCI devront devenir membres de la structure concernée ; en cas de délégation, possible uniquement pour ces deux catégories de syndicats mixtes, les modalités d'exercice de la compétence sont définies dans une convention. Le transfert de compétence entraîne la substitution de plein droit du syndicat mixte dans les attributions qui lui ont été confiées[34]. *In fine*, le transfert de compétence entraîne le transfert des biens, du personnel, des moyens et des engagements financiers (charges, emprunts éventuels) ainsi que de la responsabilité rattachés à la compétence[35].

Les EPCI à fiscalité propre peuvent donc transférer tout ou partie de la compétence GEMAPI à un ou plusieurs syndicats. Les textes n'imposent pas un transfert en bloc de la compétence GEMAPI. Pour autant, le transfert d'une partie seulement de la compétence à un syndicat mixte n'a pas été confirmé par le législateur. Si le point est bien établi pour les EPAGE et les EPTB qui « exercent par transfert ou par délégation [...] tout ou partie des missions relevant de la compétence de gestion des milieux aquatiques et de prévention des inondations [...] »[36], il demeure plutôt flou pour les syndicats mixtes, même si la doctrine étatique officielle paraît l'autoriser, mais sans qu'il y ait semble-t-il une confirmation réglementaire formelle.

Par ailleurs, il est possible de transférer tout ou partie de la compétence GEMAPI sur différents syndicats mixtes présents sur le territoire de l'EPCI ; les dispositions relatives à un transfert de compétences par un EPCI vers un syndicat sont en effet régies par l'article L. 5211-61 du CGCT :

33. Ainsi, conformément à ce principe de spécialité, un syndicat mixte ne pourra réaliser la maîtrise d'ouvrage sur des digues que dans la mesure où ses statuts l'y autorisent expressément.

34. La définition des statuts du syndicat lors des délibérations de transfert est donc fondamentale.

35. Les ouvrages publics sont mis gratuitement à la disposition de la structure bénéficiaire du transfert de la prévention des inondations. Il ne s'agit pas d'un transfert de propriété.

36. En vertu de l'article L. 213-12, C. env. (voir *supra*).

> « Un établissement public de coopération intercommunale à fiscalité propre peut transférer toute compétence à un syndicat de communes ou un syndicat mixte dont le périmètre inclut en totalité le périmètre communautaire après création du syndicat ou adhésion de l'établissement public.
>
> Par dérogation à l'alinéa précédent, en matière de gestion de l'eau et des cours d'eau, d'alimentation en eau potable, d'assainissement collectif ou non collectif, de collecte ou de traitement des déchets ménagers et assimilés ou de distribution d'électricité ou de gaz naturel, un établissement public de coopération intercommunale à fiscalité propre ou un établissement public territorial peut transférer toute compétence à un syndicat de communes ou un syndicat mixte sur tout ou partie de son territoire ou à plusieurs syndicats situés chacun sur des parties distinctes de son territoire. »

Le second alinéa de l'article L. 5211-61 du CGCT mentionne donc la « gestion de l'eau et des cours d'eau », autorisant ainsi un transfert en étoile du volet « gestion des milieux aquatiques » (al. 1, 2 et 8 de l'art. L. 211-7, C. env.) de l'EPCI vers plusieurs syndicats compris sur son périmètre. Cependant, le transfert à plusieurs syndicats de l'alinéa 5 relatif à la « défense contre les inondations et contre la mer » n'est pas expressément mentionné.

2. La délégation – totale ou partielle – de la compétence GEMAPI

Une autre forme de coopération conventionnelle est la délégation de compétences[37] : celle-ci consiste à « faire faire » les missions par une autre collectivité locale ou par un groupement sans que la collectivité compétente soit dessaisie[38]. Plus souple dans sa forme que le transfert, elle est cependant plus restrictive quant aux structures vers lesquelles il est possible de déléguer, puisque, encore une fois, la délégation n'est possible que pour des syndicats ayant le statut d'EPTB ou d'EPAGE.

La délégation comme le transfert de la compétence GEMAPI est donc permise à un EPTB ou à un EPAGE, qui sont des syndicats mixtes « spécifiques » ; cette délégation de la compétence GEMAPI à un EPTB ou à un EPAGE peut être totale ou partielle[39], étant rappelé qu'un syndicat mixte « de droit commun » (par conséquent, non EPAGE ou EPTB) peut se voir transférer, mais pas déléguer, la compétence GEMAPI ou une partie de celle-ci.

La différence majeure avec le transfert est que les compétences déléguées sont exercées au nom et pour le compte de la collectivité territoriale délégante. En revanche, l'autorité délégataire est substituée à l'autorité délégante dans tous ses droits et obligations relatifs à l'objet de la délégation pendant la durée de celle-ci, ce qui n'est pas sans conséquence en termes de responsabilité.

37. C'est en effet une convention qui régit la délégation.
38. Voir l'article L. 1111-8, CGCT.
39. Voir l'article L. 213-12 V, C. env.

C. Une autre possibilité de conventionnement souple pour exercer la compétence « prévention des inondations » : l'entente intercommunale (art. L. 5221-1, CGCT)

Un autre mode de gestion peut encore être envisagé : l'entente intercommunale.

Cette forme d'association relativement souple entre communes ou EPCI permet, par une simple délibération des organes délibérants et sans autorisation du préfet, de s'entendre sur tout objet d'utilité commune aux entités qui la contractent, sous réserve que cet objet entre bien dans le champ de leurs compétences.

Ainsi, à titre d'exemple : deux EPCI exerçant la compétence GEMAPI peuvent contracter une entente sur un cours d'eau traversant leurs territoires ; de même, un ouvrage de protection à cheval sur deux EPCI peut faire l'objet d'une entente intercommunale.

En dépit de la souplesse de la procédure, il convient cependant de délimiter clairement et précisément les missions de l'entente intercommunale, de clarifier les rôles de chaque structure gestionnaire pour une intervention en cas de crise, et de tracer administrativement la mise à disposition des ouvrages, en établissant un procès-verbal et une convention, rendant compte de la situation juridique, de l'état des biens et de l'évaluation de leur remise en état.

En conclusion, l'organisation administrative de la gestion des ouvrages dépend bien évidemment très largement du contexte territorial : régie, transfert ou délégation (en totalité ou en partie), conventionnements divers, il n'existe pas de modèle convenant à toutes les situations. Il est dès lors fondamental d'adopter le mode de gestion le mieux adapté au contexte territorial.

On l'a maintes fois souligné, rien n'interdit la délégation ou le transfert d'une partie seulement de la compétence en matière de gestion des digues, dans la mesure où ces mécanismes n'affectent pas l'existence d'un gestionnaire unique qui reste, nonobstant ces délégations ou transferts partiels, l'autorité compétente en matière de GEMAPI[40].

Le choix repose sur les EPCI à fiscalité propre, détenteurs de la compétence, et qui ont donc tout intérêt à bien connaître la situation de leur territoire, à s'appuyer – savoir s'appuyer – sur les structures existantes, et à échanger avec *tous* les acteurs territoriaux. Encore une fois, la mise en œuvre de la compétence implique et illustre donc parfaitement une approche de type « ingénierie territoriale ».

---

40. L'important est de s'assurer du caractère sécable de la compétence transférée ou déléguée, au regard des obligations du gestionnaire, posé par la loi et les règlements.

III. Du choix pertinent des modalités de financement de la compétence GEMAPI

La mise en œuvre – effective et efficace – de la compétence GEMAPI repose sur les capacités financières de l'autorité compétente en la matière, étant au demeurant observé que ces capacités financières constituent un des éléments intervenant dans le choix de la gestion administrative de la compétence GEMAPI, ce qui conforte une nouvelle fois la nécessité d'une réflexion d'ensemble (ou en parallèle) sur les différentes questions posées par la mise en place de cette nouvelle compétence.

Cette observation concerne tout particulièrement le volet « prévention des inondations » pour les digues, dont le coût peut être très élevé[41]. Aussi, l'autorité en charge de la compétence GEMAPI doit-elle réfléchir – précisément – sur les moyens lui permettant d'assurer l'ensemble des missions de celle-ci et estimer aussi exactement que possible les coûts liés aux règles introduites par la loi de 2014 et à son décret d'application précité de 2015, surtout dans un contexte de restriction budgétaire et de baisse des dotations.

En vérité, l'autorité gestionnaire en matière de GEMAPI dispose *a priori* de plusieurs sources de financement pour lui permettre de mener à bien ses différentes missions ; et, là encore, leur choix impose et illustre bien une approche de type « ingénierie territoriale ».

A. Le recours au budget général de l'autorité gestionnaire

L'autorité gestionnaire bénéficie d'abord, si ce n'est avant tout, de son budget général.

Plus précisément, si cette autorité est un EPCI à fiscalité propre, elle peut bénéficier de sources de financement fiscales (issues des taxes directes locales et de la fiscalité professionnelle) et non fiscales (comme la dotation globale de fonctionnement, étant précisé que les territoires ruraux peuvent, en outre, prétendre à la dotation d'équipement des territoires ruraux en application des articles L. 2334-32 à 39 du CGCT)[42].

41. En 2014, les services de l'État ont évalué pour le Comité national de l'eau le coût du seul volet « prévention des inondations » (coût d'exploitation courant et provision pour renouveler les ouvrages de protection) à plus de 300 millions d'euros/an.

42. Cette dotation n'est cependant versée qu'aux EPCI dont la population est inférieure ou égale à 50 000 habitants (150 000 en Outre-mer).

Si la compétence GEMAPI est exercée par un syndicat mixte par transfert ou délégation[43], les contributions des membres de ce syndicat sont définies selon une clé de répartition fixée dans les statuts[44]. Mais les contributions des communes et EPCI membres ne suffisent pas toujours à assurer au syndicat les fonds propres nécessaires à la gestion du linéaire de digues dont il a la charge ; c'est pourquoi il peut être utile et avantageux d'ouvrir ces structures, sous réserve qu'elles soient compétentes, à des collectivités autres que les seules communes et EPCI possédant des digues, du fait que ces ouvrages constituent des infrastructures d'aménagement du territoire protégeant des réseaux, des zones d'activités économiques, touristiques dont les retombées profitent à des territoires ne bénéficiant pas directement de leur protection. D'où, une nouvelle fois, l'utilité voire la nécessité d'une étude d'ensemble avec les différents acteurs territoriaux concernés ou susceptibles d'être concernés.

B. Le recours – non obligatoire – à la « taxe GEMAPI »

Comme autre source de financement, la loi a prévu l'instauration d'une taxe spécifique – la « taxe GEMAPI » – visant à financer la gestion des milieux aquatiques et la prévention des inondations, puisqu'elle est affectée aux charges de fonctionnement et d'investissement liées à l'exercice des différentes missions de la compétence GEMAPI[45]. La loi MAPTAM a en effet créé une taxe dans ce but, taxe codifiée à l'article 1530 *bis* du Code général des impôts (CGI)[46], et qui peut être instaurée par une commune ou un EPCI à fiscalité propre, mais pas par un syndicat mixte[47].

43. Rappelons qu'en cas de transfert de la compétence (des communes vers l'EPCI-FP ou de l'EPCI-FP vers un syndicat mixte), le bénéficiaire du transfert se substitue à la collectivité antérieurement compétente dans ses droits et obligations (voir art. L. 1321-2, CGCT), alors que dans l'hypothèse d'une délégation, le cadre financier dans lequel s'exerce la compétence ainsi que les moyens de fonctionnement et les services éventuellement mis à la disposition du délégataire sont prévus dans la convention de délégation (art. L. 1111-8 et R. 1111-1, CGCT).

44. Dans le cas des syndicats mixtes fermés, dont les membres n'adhèrent que pour partie aux compétences exercées par le syndicat, chaque membre supporte obligatoirement les dépenses correspondant aux missions transférées, dans les conditions fixées par les statuts.

45. De sorte que les coûts de renouvellement des installations et le remboursement des annuités d'emprunts résultant de l'exercice de la compétence GEMAPI entrent ainsi dans l'affectation de cette taxe GEMAPI.

46. Aux termes de cet article, les communes qui exercent la compétence GEMAPI peuvent instituer et percevoir une taxe en vue de financer cette compétence, y compris lorsqu'elles en ont transféré tout ou partie à un ou plusieurs syndicats mixtes. Les EPCI à fiscalité propre qui se substituent à leurs communes membres pour l'exercice de la GEMAPI, peuvent, par délibération, instituer et percevoir cette taxe en lieu et place de leurs communes membres.

47. Un syndicat mixte, un EPAGE ou un EPTB, ne peut pas lever la taxe, même si tout ou partie de la compétence GEMAPI lui a préalablement été transférée ou déléguée. Ce sont les contributions financières de ses membres, définies dans les statuts du syndicat, qui leur permettent de réaliser l'ensemble des actions relatives à la GEMAPI.

Cette taxe GEMAPI est à la fois facultative et plafonnée.

Facultative, puisque l'autorité compétente en matière de GEMAPI n'est pas obligée de la lever, dans la mesure où les charges relatives aux missions de la GEMAPI peuvent être financées par le budget général de la commune ou par d'autres sources de financement, comme les redevances perçues auprès des personnes qui rendent les travaux nécessaires ou qui y trouvent un intérêt, les subventions et aides des autres collectivités telles que départements et régions[48], les financements de l'État et du fonds Barnier, les financements européens ou encore les financements issus des plans fleuves, des agences de l'eau ou des contrats.

Plafonnée, en raison du fait qu'elle ne peut pas dépasser annuellement 40 euros par habitant résidant sur le territoire relevant de la compétence de l'autorité compétente en matière de GEMAPI. Ce montant permet dès lors de calculer le montant maximal perçu par l'EPCI à fiscalité propre au regard du nombre total d'habitants concernés[49].

La taxe est calculée selon le coût prévisionnel annuel résultant de l'exercice de la compétence[50], comprenant l'entretien courant, les modalités de surveillance, les études et éventuels travaux à réaliser (coût prévisionnel des charges de fonctionnement et d'investissement résultant de l'exercice de la compétence)[51]. Le montant de la taxe doit être arrêté avant le 1er octobre de l'année précédant son application, par le conseil communautaire de l'EPCI. La taxe est payée par l'ensemble de la population imposable de l'EPCI qui l'a instituée, même si les actions qu'elle finance ne profitent qu'à une partie des habitants[52].

En conclusion, le budget propre du gestionnaire constitue – est censé constituer – la première source de financement de la mise en œuvre de la compétence GEMAPI. Dans la mesure où la taxe GEMAPI est facultative, elle ne sera pas en

48. Le département peut subventionner des actions dans le cadre de certaines de ses compétences : assistance technique territoriale, solidarité aux territoires ruraux, préservation des espaces naturels sensibles. La région peut également apporter une aide en fonction de ses compétences et politiques d'intervention (aménagement du territoire, animation et concertation dans le domaine de la gestion et de la protection de la ressource en eau et des milieux aquatiques) ; chaque région détermine son domaine et taux de participation.
Les ouvrages gérés par les départements et les régions seront transférés aux EPCI à fiscalité propre au 1er janvier 2020 ; cependant, les charges afférentes font l'objet d'une compensation à définir entre le département ou la région et l'autorité compétente, dans le cadre d'une convention.

49. Mais ce mode de calcul ne reflète pas le montant versé *in fine* par chaque habitant, en raison du mode de répartition de la taxe.

50. Le CGI limite le produit de la taxe GEMAPI au montant prévisionnel des charges, mais ce produit peut être inférieur à ce montant.

51. C'est pourquoi il est nécessaire de procéder à un calcul séparant bien le coût des missions propres à la GEMAPI de celui des missions hors GEMAPI, le produit de la taxe ne pouvant financer que les premières.

52. Différence avec une redevance, qui ne peut être perçue qu'auprès des personnes bénéficiaires.

effet nécessairement instaurée sur tous les territoires, notamment – pour ne pas dire avant tout – pour des raisons politiques[53]. C'est pourquoi les gestionnaires doivent envisager – et essayer de trouver – d'autres sources de financement, comme les financements de l'État et du fonds Barnier, les financements européens ou des financements régionaux : l'État, l'Union européenne, et les régions ne financent généralement pas les dépenses liées à l'entretien courant et à la surveillance, ainsi que les obligations réglementaires ; mais en revanche, ils peuvent financer des actions constituant des volets de programmes, tels que les CPER, les PAPI, ou les plans « grands fleuves ».

Il est également possible, lors du transfert de la compétence des communes à un EPCI à fiscalité propre, de procéder à un transfert de charges évaluées par la Commission locale d'évaluation des charges transférées (CLECT), au risque de diminuer l'attribution de compensation des seules communes ayant supporté des dépenses lors des exercices précédents, et de favoriser celles qui n'ont rien fait. En pareille hypothèse, il faut espérer que, là encore, sauront prévaloir des comportements d'intelligence collective.

***
*

Bien que, depuis plusieurs années, personne ne nie plus la nécessité de prévenir et de circonscrire[54] au mieux ce phénomène croissant et récurrent que sont les inondations, la compétence GEMAPI a néanmoins suscité dès sa création, et continue de susciter, bien des appréhensions et bien des difficultés d'exercice. Les autorités compétentes en la matière doivent en effet surmonter à la fois des problèmes techniques, organisationnels, juridiques et financiers. Mais la mise en œuvre – concrète, effective – de cette compétence sur un territoire donné peut aussi être l'occasion d'un exercice – continu et valorisant – d'intelligence collective entre les différents acteurs territoriaux aux attributions, aux savoirs et aux moyens – notamment financiers – divers et variés. De sorte que cette compétence GEMAPI nous paraît illustrer, voire même imposer, de façon probante, en ce qui concerne – à tout le moins – les questions décisives de sa mise en place et de sa mise en œuvre, une approche de type « ingénierie territoriale » organisée autour du triptyque « acteurs/savoir-faire professionnels et nécessité d'une action coordonnée et synergétique ».

53. Même si son montant peut sembler faible, instituer la taxe GEMAPI peut être risqué politiquement en cette période de ras-le-bol fiscal…

54. Ou, plus modestement, de contenir autant que faire se peut de tels phénomènes naturels ou à tout le moins leurs effets négatifs !

Bibliographie[55]

– GRAINDORGE J. et LANDOT É., *Mettre en œuvre la GEMAPI – Gestion des milieux aquatiques et prévention des inondations*, Territorial éditions, avril 2018, 158 p.

– THIRION A., HUET G. (préf.), VERPAUX M. (Avant-propos), *La nouvelle compétence GEMAPI (Gestion des milieux aquatiques et Préventions des Inondations), Quels moyens mis à disposition des collectivités territoriales pour structurer et financer cette nouvelle compétence ?,* Association française de droit des collectivités locales, L'Harmattan, juin 2018, 120 p.

55. Seules les références doctrinales existant au moment de la rédaction de la présente contribution ont été ici mentionnées ; il convient cependant d'ajouter que la bibliographie dite administrative (rapports, publications de divers organismes) est foisonnante.

MODES D'INTERVENTION ET QUALIFICATIONS JURIDIQUES EN DROIT DE LA CULTURE

par

Jean-Marie PONTIER

Professeur émérite de droit public
Université d'Aix-Marseille

Ce n'est pas « être ou ne pas être », mais « intervenir ou ne pas intervenir » : telle est la question qui se pose pour une collectivité publique, tout au moins depuis que les sociétés sont organisées en États, et que l'État s'est reconnu, ou qu'« on » lui a reconnu, un certain nombre de missions. Si la réponse est rapidement apparue évidente dans les domaines que l'on qualifie de « régaliens » – et encore que cette qualification soit elle-même sujette à caution[1] – dans tous les autres domaines la question est ouverte : qui peut ou doit intervenir, selon quelles modalités ? À plus forte raison en est-il dans ce domaine très particulier qui est celui de la « culture »[2]. L'intervention dans le domaine de la culture ne va pas de soi, ni au regard de notre histoire ni en considérant les autres pays.

Dans notre histoire, si les pouvoirs publics sont intervenus en matière culturelle, d'une part ce ne furent pas les collectivités qu'aujourd'hui on qualifie de territoriales, mais l'État, d'autre part, ce dernier intervenait pour des considérations qui étaient fort éloignées de nos préoccupations (gloire du prince, apparat lié au pouvoir). En ce qui concerne les autres pays, notamment les pays anglo-saxons,

1. Voir J.-M. PONTIER, « La notion de compétences régaliennes dans la problématique de la répartition des compétences entre les collectivités publiques », *RDP* 2003, p. 193 et s.
2. Parler ainsi de « la culture » de manière globale est certes critiquable, et l'on reviendra sur ce point plus loin, mais il est inévitable d'en parler de cette manière parce que le législateur lui-même recourt à cette formulation, et qu'il faut bien prendre en compte ce que dit le législateur.

le principe de l'intervention publique va encore moins de soi dans le domaine culturel : l'opinion commune, dans ces pays, est que la culture ressort d'abord de l'initiative privée – ce qui peut également être soutenu dans nos pays – et que les collectivités publiques n'ont pas à intervenir, si ce n'est de manière accessoire.

En France, on a pu dire que l'intervention publique en matière culturelle doit être une intervention subsidiaire, ce qui est tout différent de l'intervention accessoire[3]. L'intervention subsidiaire peut être, et est effectivement, fondamentale, puisque la collectivité supérieure, en l'espèce l'État, car l'on se situe ici dans le cadre national, ne peut faire sans doute que ce que ne peut pas faire la collectivité inférieure, mais si celle-ci ne le fait pas, si la « demande sociale » est suffisamment importante pour appeler une intervention publique, alors cette intervention de l'État devient primordiale, déterminante. Elle l'est d'autant plus dans nos démocraties dans lesquelles le régime est devenu une démocratie économique et sociale[4], c'est-à-dire une démocratie dans laquelle les citoyens sont considérés comme ayant des « droits créances » à l'égard de l'État. Parmi ces droits créances figure le « droit à la culture », quelles que soient les réserves que peuvent inspirer les interprétations qui en ont été données[5].

L'intervention de l'État dans le domaine culturel a entraîné l'intervention des collectivités territoriales. Certes, il est possible de soutenir qu'en d'autres temps, c'est-à-dire sous l'Ancien Régime, ce qui tenait lieu de collectivités locales, les communautés, intervenaient parfois dans ce domaine, par exemple en créant des écoles de musique largement ouvertes à la population, faisant preuve d'une inventivité et d'une audace que l'on ne retrouvait pas à l'échelon de l'État. Cependant si cela est exact, les caractéristiques de la société d'Ancien Régime sont trop différentes des nôtres pour que l'on puisse véritablement établir une comparaison pertinente.

L'État a eu également tendance à considérer jusqu'à une période très récente que la culture était d'abord « son affaire », il se défiait des collectivités locales jugées dominées par des intérêts locaux peu ouverts à la culture. Cette conception, qui est évidemment très discutable, était encore celle qui était la plus prégnante lors des lois de 1982, le ministère de la Culture ayant freiné l'adoption de mesures décentralisatrices en ce domaine.

---

3. Voir en ce sens J. Rigaud, *La culture pour vivre*, Gallimard, 1975, ouvrage dont la lecture demeure aujourd'hui indispensable pour comprendre les évolutions dans le domaine culturel.
4. La formule « démocratie économique et sociale » est une formule convenue qui recouvre les champs d'intervention les plus divers, dont la culture. Certains auteurs, cependant, préfèrent ajouter et distinguer la « démocratie culturelle » de la précédente.
5. Voir notamment sur cette question J.-M. Pontier, « Réflexions discursives sur une catégorie juridique spéculative : les services publics culturels », *in* J.-M. Pontier et J. Léger, *Les services publics culturels*, PUAM 2012, p. 9 et s., p. 27 ; du même auteur, « Les droits culturels », *RDP* 2018.

La situation est très différente aujourd'hui, pour tout un ensemble de raisons. Les transferts de compétences ont été opérés, en plusieurs étapes, dans tous les domaines. Ces transferts ont été importants, ils ont fini par concerner le champ culturel, les transferts dans les autres domaines ayant joué en faveur d'une décentralisation culturelle, de même qu'a joué en ce sens la clause de compétence générale dont disposaient, jusqu'en 2015, toutes les collectivités territoriales. À cela il faut ajouter un certain essoufflement de l'État, une limitation de ses capacités, notamment financières, d'intervention, tandis que les collectivités territoriales faisaient preuve, pour certaines d'entre elles au moins, d'un dynamisme renouvelé.

Le fait est qu'aujourd'hui l'essentiel, quantitativement parlant, des dépenses culturelles est réalisé par des collectivités territoriales et non par l'État[6]. L'ensemble des composantes du champ culturel est concerné par ces interventions. Le patrimoine est la première de ces composantes, parce que le patrimoine – tout au moins architectural – est ce qu'il y a de plus visible, qu'il est porteur d'identité, cette dernière étant souvent recherchée à l'échelon local. L'intérêt de plus en plus grand pour le patrimoine immatériel se combine très bien, le plus souvent, avec la défense du patrimoine matériel. De plus, les communes ont compris l'intérêt économique que pouvait présenter le patrimoine par le biais du tourisme.

Une autre composante de la culture connaît depuis quelques années un développement spectaculaire, c'est celle du spectacle vivant. Longtemps cantonné à cette activité traditionnelle, mais que l'on trouve surtout dans les villes d'une certaine importance, le théâtre, le spectacle vivant, est représenté aujourd'hui par les festivals de toutes sortes comme par le cirque, en plein renouveau, et les arts que l'on qualifie d'arts de la rue, qui se diversifient sans cesse et qui s'expriment dans toutes sortes de lieux, qui sont le plus souvent des lieux ouverts au public : le domaine public, et plus particulièrement la voie publique.

Il est donc acquis que les collectivités publiques, non seulement peuvent intervenir, mais doivent intervenir dans le domaine culturel. Mais la question qui se pose sur le plan juridique – car l'appréhension de ce problème peut être différente

6. Selon une étude du ministère de la Culture, en 2014 les dépenses culturelles consolidées de l'ensemble des collectivités de plus de 3 500 habitants s'élevaient à 9,3 milliards d'euros, soit 143 euros par habitant et par an si l'on rapporte à la population nationale. Le budget du ministère de la Culture était, à cette date, de 3,4 milliards d'euros, et l'ensemble des dépenses culturelles de l'État de 9,2 milliards d'euros (J.-C. DELVAINQUIÈRE et F. TUGORES, *Culture Chiffres* 2017/3 n° 3, Ministère de la Culture, DEPS 2017). Les dépenses paraissent équilibrées entre l'État et les collectivités territoriales, mais d'une part les dépenses de l'État sont beaucoup plus concentrées que celles des collectivités territoriales, d'autre part, il faut ajouter les dépenses des collectivités de moins de 3 500 habitants (non comptabilisées) et ces communes – qui sont tout de même, et de loin, les plus nombreuses en France – font également des dépenses culturelles. Mme Nyssen, ministre de la Culture, a déclaré en mai 2018 que l'État dépensait 139 euros par habitant à Paris et en Île-de-France et 15 euros par habitant pour le reste du pays.

sur d'autres plans – est celle des modalités d'intervention. Comment intervenir, toutes les modalités sont-elles possibles, sont-elles équivalentes ? Qu'il s'agisse de culture ou de toute autre activité, une collectivité publique se trouve devant un choix qui est simple dans son énoncé, complexe dans le choix à opérer : faire ou faire faire, autrement dit gérer directement une activité ou la confier à une autre personne. Encore faut-il que ce que paraît être l'activité soit réellement ce qu'elle est, juridiquement s'entend. C'est là qu'intervient la question de la qualification, essentielle parce qu'elle détermine toute une série de conséquences, notamment quant au droit et quant aux règles applicables.

Il apparaît ainsi que dans le domaine de la culture la question de la détermination de la qualification est déterminante, ce qui se vérifie à la fois en ce qui concerne la nature des activités comme la nature des actes.

I. L'importance déterminante de la qualification juridique dans les interventions locales

Bien nommer les choses est nécessaire à une politique publique qui entend être ou se prétend cohérente et qui souhaite éviter les contestations. Est-ce de l'ingénierie territoriale ? On peut en débattre, mais c'est indiscutablement l'exigence d'une bonne politique. L'opération intellectuelle de qualification est également une opération juridique et, pour une collectivité publique, à plus forte raison s'il s'agit d'une collectivité territoriale, cette opération est indispensable.

A. La qualification juridique, une opération déterminante

La qualification juridique est, selon un auteur, « l'opération du raisonnement juridique qui consiste à faire entrer un objet dans une catégorie juridique, préétablie ou non, dans le but d'ouvrir l'application à l'objet ainsi qualifié du régime juridique ou de l'effet de droit attaché à la catégorie en cause »[7]. La question de la qualification est particulièrement intéressante à l'échelon des collectivités territoriales parce que les autorités de ces dernières sont amenées en permanence à pratiquer cette opération de qualification dans le domaine de la culture, et que cette qualification peut faire l'objet, et fait effectivement l'objet, de contestations.

1. L'aptitude juridique à intervenir dans le domaine de la culture

Pour que la question de la qualification juridique puisse se poser, il faut que la collectivité publique *puisse* – au sens juridique du terme – intervenir. La question ne se pose guère pour l'État, ou plus exactement pour ce dernier elle se pose en

7. Ch. Vautrot-Schwarz, « La qualification juridique en droit administratif », LGDJ, 2009, § 38, p. 23.

termes presque exclusivement politiques[8] : selon l'idéologie (ou les idéologies) en vigueur, l'État interviendra dans tel ou tel domaine, ou se verra refuser cette possibilité d'intervention. Et, selon une formule largement ressassée, nous sommes passés d'un « État gendarme » à un « État providence » qui est interventionniste, cet interventionnisme ayant pu être contesté, sauf peut-être dans le domaine de la culture[9].

En revanche, pour les collectivités territoriales la question se pose en termes juridiques puisque ces collectivités, dans notre système juridique et politique, sont une partie de l'État, reçoivent leurs compétences de l'État. Les collectivités territoriales peuvent-elles, juridiquement, intervenir dans tel ou tel domaine ? La réponse est donnée parfois par la Constitution, le plus souvent par les lois. Le Conseil constitutionnel a reconnu une large marge de manœuvre au législateur pour décider de ce que les collectivités territoriales pouvaient faire ou ne pas faire. Cette capacité d'intervention de ces collectivités, telle qu'elle est déterminée par la Constitution et par les lois et telle que ces dernières sont interprétées, par le juge constitutionnel et par le juge administratif, est elle-même qualifiée : ce sont les compétences des collectivités, la répartition des compétences entre ces collectivités et l'État, et entre ces collectivités elles-mêmes.

Les collectivités territoriales peuvent-elles intervenir dans le domaine de la culture ? C'est la première question à laquelle il faut répondre, parce que si ces collectivités ne peuvent pas intervenir, ou ne peuvent intervenir que dans des conditions très strictes, la question de la qualification n'a aucun sens, ne peut pas se poser.

C'est là une question à laquelle il est (relativement) facile de répondre aujourd'hui alors qu'il était difficile d'y répondre autrefois. En effet, avant toutes les lois intervenues depuis plus de trente ans l'interrogation était légitime : les collectivités locales – puisque l'on ne parlait pas de collectivités territoriales – disposent-elles d'une clause de compétence générale – auquel cas elles pouvaient intervenir dans le domaine de la culture comme dans les autres domaines – ou bien

8. Ce n'est pas exclusivement politique puisque nous nous situons en démocratie et que dans ce type de régime qui est le nôtre l'État, par le biais du Parlement et du gouvernement, peut intervenir, mais à condition de respecter les règles constitutionnelles, en particulier celles relatives aux droits et libertés fondamentaux des citoyens.

9. L'État interventionniste a été largement contesté à partir des années 1980, il n'est plus « à la mode », mais d'une part, l'évolution n'est pas à sens unique, il peut y avoir des retours en arrière comme il peut y avoir de nouveaux domaines ou modes d'intervention (ex. la fonction de prévention d'accidents et de catastrophes), d'autre part, le champ culturel est un champ où l'intervention de l'État est, dans un pays tel que la France, largement admise, voire réclamée.

ne bénéficient-elles pas de cette « clause » qui n'en a jamais été une ? Une telle question ne peut plus se poser parce que la réponse est affirmative, parce que cette réponse est donnée au départ, ce qui exclut de poser la question[10].

D'une part, en effet, la culture a été une illustration particulièrement remarquable de ce qui a été reconnu par le législateur[11] comme étant la clause de compétence générale dont disposaient toutes les collectivités territoriales. D'autre part, après la suppression, en dernier lieu par la loi NOTRe, de ladite clause pour les départements et les régions, le législateur a laissé subsister, au profit de toutes les catégories de collectivités, trois exceptions dans des domaines qualifiés de compétences partagées, et la culture est l'une de ces exceptions[12].

2. Appellations et qualifications

Dans de nombreux domaines il existe des appellations, mais dont la signification peut être très variable, car la notion d'appellation est double. Elle peut signifier simplement dénomination. Il est nécessaire, dans le domaine de la culture comme dans n'importe quel autre domaine d'intervention, et en dehors même de toute intervention publique, qu'il y ait des dénominations. La dénomination est, d'une manière très générale, la condition de la parole, de l'échange et, dans le domaine du droit, s'il n'y a pas de dénomination il ne peut y avoir de règle juridique. La dénomination est un instrument pour échapper à la confusion de la pensée.

Il y a donc des dénominations pour les institutions comme pour les procédures. Ainsi, par exemple, dans le domaine des enseignements artistiques, jusqu'en 2006, on distinguait, pour les écoles de musique, les écoles municipales de musique

10. En revanche une autre question, beaucoup plus redoutable, se pose, celle de savoir ce qu'il faut entendre par « culture », il faut savoir ce qu'est la culture. Or, la réponse à cette question n'est pas donnée par un texte, elle ne peut pas être donnée parce que les conceptions de la culture, qui ont beaucoup évolué, sont très différentes selon les individus, selon les sociétés, selon les moments de l'histoire.

11. Et cette reconnaissance a été faite avec force, avec lyrisme, dans les débats qui ont précédé le texte devenu la loi MAPTAM du 27 janvier 2014.

12. Et redisons, une fois de plus, combien il est surprenant que le législateur ait fait preuve d'aussi peu de réflexion en inscrivant dans la loi ce terme de « culture » comme compétence sans se poser la question de sa signification. Mais il est évident que cela peut justifier des interventions des collectivités territoriales dans les domaines les plus divers, ce qui est un avantage pour ces collectivités (et démontre la vanité des tentatives pour clarifier les compétences).

(EMMA)[13], les écoles nationales de musique et de danse (ENM) et les conservatoires nationaux de région (CNR). C'était une dénomination, qui permettait de distinguer, de catégoriser et de hiérarchiser les écoles de musique[14].

L'appellation peut ne pas se limiter à une simple dénomination, celle-ci peut être plus ou moins contrôlée, et lorsque l'on parle de contrôle il ne peut s'agir, dans un pays tel que la France, que du contrôle exercé par l'État. Parmi les appellations contrôlées, et indépendamment des appellations européennes, les plus célèbres sans doute dans notre pays sont celles qui s'appliquent aux vins, un vin d'appellation contrôlée (AOC) étant considéré comme de plus grande qualité qu'un vin de consommation courante (VCC)[15], autre appellation, mais pour les vins ordinaires.

Ces appellations contrôlées s'appliquent dans d'autres domaines, notamment dans le domaine de la culture. Ainsi, les dénominations citées précédemment pour les écoles de musique étaient-elles en même temps des appellations contrôlées dans la mesure où ces dénominations n'étaient pas libres : d'une part, elles étaient soumises à des conditions – variables selon le type d'école – d'autre part, elles étaient attribuées par l'État qui, en attribuant ces appellations, reconnaissait un certain niveau des écoles.

Dans le domaine du patrimoine, lorsque l'on parle de « monument historique » il s'agit à la fois d'une appellation protégée – n'importe quel monument ne peut pas être considéré, d'un point de vue officiel, légal, comme un monument historique – et d'une qualification : c'est l'État qui, au terme d'une procédure faisant intervenir plusieurs institutions, va apposer son sceau en considérant que le monument en question est un monument historique, ce qui entraîne toute une série de conséquences juridiques.

Les appellations peuvent être trompeuses, elles disent une situation ou un statut juridique, elles ne disent pas nécessairement la « vérité » de ce qui est qualifié. Ainsi, dans le cas de nos écoles de musique, les appellations les plus recherchées, celles d'école nationale de musique (ENM) et celle de conservatoire national de région (CNR) étaient de nature à tromper une personne non avertie dans la mesure où nonobstant ces appellations, doublement trompeuses en ce qui concerne les

13. Parmi ces écoles municipales, une sous-distinction, importante, devait et doit toujours être faite entre les écoles agréées et les écoles non agréées, l'ambition de toute commune possédant une école de musique étant de passer du statut d'école non agréée à celui d'école agréée. Mais les écoles agréées sont une minorité au sein des milliers d'écoles de musique municipale.

14. Cela permettait de catégoriser et de hiérarchiser, mais non de clarifier puisque nonobstant ces appellations particulièrement trompeuses (les personnes non prévenues pouvaient hésiter : les CNR étaient-ils des institutions nationales ou régionales ? La réponse était : ni l'une ni l'autre…) ces écoles étaient presque toutes communales.

15. Dans les vins, comme dans les autres domaines, on observe qu'il existe des appellations un peu pompeuses, et qui le sont parce qu'elles ne veulent rien dire, qu'elles renvoient à quelque chose de tout à fait ordinaire.

CNR, laissaient à penser que les écoles étaient nationales (pour les ENM), nationales ou régionales pour les CNR. Or, elles n'étaient ni l'une ni l'autre puisque la quasi-totalité de ces écoles étaient en réalité municipales et que seules des raisons historiques expliquaient, sans les justifier, de telles appellations. D'où les changements de dénomination et d'appellation, les ENM devenant des conservatoires à rayonnement intercommunal, les CNR des conservatoires à rayonnement régional. Mais si les appellations ne sont plus trompeuses, elles demeurent vagues et donnent lieu à des interrogations.

Une autre catégorie d'appellations est venue perturber et compliquer le système d'appellations existant, celle des « labels ». Le droit de la consommation connaît depuis longtemps des labels, destinés à orienter le choix des consommateurs vers des produits de meilleure qualité. Le plus connu[16] des labels dans le domaine alimentaire est le label rouge, attribué par le ministère chargé de l'Agriculture, et qui appartient à ce que l'on appelle également les « signes de qualité »[17]. De la même manière, les pouvoirs publics ont entendu introduire les labels dans le domaine de la culture dans la loi portant sur la création artistique, l'architecture et le patrimoine, dite loi CAP[18]. L'institution de ces labels répond à des considérations variables, dont certaines sont claires et compréhensibles, d'autres beaucoup moins[19].

Quoi qu'il en soit, ces appellations, labels, qualifications, soulèvent des interrogations sur le plan juridique. D'abord, on peut se demander parfois si l'on se trouve dans le cadre d'une « simple » appellation ou d'un label. La loi sur les musées de 2002 a institué une catégorie dénommée « Musée de France ». L'objectif est clairement ici, d'une part, de faire en sorte que les musées qui prétendent à cette qualification satisfassent à certaines conditions, d'autre part, de protéger le plus efficacement possible les collections[20] par le biais de l'inaliénabilité et de l'imprescriptibilité. La loi ne parle pas de label et l'on serait donc tenté d'écarter cette qualification, mais, d'une part, les labels n'existaient pas en 2002 dans le domaine de la culture[21], d'autre part, on voit mal ce qui distingue l'appellation « Musée de France » des labels institués par la loi de 2016.

---

16. Tout est question de proportion, de mesure : le label rouge est connu d'un certain nombre de consommateurs, mais pas de l'ensemble des consommateurs. Mais cela est inévitable et vaut pour toutes les appellations protégées.
17. Voir J.-M. PONTIER, « La politique de labellisation », *AJDA* 2017, p. 1700.
18. Voir J.-M. PONTIER, « Liberté de création, architecture et patrimoine », *AJDA* 2016, p. 2027, précité.
19. Il en est ainsi en particulier du label institué pour les FRAC, qui est moins destiné à valoriser ces derniers qu'à éviter que les régions ne se mettent à revendre des œuvres de leur FRAC, cette raison étant (évidemment) rejetée par le ministère de la Culture qui préfère faire valoir des arguments plus nobles.
20. La définition du musée renvoie à celle de collection. Voir sur cette définition J.-M. PONTIER, « Culture », *Encyclopédie des collectivités locales*, Dalloz, 2017, p. 4332-1 et s.
21. Ou, tout au moins, pas de manière aussi éclatante, aussi impressionnante.

Ensuite, on peut se demander si l'État a une politique bien ordonnée, cohérente, pensée, dans ce domaine des appellations de toutes sortes, et l'on peut éprouver quelques doutes à cet égard : les motivations sont très variables, d'autant plus variables qu'elles ne sont pas les mêmes selon la date à laquelle une appellation a été créée, les régimes juridiques sont également très différents, l'unité ne semble guère caractériser les interventions de la puissance publique.

Enfin, on peut s'interroger sur la détermination de la compétence dans l'attribution de ces appellations. À l'heure actuelle, tous ces labels et appellations sont entièrement attribués par l'État. Ce dernier dispose d'un véritable monopole. Certes, rien n'empêche une collectivité d'instituer une appellation qui lui soit propre[22], mais il y a peu de chances qu'elle ait un quelconque succès, qu'elle soit connue, et qu'elle soit de nature à attirer. Pour qu'il puisse y avoir des appellations locales reconnues, il faudrait que l'État reconnaisse cette possibilité, cette capacité, des collectivités territoriales, ou de certaines d'entre elles, à instituer de telles appellations.

L'État est aujourd'hui encore l'institution qui est habilitée à dire ce qui est d'intérêt général et d'intérêt général culturel. Cela ne revient pas à dire que les collectivités territoriales ne peuvent pas poursuivre l'intérêt général, dans le domaine culturel comme dans les autres domaines, mais ce ne sont pas elles qui disent ce qui est d'intérêt général en dernier ressort ou, si l'on préfère, cela est soumis à validation ou à contrôle, par une autorité juridictionnelle (le juge administratif) ou par une autorité administrative représentant l'État. Au fond, et dans la conception française, il n'existe de véritable intérêt général que l'intérêt national. Ce n'est pas une conception universelle, c'est une conception contestable, mais qui s'explique par notre histoire, elle demeure profondément ancrée malgré les développements de la décentralisation.

L'État pourrait certes habiliter les collectivités territoriales à qualifier certaines institutions ou certaines activités, que ce soit par délégation ou par l'attribution d'un pouvoir propre. Mais la diversité des collectivités, les intérêts divergents qui sont en jeu, les doutes qui peuvent être éprouvés par les citoyens sur l'impartialité de leurs élus locaux, conduisent à maintenir actuellement ce rôle de l'État : ce dernier est contesté, suspecté, il est ébranlé, mais il n'en demeure pas moins, pour l'heure, l'institution dont les Français estiment qu'elle est celle qui peut le mieux définir l'intérêt général et le préserver.

22. Encore que même dans cette hypothèse l'autorité locale ne disposerait que d'une faible marge de manœuvre, elle se heurterait, d'un côté, aux appellations commerciales et aux marques déposées, de l'autre, aux règles concernant la propriété publique.

B. Qualification juridique et modalités de l'intervention

Le droit administratif est d'abord le droit de l'action administrative, ainsi que le faisait déjà remarquer en son temps Bonnin[23], et la qualification est d'abord celle de l'action conduite par une collectivité. Mais dans cette action, toute collectivité dispose d'un choix quant au mode de gestion qu'elle entend retenir.

1. La qualification de l'action à conduire

Il appartient à la collectivité publique qui souhaite intervenir, qu'il s'agisse de l'État ou des collectivités territoriales, de décider si elle entend le faire par la voie de l'acte unilatéral ou du contrat.

Lorsque l'État intervient par voie unilatérale dans un domaine déterminé, que ce soit la culture ou un autre domaine, cette intervention est présumée être effectuée dans un intérêt général, parce que l'administration ne peut poursuivre que ce dernier, elle est finalisée et ne peut agir que dans un intérêt général. Ce n'est qu'après coup qu'il est possible de démontrer que l'administration n'a pas agi dans un tel intérêt, soit parce qu'elle a poursuivi un intérêt privé, soit encore parce qu'elle a poursuivi un intérêt qui, tout en étant un intérêt public, n'est pas celui qu'elle pouvait légalement poursuivre[24]. La qualification de l'action est pré-donnée, elle ne soulève généralement pas de difficultés parce que, à l'échelon de l'État, et dans un tel domaine, les détournements de pouvoir sont rares.

La situation est un peu différente pour les collectivités territoriales. L'intervention de ces dernières se traduit le plus souvent, lorsqu'il s'agit d'un acte unilatéral, par la création d'un service public. La question est donc de savoir quand une collectivité territoriale est habilitée à créer un service public. La distinction qui s'impose, à l'échelon local, est celle entre les services publics obligatoires et les services publics facultatifs. Ces collectivités sont tenues par les textes, c'est-à-dire par les lois, de créer et d'organiser certains services publics. Si elles ne le font pas, elles peuvent engager leur responsabilité, si elles le font, étant donné que la loi a précisé ce qu'était ce service public, l'intervention de la collectivité ne soulèvera, *dans son principe*, aucune difficulté. C'est le cas d'un certain nombre de services publics dans le domaine social, tel par exemple le service public de l'enseignement.

Mais les services publics culturels sont, pour la plupart, facultatifs. C'était l'un des arguments qui avaient été présentés par le commissaire du gouvernement pour soutenir que le principe d'égalité ne pouvait pas se présenter de la même

---

23. Bonnin, *Principes d'administration publique*, Paris, 1809, Bonnin étant l'un des « inventeurs » de la science administrative, celle-ci ayant précédé le droit administratif, notamment dans sa dimension contentieuse.

24. On est alors dans le cadre du détournement de pouvoir (ou de procédure) et l'un des exemples d'intérêt public poursuivi par la collectivité (locale) autre que celui qu'elle pouvait poursuivre est l'intérêt financier.

manière pour une école de musique et pour une crèche, parce que dans le premier cas on avait affaire à un service public facultatif, que la commune n'était pas tenue de créer[25]. La notion de service public obligatoire n'est jamais définie, elle découle d'une autre notion, celle de dépense obligatoire. Les dépenses obligatoires sont « définies » au Code général des collectivités territoriales (CGCT) à l'article L. 1612-15, elles recouvrent deux catégories de dépenses, les dépenses correspondant à des dettes exigibles, notion qui ne nous intéresse pas ici, et les dépenses pour lesquelles la loi l'a décidé[26]. Pour cette seconde catégorie, il suffit de se référer aux articles qui prévoient ces dépenses, notamment pour les communes[27], pour constater que ces dépenses sont des dépenses facultatives.

Dans le cas de la création d'une école de musique, la qualification de service public ne fait pas de doute, mais c'est également parce qu'il s'agit d'un service public qui est lié à un autre service public, beaucoup plus incontestable, et obligatoire, l'éducation. De la même manière, la création d'un musée par une commune sera présumée d'intérêt général, compte tenu de la finalité du musée, dont il n'est pas discuté qu'elle est d'intérêt public, les musées privés étant, en France, l'exception, même si ces exceptions peuvent être d'importance.

Dans d'autres domaines d'intervention culturelle, la question peut se poser, du fait à la fois de l'étendue de la compétence des collectivités territoriales pour intervenir et de la nature facultative de l'intervention. Le domaine de la culture a pu illustrer la thèse de la compétence générale des collectivités territoriales, il est une expression de cette compétence. Et aujourd'hui, la compétence en matière culturelle est une compétence dite partagée, parce que la commune conserve sa compétence générale et que le département et la région se voient reconnaître une capacité d'intervenir, par exception à ce qui est aujourd'hui, pour ces deux catégories de collectivités, un principe de spécialité. La qualification de l'activité poursuivie par la collectivité n'est donc pas acquise d'avance, et cela d'autant moins que la culture connaît de nouvelles formes d'expression, éloignées des conceptions traditionnelles de la culture, pour lesquelles la qualification de service public, donc la qualification d'intérêt public, n'est pas évidente.

Encore plus la question de la qualification juridique peut-elle se poser dans le cas où la collectivité décide d'intervenir par le biais d'un contrat. Le contrat est une forme banale d'intervention de toutes les personnes publiques dans tous les

25. Voir CE sect. 13 mai 1994, *Commune de Dreux*, *RFDA* 1994, p. 711, concl. S. DAËL, *AJDA* 1994, p. 652, note M. Hecquard-Théron.

26. L'alinéa 1er de l'article L. 1612-15 du CGCT dispose : « Ne sont obligatoires pour les collectivités territoriales que les dépenses nécessaires à l'acquittement des dettes exigibles et les dépenses pour lesquelles la loi l'a expressément décidé. »

27. Pour ces dernières il s'agit de l'article L. 2321-2 du CGCT. Il est remarquable, parce que très significatif, que la liste qui figure à cet article, et qui ne comprend pas moins de 33 rubriques, ne fasse aucune référence aux services publics culturels.

domaines, il serait tout à fait impossible de se passer du procédé du contrat, qui est peut-être le premier procédé de nature juridique qui ait été utilisé à partir du moment où des échanges ont eu lieu parmi les hommes.

Que les collectivités publiques puissent contracter ne présente non plus aucune difficulté en soi, en revanche les interrogations commencent lorsqu'il s'agit de qualifier le contrat, puisque les collectivités publiques – mais l'on songe plus particulièrement, dans ce cas, aux collectivités territoriales – peuvent conclure des contrats de droit privé comme des contrats administratifs, avec des conséquences juridiques importantes qui s'attachent à la qualification donnée. Et, bien qu'elle paraisse devoir se poser avant celle de la qualification du contrat, une autre question surgit parfois à l'occasion de l'interrogation sur la qualification du contrat, c'est celle de la nature de l'acte : l'acte était-il bien un contrat ?

2. La qualification de la gestion d'une activité

Une fois créé ou institué, un équipement ou une activité doit donner lieu à une gestion. Et là encore, une double possibilité s'offre à la collectivité, soit gérer directement elle-même, soit confier la gestion à une autre personne.

Dans le premier cas, la gestion est directement assurée par la collectivité, avec ses moyens financiers, matériels, et son personnel. On parle alors de régie et la qualification ne devrait pas *a priori* soulever de doutes ou d'interrogations. Elle en soulève cependant pour plusieurs raisons. Une première raison est que le terme de « régie » a été employé dans des sens très différents, rien ne justifiant une telle diversité, qui est cependant un fait. Ainsi, par exemple, le législateur avait bizarrement appelé Renault, à la suite de sa nationalisation en 1946, « régie nationale des usines Renault »[28].

Cette appellation était fausse puisque l'entreprise n'était pas gérée en régie – cela eût été parfaitement impossible et, au surplus, tout à fait incohérent – mais était une sorte de société dont l'État était l'actionnaire unique. Le législateur a également entretenu la confusion sur le terme en consacrant, à l'échelon local, la catégorie des « régies industrielles et commerciales », dont le qualificatif était largement antinomique du terme régie, et qui pouvaient au surplus être dotées dans certains

28. La nationalisation de Renault fut l'exemple d'une « nationalisation sanction » puisqu'il s'est agi de sanctionner une personne, Louis Renault, en raison de sa collaboration arguée avec le régime de Vichy et avec l'occupant. Avec le recul du temps, une telle réaction paraît un peu étrange, la nationalisation n'a pas permis à Renault, présenté ensuite comme une « vitrine sociale » de se comporter comme une véritable entreprise industrielle.

cas de la personnalité morale[29]. Il était indispensable de parler de régie directe pour faire comprendre que la collectivité gérait une activité sous le mode de ce qui est juridiquement une régie.

Certaines activités culturelles se prêtent à une gestion en régie si, d'une part, l'activité en question est relativement modeste par les moyens qu'elle implique pour sa gestion, d'autre part, la collectivité entend faire simplement de cette activité un de ses services et la contrôler étroitement. Une bibliothèque, un musée peuvent, dans des communes de taille modeste, être gérés en régie. Cette solution est préférable à d'autres parce qu'elle est *a priori* la moins coûteuse, la plus simple à mettre en œuvre. La question de la qualification ne se pose alors même pas, puisqu'il n'existe aucune forme juridique distincte de la collectivité.

Il en va autrement pour ces régies qualifiées par la loi de régies industrielles et commerciales. Cette qualification soulève des questions de deux ordres. Tout d'abord, on peut se demander ce que signifie exactement une telle formulation, dont il apparaît qu'elle a été décidée dans et pour des circonstances très particulières. Ensuite, on est tenté d'écarter sans débat une telle qualification pour des activités de nature culturelle : comment une activité culturelle pourrait-elle être qualifiée d'industrielle ou/et commerciale ?

On pourrait inverser la question : pourquoi une intervention culturelle ne pourrait-elle pas être qualifiée de commerciale ou d'industrielle ? Dans le milieu culturel, une réponse fuse en général immédiatement : la culture ne peut être commerciale parce qu'elle est désintéressée. Une telle réponse est doublement critiquable.

D'une part, si la culture est désintéressée, ce n'est pas toujours le cas de ceux qui exercent un métier culturel, et cela est d'ailleurs parfaitement compréhensible. Certes, il est possible de trouver des personnes qui vivent pour la culture et ne se préoccupent pas des questions matérielles, les méprisent. Mais c'est rarement le cas[30]. Le contentieux témoigne bien de cet intérêt matériel des intéressés (le mot est choisi à dessein) : les demandes ont presque toujours une dimension monétaire, les artistes qui intentent des recours estimant ne pas avoir été rémunérés à leur juste valeur. Les cachets demandés par certains intervenants sont parfaitement exorbitants, mais il est inconvenant de parler de ces considérations « bassement matérielles », même si dans de nombreux cas elles ont des incidences évidentes.

29. Cela est toujours vrai aujourd'hui : l'article L. 2221-4 du CGCT dispose que les régies mentionnées aux articles L. 2221-1 et L. 2221-2 (l'article L. 2221-1 vise les services publics d'intérêt public à caractère industriel et commercial, l'article L. 2221-2 les « services d'intérêt public à caractère administratif pour lesquels un statut d'établissement public spécifique n'est pas imposé ») peuvent être dotées, soit de la personnalité morale et de l'autonomie financière, soit de la seule autonomie financière.

30. L'un des exemples célèbres que l'on peut citer est celui de Péguy, qui a écrit plusieurs développements admirables sur l'argent.

D'autre part, une telle réponse part d'un présupposé, à savoir qu'en matière de culture il ne faudrait pas se préoccuper de coûts, seule importerait l'œuvre créée. La culture ne pourrait être commerciale parce qu'elle ne devrait pas l'être. Cette position révèle un aveuglement, ou une forme de schizophrénie : si l'on adopte une conception large de la culture, ce qui est le cas le plus souvent aujourd'hui, on observe que la culture lorsqu'elle est le fait de personnes privées est conditionnée par des considérations commerciales. De similaires considérations seraient interdites aux personnes publiques.

Cela est exact en partie, mais procède d'une confusion : les personnes publiques doivent chercher à mettre la culture à la portée du plus grand nombre, ce qui peut conduire à admettre que non seulement des bénéfices ne soient pas recherchés, mais que des déficits sont admissibles. Pour autant, cela ne dispense pas de rechercher une bonne gestion. Celle-ci est d'autant plus indispensable que les contraintes financières se font sentir de plus en plus sur les collectivités publiques, tentées de réduire les fonds qu'elles consacrent à la culture. La seule vraie bonne réponse consiste à bien gérer une activité culturelle.

Sur le plan strictement juridique, il a été démontré que la régie n'était pas toujours la bonne solution à adopter pour gérer une activité culturelle[31], qu'elle pouvait même parfois être l'opposé, que d'autres modes de gestion étaient alors bien préférables. C'est pourquoi les collectivités publiques – mais ici, sur le plan culturel, ce sont surtout les collectivités territoriales qui sont concernées – recourent volontiers à la gestion déléguée.

La gestion déléguée est elle-même susceptible de deux modalités, qui se subdivisent elles-mêmes en plusieurs formules, la gestion déléguée à une personne privée et la gestion déléguée à une personne publique. Cette seconde modalité était autrefois peu importante en matière culturelle, les collectivités locales recouraient principalement à la première modalité. Car la délégation de la gestion d'une activité à une personne publique se ramène presque exclusivement à la délégation à un établissement public (la délégation à une autre collectivité territoriale étant pratiquement inconnue jusqu'à notre époque)[32].

L'établissement public est certes une formule commode, largement utilisée dans tous les domaines. Cependant, et bien que n'étant pas absente dans le domaine culturel – des musées pouvaient être organisés sous forme d'établissements publics et les grands établissements culturels de l'État étant presque tous sous

31. Cela a été bien montré par le rapport de l'Inspection générale de l'administration des affaires culturelles (IGAC) de 1999 rédigé par A. Chiffert, R. Lecat et P. Reliquet, *La rénovation des instruments juridiques des services publics culturels locaux*.

32. Mais elle pourrait connaître un développement important si les mesures prévues par la loi NOTRe, notamment les contrats d'exercice concerté de la compétence, sont véritablement mises en œuvre, ce qui n'est pas garanti.

forme d'établissements publics – elle n'apparaissait pas satisfaisante à l'échelon local, dans le domaine culturel, en raison des rigidités et de la lourdeur du mécanisme de l'établissement public. C'est pourquoi on a cherché à inventer une forme d'établissement qui soit mieux adaptée aux exigences du fonctionnement de services culturels, avec l'établissement public de coopération culturelle (EPCC)[33]. La recherche de modalités supposées être adaptées à ces besoins est à l'origine de cette qualification « de coopération culturelle », cette qualification impliquant la prise en compte des spécificités de l'activité culturelle.

La qualification EPCC est attribuée par le représentant de l'État, même si les élus locaux et institutions culturelles locales sont à l'origine de sa création au vu d'un certain nombre de critères fixés par le législateur. Si la qualification EPCC est prévue par la loi et attribuée par l'État, le choix de la nature de l'EPCC est laissé à la discrétion des autorités locales qui souhaitent cet EPCC : celui-ci peut être administratif, ce qui est la solution la plus classique, mais il peut également être à caractère industriel et commercial (comme, du reste, n'importe quel établissement public, sauf si le législateur ou le pouvoir réglementaire le qualifie directement, ce qui est le cas pour les grandes institutions culturelles). La nature de l'activité gérée doit normalement déterminer la qualification de l'établissement public[34].

La délégation de la gestion d'activités culturelles s'est cependant principalement opérée, si l'on considère l'échelon local, au profit de personnes privées. Il n'y a là rien d'étonnant. Une activité culturelle présente des particularités marquées par rapport à d'autres activités, qu'il s'agisse de la nature même des spectacles, de leur organisation, ou, naturellement, des personnels qui interviennent. La formule la plus traditionnelle de gestion déléguée, et qui, après avoir quasiment disparu dans les catégories formelles, est redevenue une forme officiellement consacrée, la concession, s'est particulièrement appliquée à une activité, le théâtre. Aujourd'hui, la délégation peut prendre des formes variées, elle peut être informelle, elle peut se révéler à la suite d'une requalification par le juge.

II. Nature de l'activité et nature des actes

Trois catégories d'autorités interviennent dans la problématique de la qualification : le législateur, les autorités administratives, l'autorité juridictionnelle. Le premier fixe un cadre, de grands principes comme des modalités parfois extrêmement précises, l'autorité administrative qualifie directement par l'acte qu'elle édicte, plus

33. Sur les EPCC, voir J.-M. PONTIER, « Culture », *Encyclopédie des collectivités locales*, Dalloz, 2017, p. 4332-1 et s., § 545 et s.

34. Le domaine du patrimoine appelle plutôt la constitution d'un EPCC à caractère administratif, le spectacle vivant celle d'un EPCC à caractère industriel et commercial. Mais rien n'est imposé, et le choix effectué par les autorités locales peut être différent.

souvent encore l'activité, par les modalités qu'elle adopte. Mais la question de la qualification trouve en définitive sa réponse devant le juge, appelé à se prononcer à la fois sur la qualification de l'activité et sur la qualification de la nature des actes.

A. Problématique de la qualification et de la requalification

Lorsqu'une personne publique intervient, elle a le choix entre agir par la voie de l'acte unilatéral et la voie du contrat. Et lorsqu'il s'agit de gérer une activité, la collectivité peut soit la gérer directement, soit la confier à une autre personne. Les distinctions sont claires sur le principe, leurs conséquences importantes, puisque touchant aussi bien aux prérogatives de la collectivité qu'au droit applicable. La réalité se révèle plus complexe, ce qui paraît, c'est-à-dire ce qui est affirmé, n'est pas nécessairement ce qui est.

L'activité ne se ramène jamais seulement à des actes, elle a une signification plus générale, plus globale, et l'on peut admettre *a priori* sans difficulté que tous les actes d'une même activité ne reçoivent pas la même qualification, ce qui soulève naturellement certaines difficultés.

1. Qualification et requalification de l'activité

La grande question, en matière de qualification d'activités, est de savoir si l'on a affaire ou non à un service public. Pourquoi une telle interrogation a-t-elle autant d'importance ? Deux raisons l'expliquent. D'une part, et quelle que soit l'appréciation que cela induit dans l'analyse des faits, le service public occupe une place particulière dans notre pays, il est en quelque sorte un marqueur, marqueur d'un certain type de rapports entre les personnes privées et l'État, marqueur d'une culture prise au sens large du terme. Aucun autre pays n'a développé comme en France ce concept, dans aucun autre pays un concept juridique n'a eu une telle importance qu'il a débordé le cadre du droit pour devenir un véritable symbole, une figure emblématique. D'autre part, l'application à la culture, sous certaines conditions, de la notion de service public, est une reconnaissance de l'importance de la culture, de sa légitimité, c'est une forme d'ennoblissement.

La qualification de service public culturel donnée par le juge à une activité est le signe du franchissement d'une étape supplémentaire dans l'extension de la notion de service public. Le service public est une activité d'intérêt général au service du public, il faut le rappeler bien que cela apparaisse parfois (trop) évident. Les pouvoirs publics intervenaient bien, jusqu'à la reconnaissance du service public culturel, dans le domaine de la culture, mais c'était seulement pour la gloire du Prince (sous l'Ancien Régime), en vue de l'institution de musées et l'érection de statues sur le domaine public, sous la IIIe République. Reconnaître qu'une activité est un service public culturel revient à reconnaître des obligations à la charge de l'État (et, par voie de conséquence, des collectivités territoriales). C'est pourquoi le juge administratif a manifesté des réticences pour consacrer cette notion de service public culturel.

Il y a vraiment un monde entre *Astruc* (1916) et *Gheusi* (1923), le monde d'avant et le monde d'après, le monde d'avant le XXe siècle – même si, bien évidemment, en 1916 on est chronologiquement au XXe siècle, mais ce n'est pas la chronologie qui importe, c'est la conception du monde que les hommes se font – et le monde d'après la guerre, qui n'est plus le monde d'avant celle-ci.

En 1916 le Conseil d'État refuse la qualification de service public, la période n'est pas du tout propice à une telle reconnaissance, la réaction d'Hauriou, dont on a tendance à se gausser aujourd'hui, est parfaitement compréhensible si l'on se replace dans la perspective de son temps et si l'on tient compte des circonstances, qui étaient effectivement dramatiques. En 1923 la France est sortie de la guerre, les Français s'illusionnent sur l'avenir, ne veulent pas voir les réalités, la consécration de la notion de service public pour l'Opéra-Comique est compréhensible, logique. Encore faut-il préciser, d'une part, que cette reconnaissance était facilitée par la nature particulière de cette institution, d'autre part, que cette reconnaissance a été faite *a minima*, l'expression de service public *culturel* ne figurant pas dans l'arrêt (et même si ce service public ne pouvait pas être autre chose qu'un service public culturel).

Ce franchissement opéré, la reconnaissance de service public culturel n'en fut pas moins très progressive, comme si le juge avait été effarouché par une telle qualification. Il faudra d'autres étapes pour que le service public culturel soit reconnu comme tel, pour que le juge accepte de qualifier un service public de *culturel*. Dans l'affaire présentée habituellement comme consacrant cette qualification, l'affaire *Dauphin* de 1959, le juge qualifie en fait doublement le service public qu'il reconnaît, service public culturel et touristique : le qualificatif de « touristique » aidait à « faire passer » le qualificatif de « culturel », parce qu'il était moins contestable, moins discutable.

Par ailleurs, si, au moment où le juge administratif reconnaît l'existence d'un service public dans un domaine qui est culturel, c'est la collectivité publique qui est l'origine de ce service public, qui le gère ou qui le contrôle étroitement, la même évolution qui a caractérisé l'évolution du service public va s'appliquer aux activités culturelles : ce n'est pas seulement la personne publique qui peut gérer un service public, mais également les personnes privées. Celles-ci peuvent tout autant que les personnes publiques gérer un service public culturel et, à l'heure actuelle, la qualification de service public culturel s'applique tout autant à des activités gérées par des personnes privées qu'à des activités gérées par des personnes publiques. La culture ne serait pas ce qu'elle est sans l'intervention des personnes privées, acteurs majeurs de l'activité culturelle.

La qualification est d'autant plus remarquable, en ce qui concerne les activités des personnes privées, qu'en fait ces dernières peuvent aussi bien être de fausses personnes privées que des vraies : il n'est pas interdit aux personnes publiques de créer des associations, et elles ne s'en privent pas, parce que le procédé est commode, permet de s'affranchir des règles du droit public, cette forme de cynisme administratif ne gênant personne.

Ainsi, par exemple, « l'association Philarmonie de Paris, créée par l'État et la ville de Paris pour assurer la maîtrise d'ouvrage de l'équipement culturel en cause et pour y développer des actions culturelles au bénéfice du plus large public, exerçait une mission de service public »[35]. Certaines structures, telles que les Maisons des jeunes et de la culture (MJC) qui ont donné l'occasion au juge de qualifier pour la première fois un service public de « culturel » sans l'adjonction, l'aide (on serait tenté de dire sans les « béquilles ») du service public touristique, sont des structures intermédiaires, privées parce que ce sont des associations qui les gèrent et les administrent, mais publiques par leur financement. Par exemple, une convention de partenariat avec la Maison des jeunes et de la culture n'a pas pour objet principal l'occupation du domaine public (comme c'était le cas dans MJC de Saint-Maur), mais « porte sur l'ensemble des moyens immobiliers, matériels et financiers, que la commune met à la disposition de l'association MJC pour lui permettre d'accomplir des missions relevant du service public culturel communal sous le contrôle de la commune »[36].

Même lorsqu'il s'agit de véritables associations, la qualification de service public culturel ne soulève plus de difficultés, la reconnaissance à une personne privée de l'aptitude à assurer un service public culturel s'inscrivant dans la jurisprudence qui s'est développée depuis la décision *Caisse primaire Aide et Protection* (1938). Ainsi par exemple, pour citer une jurisprudence récente, une association organise un repas dans la salle du centre socioculturel mise à sa disposition par la commune. Le charcutier traiteur ingère accidentellement un produit de nettoyage pour le lave-vaisselle industriel à base de soude qui était reconditionné dans une bouteille d'eau posée sur une étagère de la cuisine. La salle municipale est considérée par le juge comme « pouvant être regardée comme affectée à un service public des activités culturelles ou récréatives d'intérêt général »[37].

2. La qualification de la nature de l'acte

La détermination de la nature de l'acte est essentielle pour connaître le droit applicable. Selon qu'il s'agit d'un acte de droit privé ou d'un acte de droit public, les conséquences juridiques pourront en être très différentes. La requalification par le juge de l'acte peut entraîner une requalification de l'activité. Deux séries de situations peuvent se présenter.

---

35. T. confl. 5 sept. 2006, req. n° 4069.
36. CE 30 sept. 2009, *Commune de Saint-Pol-sur-Ternoise*, req. n° 326230.
37. CAA Douai 30 nov. 2017, req. n° 16DA00197. En l'espèce, le juge estime qu'il y a une faute dans l'organisation du service, qui engage la responsabilité de la commune, cette responsabilité étant atténuée (dans la proportion d'un dixième) par l'imprudence de la victime.

La première série de situations concerne l'interrogation qui peut apparaître sur la nature unilatérale ou contractuelle de l'acte pris par une autorité locale. Cette interrogation surgit du fait d'un recours, elle n'est pas due à l'autorité administrative qui a pris l'acte, cette autorité administrative n'ayant, elle, au départ, aucun doute – du moins peut-on le penser – sur la nature de l'acte en question. Concrètement, cela concerne des actes que les autorités administratives estimaient être des actes unilatéraux, parce qu'il s'agissait de subventions, alors qu'un requérant fait valoir devant le juge qu'il s'agit d'une délégation de service public (DSP) déguisée.

Deux affaires largement commentées (surtout la première), l'affaire du festival d'Aix-en-Provence et l'affaire du festival de Six-Fours-les-Plages[38] illustrent ce questionnement. Dans les deux cas, il s'agit d'un festival, activité traditionnelle dans le domaine culturel, mais qui a pris une extension qu'elle ne connaissait pas jusque-là. Ces festivals sont souvent créés à l'origine par une personne privée, laquelle va demander des subventions aux personnes publiques, et d'abord à la commune sur le territoire de laquelle a lieu le festival. Certains festivals prennent une importance considérable, leur rayonnement peut être national, voire international, ce qui a évidemment des répercussions favorables pour l'économie de la commune. Les communes, principalement et directement concernées, votent parfois des subventions très importantes pour soutenir ces festivals, parce qu'elles y ont tout intérêt.

Dans l'affaire de la commune d'Aix-en-Provence, la commune avait versé une subvention (ou ce qu'elle croyait être tel) à une association gérant un service public, qui est un service public culturel, le festival d'art lyrique organisé tous les ans. Un recours a été intenté par un requérant au titre de contribuable, ce requérant faisant valoir qu'il ne s'agissait pas d'une subvention, mais d'une DSP qui, n'ayant pas été conclue dans les formes requises, c'est-à-dire avec publicité et mise en concurrence (et pour cause puisque pour la commune il s'agissait d'une subvention), était illégale.

En première instance, le juge a considéré qu'il y a bien eu subvention. La cour administrative d'appel a eu une analyse différente et estimé qu'il s'agissait d'une DSP, dès lors illégale. Le Conseil d'État a considéré, en cassation, qu'il s'agissait bien d'une subvention, le commissaire du gouvernement ayant longuement développé les raisons qui, selon lui, conduisaient à une telle solution. La doctrine s'est divisée dans les commentaires qu'elle a apportés à cette décision. En revanche, à aucun moment la nature du service n'a été discutée, les juridictions successivement saisies ont considéré qu'il s'agissait bien d'un service public culturel, le débat sur la qualification ayant porté uniquement sur la nature de l'acte, non sur la nature de l'activité.

38. Voir pour le détail de ces deux affaires J.-M. PONTIER, « Réflexions discursives sur une catégorie juridique spéculative », *in Les services publics culturels*, *op. cit.*, p. 9 et s., p. 131 et s.

Il n'en a pas été de même de la seconde affaire, celle du festival de Six-Fours-les-Plages. Et cependant, il s'agissait bien ici, également, d'un festival. La commune avait pris l'initiative de créer ce festival de musique de variétés, qui était organisé l'été sur une presqu'île. Ce festival, dénommé *Les voix du Gaou*, connut, au fil des ans, un succès croissant et devint un événement majeur de la vie culturelle et touristique de la commune. Après avoir géré pendant dix ans ce spectacle, et en raison du changement de dimension de l'événement, la commune décida d'en confier l'organisation à un professionnel du spectacle. Une convention fut passée à cette fin avec une société, et cette convention prévit également une subvention annuelle versée par la commune à la société. Des conseillers municipaux, en désaccord avec le maire, intentèrent un recours devant le juge.

La cour administrative d'appel décida (contrairement d'ailleurs aux conclusions de son commissaire du gouvernement) qu'« eu égard aux conditions de sa création, à celles de son organisation et de son fonctionnement, le festival *Les voix du Gaou* a constitué, dès l'origine, un service public administratif ». Devant le Conseil d'État, le rapporteur n'a pas été convaincu par le raisonnement de la cour. Il a été suivi par le Conseil d'État qui a considéré qu'il s'agissait d'une prestation de services, et qu'il n'y avait pas service public.

Cette solution est loin d'emporter la conviction, non seulement parce que la référence, par le rapporteur public, à la jurisprudence *Syndicat des cinématographes de l'Oranie* ne paraît pas pertinente, mais également et surtout parce qu'une telle solution consacre la possibilité d'un service public à éclipses dans la mesure où la même activité avait incontestablement au départ la nature de service public et qu'au surplus elle conforte la conception selon laquelle le service public culturel ne peut être que déficitaire[39]. On voit par-là l'importance de la qualification par le juge d'un acte et/ou d'une activité et, plus encore, l'importance, par ses conséquences, de la requalification.

Une seconde série de situations concerne la nature des relations entre le personnel et la collectivité. Ce personnel peut être un personnel contractuel ou un personnel dit statutaire, c'est-à-dire soumis au statut d'une fonction publique, la fonction publique principalement (pour ne pas dire exclusivement) concernée étant la fonction publique territoriale. Tant que les situations sont tranchées, claires, il n'y a pas de difficulté de qualification : on est dans une situation contractuelle ou statutaire, avec les conséquences que cela implique.

Mais, déjà, si l'on se trouve dans une situation contractuelle, il faut savoir si le contrat est un contrat de droit public ou un contrat de droit privé. Or, la définition du contrat administratif est une définition principalement jurisprudentielle, tout au moins dans le domaine de la culture : il n'y a pas de qualification légale pour

39. Voir J.-M. Pontier, « Réflexions discursives sur une catégorie juridique spéculative : les services publics culturels », *op. cit.*, p. 131 et s.

les contrats. Il faut donc se référer aux critères du contrat administratif tels que les a développés le juge administratif. La première exigence posée par ce dernier, la présence d'une personne publique au moins au contrat, ne soulève aucune difficulté en matière culturelle parce que la personne publique est presque systématiquement présente (les personnes privées s'adressent à la personne publique pour que cette dernière leur apporte une aide, un soutien).

C'est le second critère qui peut poser problème, non point dans sa dimension clause exorbitante du droit commun, qui ne trouve guère à s'appliquer dans le domaine des relations contractuelles entre les collectivités territoriales et les personnes privées en matière culturelle, que dans l'exigence de la participation au service public. Car, pour qu'il y ait participation au service public, il faut qu'il y ait service public. La qualification de la nature de l'acte – contrat administratif – dépend de la qualification de la nature de l'activité : celle-ci est-elle un service public ? C'est seulement si la réponse est positive que le contrat devient, de ce fait, un contrat administratif. La reconnaissance de l'existence du service public culturel n'a pu que faciliter et favoriser la consécration de l'existence de contrats administratifs.

Une affaire est tout à fait emblématique à cet égard, l'affaire *Dames Le Cachey et Guiguère*[40], relative à des danseuses d'un corps de ballet. Le juge va constater que par l'organisation et la gestion du théâtre municipal et de l'orchestre régional du Capitole la ville de Toulouse assume une mission de service public, ce dernier ne pouvant être qu'un service public culturel, ainsi que l'a explicitement reconnu dans ses conclusions le commissaire du gouvernement. Il est remarquable qu'ici ce soit le service public culturel qui détermine la nature du contrat. La même solution est retenue dans des décisions postérieures à celle de 1979[41].

De telles questions semblent ne pas devoir se poser lorsque la personne se trouve dans une situation statutaire : un statut édicte des règles précises quant aux droits et obligations des agents, ce statut est, en France, un statut de droit public, les dispositions de la fonction publique territoriale étant d'ailleurs, sur ce point des droits et obligations, largement calquées sur celles de la fonction publique nationale.

---

40. T. confl. 15 janv. 1979, *Dames Le Cachey et Guiguère*, *Rec.*, p. 561, concl. M. Morisot.

41. Voir par ex. CE 7 juill. 1988, *Commune des Ponts-de-Cé c/Sieur Poisson*, *Rec.*, p. 797. Dans cette affaire la commune avait créé un poste d'animateur au foyer culturel de celle-ci, et avait engagé à ce poste une personne qui avait été ensuite licenciée par le maire pour faute grave. La personne en question avait saisi, comme les danseuses du corps de ballet de l'orchestre du Capitole, la juridiction prud'homale, la Cour de cassation ayant renvoyé au Tribunal des conflits en application de l'article 35 du décret du 26 oct. 1849.

Cependant, d'une part, il faut relever que, s'il existe au sein de la fonction publique territoriale plusieurs « filières », dont la filière culturelle, celle-ci a été particulièrement difficile à mettre en place, en raison des spécificités des fonctions culturelles et, à l'heure actuelle encore, nombre d'agents de cette filière ne sont pas satisfaits des dispositions applicables, estimant qu'elles ne prennent pas suffisamment en compte la spécificité de leur fonction. D'autre part, du fait de cette spécificité, certains agents de filière culturelle, les artistes, ne sont pas enfermés dans le statut sans pouvoir exercer d'autres fonctions : un musicien peut, en dehors de son travail, participer à des concerts, il est même souhaitable, pour le maintien de son art, qu'il en soit ainsi. Mais dès lors se pose un problème de qualification, la qualification de la nature des activités exercées en dehors des fonctions.

Des personnels d'établissements culturels, notamment ceux des établissements d'enseignement spécialisé de la musique, sont ainsi sollicités de participer à des manifestations culturelles organisées par des personnes tant privées que publiques (autres que la collectivité dont ils dépendent). À l'égard de ces personnes, la situation de ces musiciens est claire, la qualification ne fera, dans la plupart des cas, aucun doute : il s'agira d'un contrat, qui pourra être, selon les cas, un contrat de droit privé (ce sera le cas le plus fréquent) ou un contrat de droit public si les conditions de ce dernier sont réunies.

La question de la qualification est plus délicate lorsque ce personnel intervient, en dehors de ses heures de service, pour le compte de sa propre collectivité, et à la demande de cette dernière. Un point doit être précisé : l'agent est libre d'accepter ou de refuser son concours à la collectivité, puisque la prestation demandée doit être effectuée en dehors de son temps de travail. Le plus souvent la personne ainsi sollicitée sera tentée d'accepter parce que cela ne représente pas pour elle une charge importante et qu'elle reçoit une rémunération à cette occasion. C'est cette rémunération qui va poser problème, car elle dépend de la qualification donnée. Quelle est la nature du lien qui unit l'interprète à la collectivité ? Cette question a donné lieu à un litige pour lequel il a fallu l'intervention du Tribunal des conflits pour avoir la réponse.

Un professeur d'enseignement musical relevant de la fonction publique territoriale[42] avait accepté de participer, à la demande de son employeur qui était une communauté d'agglomération, à plusieurs concerts publics dans le cadre d'un festival organisé, d'abord par la commune, ensuite par la communauté d'agglomération. Cette dernière a voulu rémunérer le musicien sous forme de vacations s'ajoutant à la rémunération normale qu'il recevait en tant qu'enseignant de l'école

42. Il était professeur dans une école nationale de musique (ENM) et il faut rappeler que ces écoles (dont la dénomination a été changée, logiquement, mais avec beaucoup de retard, en 2006) étaient, nonobstant leur dénomination trompeuse, des établissements locaux, relevant dans la quasi-totalité des cas des communes.

de musique, rémunération qui était modique. L'enseignant musicien ne l'a pas entendu ainsi, voulant se faire rémunérer en tant qu'artiste du spectacle, avec, comme on peut l'imaginer, une tout autre rémunération.

Il a intenté un recours devant le tribunal administratif, puis en cassation devant le Conseil d'État[43]. Celui-ci a considéré que le tribunal avait commis une erreur de droit en jugeant que les heures consacrées par l'intéressé aux concerts organisés par la communauté d'agglomération étaient au nombre des obligations de service incombant aux professeurs territoriaux d'enseignement artistique dans la spécialité musique. Statuant sur le fond en application de l'article L. 821-2 du Code de justice administrative, il a considéré que le litige présentait à juger « une question de compétence soulevant une difficulté sérieuse et mettant en jeu la séparation des autorités administratives et judiciaires et » et a renvoyé au Tribunal des conflits le soin de trancher le litige en question.

La difficulté était la suivante. Pour mettre fin à des situations qui, pour être juridiquement incontestables, n'en étaient pas moins incompréhensibles pour les requérants, et donc peu conformes à ce que doit être une « bonne justice »[44], le Tribunal des conflits a établi en 1996 une présomption de qualification en posant comme principe que : « Les personnels non statutaires travaillant pour le compte d'un service public administratif sont des agents contractuels de droit public, quel que soit leur emploi[45]. » Cette présomption paraissait bienvenue, car elle clarifiait la situation en évitant de se poser la question de la qualification. Ou plutôt elle entendait apporter cette clarification ; or, celle-ci a été moins nette que prévu, parce que se sont présentées des situations dans lesquelles la présomption – que le Tribunal des conflits n'avait d'ailleurs pas énoncée comme irréfragable – a dû être abandonnée.

Tel a été le cas dans l'affaire du professeur d'enseignement musical. Car, dans ladite affaire, la présomption *Berkani* aurait dû s'appliquer, et le Conseil d'État, qui a considéré que le lien entre le professeur et la personne publique pour la prestation assurée par le premier au profit de la seconde était un lien contractuel, aurait dû, appliquant la jurisprudence *Berkani*, juger que le contrat était un contrat de droit public. Mais, d'autres dispositions étaient invoquées par le requérant. La

43. La cassation directe tient au fait que, les indemnités demandées étant inférieures au seuil fixé par l'article R. 222-14 du Code de justice administrative, le tribunal administratif se prononçait en premier et dernier ressort.

44. Il s'agit de la célèbre affaire rendue par le Tribunal des conflits le 25 nov. 1963, *Dame veuve Mazerand*, *Rec.* p. 792 et où le Tribunal a reconnu l'existence de deux contrats, l'un de droit privé, l'autre de droit public.

45. T. confl. 25 mars 1996, *Préfet de la région Rhône-Alpes, préfet du Rhône*, décision beaucoup plus connue sous le nom de *Berkani*, *Rec.*, p. 535, concl. P. Martin ; *AJDA* 1996, chron. J.-H. Stahl et D. Chauvaux, p. 355, note Y. Saint-Jours p. 598 ; *DA* 1996 n° 319, note J.-B. A. ; *Droit social* 1996, p. 735, obs. X. Prétot ; *JCP* 1996, n° 22664, note P. Moudoudou.

première est l'article L. 762-1 du Code du travail[46], qui aboutissait à considérer l'intéressé comme soumis à un régime de droit privé. La deuxième était l'ordonnance, modifiée, du 13 octobre 1945 relative aux spectacles qui, en son article 1-1 définit les entrepreneurs de spectacles. La troisième disposition était un autre article du Code du travail, le I de l'article 620-9 relatif aux déclarations que doivent faire les groupements d'artistes[47].

Il résulte incontestablement de ces dispositions qu'elles instituent une présomption, mais c'est une présomption de droit privé, pour les contrats liant les collectivités publiques aux artistes qu'elles recrutent. On se trouvait donc, avec l'affaire en question, dans une sorte de « conflit de présomptions » de qualification de la nature de l'activité. Mais ces deux présomptions n'étaient pas de même valeur juridique puisque l'une était jurisprudentielle, tandis que l'autre était législative. On comprend que le Tribunal des conflits ait fait prévaloir cette dernière sur la présomption jurisprudentielle qu'il avait lui-même posée. Mais, du coup, c'était une nouvelle atteinte à la jurisprudence *Berkani.*

Cependant, cette solution est apparue comme non satisfaisante[48] et c'est pourquoi le législateur l'a lui-même modifiée[49]. La loi relative à la liberté de création, à l'architecture et au patrimoine, dite loi CAP[50], instaure une qualification légale pour ces contrats dans son article 47. Selon cet article :

> « I – Lorsque les collectivités territoriales ou leurs groupements [...] agissent en qualité d'entrepreneurs de spectacles vivants, les artistes du spectacle vivant qu'ils engagent pour une mission répondant à un besoin permanent sont soumis aux dispositions applicables aux agents contractuels de la fonction publique territoriale. II – Ces artistes sont soumis au Code du travail lorsqu'ils sont employés dans les conditions prévues au 3° de l'article L. 1242-2 du même code[51] ».

46. Cette disposition, fort longue, dans sa formulation alors en vigueur, considère les musiciens comme étant soumis dans leur activité à un régime de droit privé.
47. Il s'agit également d'une disposition très longue sur les groupements d'artistes qui doivent, lorsqu'ils exercent l'activité d'entrepreneurs de spectacles vivants, procéder à un certain nombre de déclarations auprès d'organismes habilités.
48. Lors des débats en commissions sur le projet de loi CAP, deux arguments ont été avancés par les rapporteurs : d'une part, la requalification des contrats en contrats de droit privé était susceptible d'engendrer un surcoût lié à l'application de règles auxquelles ne sont pas soumises les collectivités territoriales, d'autre part, les collectivités territoriales, n'étant pas soumises à la négociation des conventions collectives, auraient perdu la maîtrise des conditions d'emploi.
49. Sur la modification des qualifications jurisprudentielles par le législateur, voir Ch. Vautrot-Schwarz, *op. cit.*, p. 287 et s., § 367 et s.
50. Loi n° 2016-925 du 7 juillet 2016 relative à la liberté de création, à l'architecture et au patrimoine. Sur cette loi, voir J.-M. Pontier, « Liberté de création, architecture et patrimoine », *AJDA* 2016, p. 2027.
51. Cet article du Code du travail énumère les cas dans lesquels peut être conclu un contrat à durée déterminée.

B. Les incidences des qualifications et des requalifications

Les qualifications et requalifications peuvent troubler, elles peuvent être gênantes pour la compréhension des situations, mais ont-elles une incidence juridique ? La réponse est incontestablement positive, et les collectivités territoriales doivent donc prendre en considération la dimension contentieuse des problèmes.

1. L'influence de la qualification sur le mode de gestion

La qualification juridique est-elle de nature à influer sur le mode de gestion ? Un premier point semble relever du constat d'évidence : s'il n'y a pas service public, certains modes de gestion sont, par définition, écartés, puisque, par exemple, l'établissement public est un service public personnalisé, s'il n'y a pas de service public, il ne peut y avoir d'établissement public. Mais la même observation vaut pour tous les modes de gestion, qui sont précisément appelés modes de gestion des services publics.

Tout repose donc au départ sur la notion de service public. Cela revient à faire dépendre le choix du mode de gestion de l'existence ou de l'inexistence du service public, culturel dans notre développement (mais cela vaut pour n'importe quelle autre catégorie de service public). Si le législateur a qualifié à l'avance une activité de service public, les difficultés, sans être inexistantes, sont plus limitées que s'il n'y a pas de qualification légale : l'activité de la collectivité territoriale gérant ce service public sera présumée être une activité d'intérêt général, le mode de gestion retenu pourra être considéré comme plus ou moins opportun, mais il relèvera de la compétence de la collectivité territoriale.

Une même activité peut, au sein d'une même collectivité, faire l'objet de modes de gestion différents selon la partie du territoire de la collectivité, si celle-ci est suffisamment importante. Ainsi, dans le cas d'une bibliothèque, il est concevable et envisageable que la bibliothèque centrale de la ville soit sous forme de régie (ou d'établissement public si la bibliothèque justifie l'autonomie de gestion de l'activité) et que les antennes locales dans les quartiers soient organisées sous forme associative, une convention réglant les relations entre le niveau « central » et les niveaux « locaux ».

S'il n'y a pas de qualification légale au départ – ce qui est tout de même le cas le plus fréquent – la collectivité locale ou territoriale ne peut pas toujours être certaine que sa qualification est la bonne, elle s'expose au risque de requalification par le juge. Les frontières du service public sont très imprécises, elles varient avec le temps parce que l'intérêt général n'est pas une notion figée, mais au contraire changeante, fluctuante, mouvante, en fonction des sociétés, des idéologies, voire même des modes[52].

À plus forte raison en est-il dans le domaine de la culture, qui est un domaine indéfiniment extensible parce que susceptible de recouvrir à peu près tout. Il n'y a donc rien de surprenant, en soi, qu'une activité puisse être qualifiée de service public, ou, à l'inverse, que cette qualité lui soit refusée, ce qui peut se discuter c'est l'attribution ou le refus d'attribution de la qualification à une activité déterminée.

Et cette requalification peut être double, comme dans l'un des cas que nous avons vus précédemment : la requalification d'une délégation de service public en contrat de prestation de services induit une requalification de l'activité, cette dernière n'étant plus un service public. Il y a alors une inversion de la démarche que l'on connaissait jusqu'à présent : l'existence d'un service public entraînait l'application d'un certain régime juridique, la requalification d'un régime juridique induit une disparition du service public.

2. Le contentieux, source de requalifications

Le contentieux est un aspect à prendre en considération par les collectivités publiques, notamment les collectivités territoriales, parce qu'il est une source potentielle de requalification d'actes édictés ou émis par les collectivités territoriales. En d'autres pays cela pourrait paraître surprenant, en France c'est une situation « normale » pour les raisons suivantes.

En premier lieu, le droit administratif est, en France, un droit qui a été, historiquement, principalement jurisprudentiel. Les grandes notions du droit administratif ont été forgées par le juge administratif, à commencer par la notion de service public. Compte tenu de l'importance de cette dernière dans les qualifications juridiques et, donc, dans les régimes juridiques applicables, il n'est pas surprenant que, dans le domaine de la culture (mais cela vaut pour d'autres domaines) les questions qui se posent aux collectivités territoriales trouvent leur réponse au contentieux.

En deuxième lieu, et s'agissant de ces collectivités territoriales, le Conseil d'État a toujours joué un rôle essentiel dans la délimitation de leur capacité d'intervention comme dans les modes de gestion de leurs services. On ne peut oublier cette formule du commissaire du gouvernement, Chardenet, déclarant, en s'adressant au Conseil d'État : « Vous qui êtes appelés à jouer un peu le rôle de supérieur hiérarchique des autorités administratives[53]. » Certes, nous sommes alors en 1909,

52. Il y a des modes dans tous les domaines, y compris dans le domaine scientifique, il n'y a aucune raison qu'il n'y en ait pas en droit. Par exemple à un moment donné les partenariats public-privé (PPP) ont été très à la mode, ils le sont beaucoup moins aujourd'hui. D'autres modes, à notre époque, sont celles de la gouvernance… et de l'ingénierie territoriale, avec la coproduction et la co-construction. Elles passeront comme les autres.

53. Concl. Chardenet sur CE 15 févr. 1909, *Abbé Olivier et autres c/Maire de Sens*, *Rec.*, p. 181.

et ce qui vaut à cette date ne vaut plus nécessairement aujourd'hui, plus d'un siècle après. Certes, il ne s'agit *que* de l'opinion d'un commissaire du gouvernement, non de la position du Conseil d'État. Il n'empêche, et toute la jurisprudence de ce dernier le montre abondamment : le Conseil d'État a toujours contrôlé de très près les interventions des collectivités locales, il les a contrôlées dans un sens qui a longtemps été « étatiste » parce que le Conseil d'État est le produit d'un État centralisateur, conçu pour protéger d'abord les intérêts de l'État.

Cela veut bien dire que les collectivités territoriales n'ont pas toute la liberté que semblent leur reconnaître les textes pour qualifier leurs interventions et choisir le mode de gestion qui leur paraît le plus approprié. Il est possible d'objecter à cette remarque qu'il ne s'agit là que de l'application de la loi, que les collectivités territoriales doivent comme toutes les autres personnes respecter la légalité, que le juge ne fait que faire triompher cette dernière. Une telle objection ne serait pas vraiment fondée dans la mesure où, d'une part, les normes législatives sont très nombreuses, parfois touffues, et permettent des interprétations diverses et, d'autre part, la normativité est, comme exposé plus haut, largement jurisprudentielle dans le domaine qui nous concerne. Les collectivités territoriales doivent donc « intégrer » dans la définition de leur politique dans le domaine culturel cette dimension contentieuse.

Bibliographie

- BERTHOD M. et WIENER M.-C., *Rapport sur les établissements publics de coopération culturelle*, IGAC, 2010.
- CHIFFERT A., LECAT R. et RELIQUET P., *La rénovation des instruments juridiques des services publics culturels locaux*, IGAC, 1999.
- COPPINGER N. et CARABALONA J., *Rapport sur les modalités d'attribution des crédits d'intervention en faveur du spectacle vivant*, IGAC-IGF, 2007.
- DELVAINQUIÈRE J.-C. et TUGORES F., *Culture Chiffres* 2017/3, n° 3, Ministère de la Culture, DEPS 2017.
- PONTIER J.-M., « La notion de compétences régaliennes dans la problématique de la répartition des compétences entre les collectivités publiques », *RDP* 2003.193.
- PONTIER J.-M. et LÉGER J. (dir.), *Les services publics culturels*, PUAM, 2012.
- PONTIER J.-M., « Liberté de création, architecture et patrimoine », *AJDA* 2016.2027.
- PONTIER J.-M., « La politique de labellisation », *AJDA* 2017.1700.
- PONTIER J.-M., « Culture », *in Encyclopédie Dalloz des collectivités locales*, 2017.4332-1.
- PONTIER J.-M., *La décentralisation culturelle*, LGDJ-Lextenso, 2018.
- RIGAUD J., *La culture pour vivre*, Gallimard 1975.
- VAUTROT-SCHWARZ Ch., *La qualification juridique en droit administratif*, LGDJ 2009.

L'OPÉRATION D'INTÉRÊT NATIONAL ÉCO-VALLÉE PLAINE DU VAR

Ou la fonctionnalisation d'un territoire, terreau d'ingénierie territoriale

par

Anne RAINAUD

Maître de conférences HDR de droit public
Université de Nice Côte d'Azur, CERDACFF

L'opération d'intérêt national (OIN) est une notion juridique présente dans le Code de l'urbanisme, notamment aux actuels articles L. 102-12 à L. 102-13, et se trouve ainsi présentée au sein du code précité comme un des « objectifs de l'État », État au même rang que les projets d'intérêt général (PIG) et les directives territoriales d'aménagement et de développement durables (DTADD). Cette volonté de l'État d'aménager des espaces jugés essentiels à la Nation s'ancre assez logiquement dans le droit de l'urbanisme eu égard à cette finalité d'aménagement et s'appuie sur des normes et des outils classiques, tels que la zone d'aménagement concerté (ZAC) ou la zone d'aménagement différé (ZAD). L'article R. 102-3, tel que modifié par le décret du 14 avril 2017 (n° 2017-560), mentionne ainsi explicitement :

> « Constituent des opérations d'intérêt national, au sens de l'article L. 102-12, les travaux relatifs : […] 11° Aux opérations d'aménagement de la Plaine du Var, dans le périmètre défini par le décret n° 2008-229 du 7 mars 2008. »

Lors d'un contentieux lié à l'aménagement de la Défense, le Conseil d'État a qualifié sans ambiguïté l'OIN d'opération d'aménagement[1]. En même temps, l'ambition de créer une OIN a supposé des compétences, une expertise technique, une capacité d'analyses et de projections des capacités de développement du territoire pressenti. La naissance et les premières formalisations de tels projets

1. CE 29 juin 2005, *Cne de Puteaux*, req. n° 264714, *BJDU* 2005, p. 334, concl. Olléon, obs. J.-C.B.

ont nécessité obligatoirement une intelligence territoriale, voire une ingénierie territoriale pour développer l'OIN. En effet, pour reprendre la formule de Vincent Piveteau « sans ingénierie territoriale, pas de projets »[2].

Le terme d'ingénierie territoriale est assez inconnu du juriste classique, qui rencontre et utilise des notions plus traditionnelles telles que les sources du droit, pour fonder des décisions et des actions publiques, la hiérarchie des normes pour encadrer des outils plus ou moins autoritaires, des institutions administratives centralisées, déconcentrées, décentralisées avec des circonscriptions liées à leur statut de collectivités territoriales. Or, les contours de la notion d'ingénierie territoriale sont assez flous :

> « L'ingénierie territoriale correspond à une réalité humaine… Au-delà des “jeunes et talentueux chargés de missions” évoqués par Philippe Duron, l'ingénierie territoriale est un corps social dont se réclame une population, aussi hétérogène que nombreuse, de professionnels : tous ceux qui travaillent dans les collectivités locales, les agences d'urbanisme, dans les syndicats mixtes de pays, dans les bureaux d'études, dans les organismes consulaires, dans les centres de recherche ou dans les services déconcentrés de l'État. Ce sont les hommes et les femmes des “métiers flous” (Jannot 2005), ceux qui composent avec, mettent en œuvre et tricotent les dispositifs d'action publique dans les territoires » (V. Piveteau, *op. cit.*).

Le droit de l'urbanisme reconnaît certes l'existence d'experts à travers les « personnes qualifiées » auxquelles il est possible de recourir, mais seulement actuellement dans le cadre restreint de la commission de conciliation propre aux documents d'urbanisme, mentionnée notamment à l'article L. 121-6 du Code de l'urbanisme, laquelle est composée « à parts égales d'élus locaux désignés par les maires et les présidents d'EPCI concernés et de personnalités qualifiées nommées par le préfet ». Or, le terme d'ingénierie territoriale couvre un nombre bien plus large de personnes tant physiques que morales pouvant être considérées comme qualifiées en matière d'aménagement, d'urbanisme, d'architecture ou d'environnement.

Pour autant, l'enrichissement du droit de l'urbanisme par le droit de l'environnement qui a introduit la participation du public et l'évaluation environnementale respectivement aux chapitres III et IV du titre préliminaire relatif aux principes généraux du Code de l'urbanisme, rend plus complexe la matière et a suscité par là même une ingénierie territoriale c'est-à-dire la « boîte à outils au service du projet territorial » (V. Piveteau, *ibid.*). Ainsi, historiquement comme actuellement, l'ingénierie a accompagné et accompagne encore l'OIN de la Plaine du Var rebaptisée en 2015 Éco-Vallée Plaine du Var, notamment en raison de l'esprit des lois Grenelle et de l'affichage environnemental souhaité.

2. V. Piveteau, « L'ingénierie territoriale, défi pour la gouvernance », *Pour* 2011/2, nº 209-210, p. 159, *https:www.cairn.info/revue-pour-2011-2-page-159.htm.*

Cet « intrus », pour le juriste, que semblait être l'ingénierie territoriale, n'en est pas un à l'étude de l'opération d'aménagement qu'est l'OIN. Parfois discrète, l'ingénierie territoriale accompagne en réalité l'OIN pour mener avec succès les nouveaux enjeux et surmonter des obligations légales qui s'imposent aux aménageurs. Car, avec la création de l'OIN, il s'agit de valoriser les fonctions de développement du territoire identifié d'intérêt stratégique. Or, tout comme l'ingénierie territoriale, la fonctionnalisation assignée aux territoires, notamment celui de la Plaine du Var, perturbe là encore les références classiques du juriste. De ce point de vue, les récents écrits de Jean-Marie Pontier[3] nous semblent très pertinents et éclairants :

> « Les territoires que l'on a tendance à privilégier, dont on cherche le développement ne sont-ils pas l'omission et de ce fait l'effacement progressif du territoire des collectivités dites "territoriales" ? [...] L'affirmation de l'identité territoriale est une illusion ou une tromperie, une régression de la décentralisation. »

La question qui se pose alors est de comprendre quelle est ou quelles sont les autorités décisionnaires sur ledit territoire sur lequel se superposent des communes, une métropole, un département, une région, et divers établissements publics. Dans le contexte de recomposition des collectivités territoriales quant à leurs compétences, leur assise géographique, voire pour certaines leur existence, c'est ainsi le débat sur la gouvernance qui s'ouvre et pour lequel l'ingénierie territoriale vient alimenter la réflexion. Du reste, le projet territorial lié à l'OIN n'est pas sans susciter des contestations d'associations, phénomènes des plus constatés depuis quelques années qui ont impliqué une certaine refonte des règles du contentieux de l'urbanisme. J.-M. Pontier soulignait que :

> « Les territoires dont on parle aujourd'hui ne sont pas des réalités concrètes, charnelles, ce sont des concepts abstraits nés de calculs à partir d'échanges économiques, de raisonnements spéculatifs sur la rationalisation des équipements ; et la prétendue valorisation des situations se dissout dans l'artificialisation. »

Les projets de valorisation, en effet, ne sont pas toujours partagés unanimement, et le débat du développement durable est habilement utilisé pour mettre en exergue le droit de l'Union européenne[4] ou les principes de la convention d'Aarhus sur l'accès à l'information, la participation du public au processus décisionnel et l'accès à la justice en matière d'environnement et tenter de démontrer que ceux-ci ne sont

---

3. J.-M. PONTIER, « Identité territoriale ? », *AJDA* 2018, p. 1513.

4. Directive européenne n° 97-11 du 3 mars 1997 n° 9711 modifiant la directive 86337 CEE concernant l'évaluation des incidences de certains projets publics et privés sur l'environnement, *JOUE* 18 mars 1997, p. 5 ; Directive 2003/35/CE du Parlement européen et du Conseil prévoyant la participation du public lors de l'élaboration de certains plans et programmes relatifs à l'environnement, et modifiant, en ce qui concerne la participation du public et l'accès à la justice, les directives 85/337/CEE et 96/61/CE du Conseil – Déclaration de la Commission, *JOUE* 25 juin 2003, n° 156, p. 17.

pas respectés par la « gouvernance » du territoire. À travers l'ingénierie territoriale qui s'est développée autour du projet territorial de l'OIN Plaine du Var, se pose la question de la confiscation technique de la décision, alors que le droit de l'environnement et par contrecoup le droit de l'urbanisme organisent une certaine démocratisation des processus décisionnels.

L'OIN Éco-Vallée Plaine du Var est un projet territorial qui est un véritable terreau pour l'épanouissement de l'ingénierie territoriale. Néanmoins, c'est un cadre juridique des plus classiques qui a servi de support à l'ingénierie territoriale développée sur cet espace stratégique (I). En l'occurrence, la directive territoriale d'aménagement (DTA) des Alpes-Maritimes est la source juridique première de l'OIN Plaine du Var. Puis, c'est l'établissement public d'aménagement (EPA) de l'OIN, institution prévue dans le Code de l'urbanisme qui a lui-même développé de l'ingénierie territoriale, car, tenu par des obligations légales en matière de concertation et de développement durable, il « tricote les dispositifs d'action publique » pour reprendre la formule précitée. Paradoxalement, le développement de l'OIN, en tant que projet de territoire, est irrigué par les débats de l'ingénierie territoriale (II). En l'occurrence, les thématiques de la gouvernance et du développement durable alimentent l'OIN Éco-Vallée Plaine du Var en laissant l'ingénierie territoriale jouer le rôle de « boîte à outils » pour trouver les solutions aux obstacles à la réalisation du projet territorial.

I. L'OIN Plaine du Var, un cadre juridique classique au service de l'ingénierie territoriale

Le 28 novembre 2006, le gouvernement a pris la décision de créer une opération d'intérêt national (OIN) le long de la Plaine du Var et deux références juridiques majeures vont jouer un rôle déterminant dans ce projet territorial. Il s'agit, d'une part, de la DTA des Alpes-Maritimes (2003)[5], qui déterminera et qualifiera cet espace comme stratégique, faisant preuve ici d'une incontestable « intelligence territoriale » ; d'autre part, la technique classique de l'EPA initiée pour l'OIN de la Défense et dupliquée dans les ultérieures OIN permettra à l'État d'avoir une institution porteuse du projet territorial qui était à inventer et pour lequel elle a pu faire montre d'une certaine ingénierie territoriale.

5. Directive territoriale des Alpes-Maritimes approuvée par décret n° 2003-1169 du 2 décembre 2003, *http://www.alpes-maritimes.gouv.fr/Politiques-publiques/Amenagement-du-territoire-construction-et-logement/Documents-d-urbanisme/La-Directive-Territoriale-d-Amenagement-des-Alpes-Maritimes*

A. La source juridique : la DTA des Alpes-Maritimes

La directive territoriale d'aménagement est la norme juridique qui par excellence pouvait permettre une passerelle vers l'ingénierie territoriale. En effet, les auteurs ont souligné assez tôt la nature « spécifique » de la DTA. Les commentateurs du Code de l'urbanisme indiquaient

> qu'il « s'agit en effet de documents d'aménagement du territoire autant que de document d'urbanisme et ils contiennent, semble-t-il, des dispositions de type réglementaire, des orientations dont il est difficile de préciser le régime juridique, voire même de simples informations, peut-être sans portée normative »[6].

Quand bien même le Conseil d'État précisera la portée juridique d'une directive territoriale d'aménagement lors du contentieux lié aux documents ou autorisations d'urbanisme, il n'en reste pas moins qu'une DTA a en effet une nature hybride. L'intelligence territoriale de l'État à travers cette norme particulière qu'est la DTA s'est exprimée par l'identification puis la qualification du « secteur comme stratégique ». Il y a une dimension fonctionnelle du territoire qui est manifeste à travers le choix opéré « en vue d'une supposée meilleure gestion ou plus grande rationalisation » pour reprendre l'analyse de J.-M. Pontier sur la fonctionnalisation des territoires. Les orientations de la DTA des Alpes-Maritimes sur cet espace seront par ailleurs confirmées par des « experts », ce qui permettra de donner une objectivité à un choix en partie politique. Ces expertises relèvent de l'ingénierie territoriale et, sur le fondement initial de la DTA, permettront de donner un soubassement fiable et objectif à la future OIN Plaine du Var.

1. La directive territoriale d'aménagement des Alpes-Maritimes : identification d'un secteur stratégique

De façon synthétique, la DTA analysera la Plaine du Var ainsi :

> « Elle constitue l'articulation principale du département, axe naturel vers lequel convergent la plupart des vallées du Haut Pays. Au centre de l'agglomération azuréenne, elle concentre à son embouchure les infrastructures majeures des Alpes-Maritimes : aéroport, voie ferrée, autoroute A8 et routes nationales du littoral. La plaine est occupée par des zones d'activités industrielles et commerciales, des secteurs d'habitat, et divers équipements administratifs. Elle comporte également une forte proportion d'espaces plats, peu ou non bâtis, où prédominent les activités agricoles. Cependant, cet espace stratégique offre le plus souvent une image peu valorisée, urbanisée de façon relativement anarchique, aggravée par la permanence de l'effet de coupure d'un fleuve qui a longtemps constitué une frontière. Dans ce contexte l'aménagement de la Vallée du Var sera fondé sur sa restructuration et sa requalification en tenant

6. Code de l'urbanisme Dalloz commenté, 21e éd., p. 11.

> compte, en premier lieu, des risques d'inondation provenant du fleuve et des vallons adjacents[7]. »

La dimension stratégique de cet espace se manifeste au plan géographique. Parmi les débats liés à l'ingénierie territoriale[8], les auteurs identifient en effet le « débat géographique : son absence ou sa présence participe-t-elle aux déséquilibres (ou à la résorption des déséquilibres) entre les territoires ? » Dans le cas d'étude de l'OIN de la Plaine du Var, le projet de territoire vise à revaloriser un espace, historiquement loin du centre-ville de Nice, puisque constituant une zone frontalière avec la France, jouant le rôle de « zone tampon protectrice » pour le centre-ville, et la proximité avec l'eau en avait fait un espace naturellement voué aux cultures maraîchères. En pratique, on se trouve loin culturellement de la « Promenade des Anglais » et des quartiers bourgeois. La Plaine du Var a par le passé été dédiée aux espaces cultivables, qui ont permis de nourrir les multiples étals de marchés et de commerçants, mais qui ont été pour beaucoup abandonnés dans les années 1970 et se caractérisent ensuite par une certaine anarchie. Le foncier, peu cher, sera alors une motivation pour le développement de l'urbanisme commercial qui a connu une expansion phénoménale avec l'augmentation de la population sur la frange littorale et des collines de Nice. Ce territoire est tout sauf *« smart »*, « bobo » et « l'implantation anarchique de certaines activités économiques (hangars, casses auto...) déqualifie le territoire »[9]. Le projet de territoire doit permettre de réduire les inégalités, et les décideurs chercheront à donner à cette zone une dimension « classieuse », « affaire », *« business »*, etc. Ainsi, l'EPA organisera-t-il des concours d'architectes connus internationalement, dont la *fama* permet de rejaillir sur ce territoire de « petits paysans ». Le projet territorial de l'EPA reconnaît ce fait :

> « Territoire agricole qui a été profondément modifié au XIXe siècle pour être cultivable et cultivé, la plaine du Var a progressivement perdu une grande partie de ses terres agricoles dans le cadre d'une compétition pour l'utilisation des sols constituant un des faits marquants de la Côte d'Azur en général[10]. »

La force de ce territoire est qu'il est au cœur des réseaux de transport, qui tous convergent par la Plaine du Var. Le fer de lance est bien sûr l'aéroport de Nice qui, vitrine de la Côte d'Azur, se combine mal avec un secteur géographiquement proche qui mine la superbe de celui-ci. La circulation des personnes et des marchandises transite par cet espace, pourvoyeur de richesses, du fait de sa seule situation. La faiblesse de ce territoire s'explique par les caprices du fleuve et des vallons adjacents. Le risque inondation peut être d'autant plus grave qu'il peut paralyser cette zone stratégique sur le plan économique. La DTA des Alpes-Maritimes a

7. *http://www.paca.developpement-durable.gouv.fr/plaine-du-var-r116.html.*
8. V. Piveteau, *op. cit.*, *https://www.cairn.info/revue-pour-2011-2-page-159.html.*
9. Voir projet de territoire de l'OIN, décembre 2011, p. 7 : *http://www.ecovallee-plaineduvar.fr/sites/default/files/fichiers/epa_projet_de_territoire_decembre2011_light_0.pdf.*
10. *Ibid.*

ainsi été la norme qui a permis de déboucher sur la décision de créer une OIN le 28 novembre 2006 et dont le périmètre sera défini par le décret n° 2008-229 du 7 mars 2008. Ce contexte juridique va favoriser de l'ingénierie territoriale et dès les prémices, il y aura appel à des experts, confirmant par là que ce projet de territoire représente un terreau fertile à l'épanouissement de cette ingénierie.

2. Le recours aux experts

La DTA des Alpes-Maritimes a pointé avec évidence que l'aménagement de la plaine du Var impliquait la prise en compte des risques liés aux inondations. « La connaissance des risques liés aux inondations est une donnée de base préalable pour définir le devenir de la plaine du Var » (p. 105). La direction départementale de l'équipement, avec d'autres services, a réalisé des études « en 1998 et 1999, sur l'ensemble du bassin-versant du Var, (qui) ont permis de préciser ces risques et de définir les démarches à poursuivre pour choisir une stratégie d'aménagement du fleuve ». Cette institution déconcentrée de l'État a donc fait de l'ingénierie territoriale, notamment pour « définir les secteurs, actuellement urbanisés, dont la protection est prioritaire, car ils seraient inondés lors d'une crue centennale, (et) apprécier la compatibilité des options de développement au regard des risques d'inondation ». Les experts invitent donc à « établir un plan de prévention des risques naturels pour l'ensemble de la vallée ». Le site du ministère du Développement durable indique, quant à la création de l'OIN, que « la décision s'est accompagnée de la mise en place d'un collège d'experts chargé de définir les contours de l'opération. Ces experts ont confirmé et précisé dans leur rapport les conclusions énoncées dans la DTA ». Il est difficile *a posteriori* d'avoir une vision précise de la nature du « collège d'experts » précité, mais il est vraisemblable que l'on se place dans une ingénierie d'État au regard du rattachement de l'opération à un projet étatique. Ceci est cependant confirmé par l'EPA de l'OIN selon lequel :

> « Plusieurs organismes ont mené des études sur les forces et faiblesses de la plaine du Var depuis une dizaine d'années : le Centre d'études techniques de l'équipement Méditerranée (ministère de l'Équipement, des Transports et de l'Aménagement), la Délégation interministérielle à l'aménagement du territoire et à l'attractivité régionale (DATAR), la communauté urbaine Nice Côte d'Azur en prévision de son schéma de cohérence territoriale (SCoT)[11]. »

Ce sont par ailleurs des cabinets privés qui ont été sollicités pour appuyer l'analyse de la DTA. En effet, selon les documents publiés par l'OIN,

> « [...] Dès 2003, la directive territoriale d'aménagement (DTA) des Alpes-Maritimes identifiait la plaine du Var comme "secteur stratégique de développement", soulignant l'importance de la dimension environnementale. En 2009-2010, une étude de positionnement international (confiée à un groupement mené par le grand architecte Rem Koolhaas) et trois études

11. *http://www.ecovallee-plaineduvar.fr/oin-eco-vallee/un-territoire-vivant.*

> d'aménagement et de développement, dites "études de définition" confiées à des équipes internationales d'experts (équipes Mateo, Seura et West 8) ont été menées. Toutes ces études ont permis de conforter le diagnostic et définir de grandes orientations largement partagées[12]. »

Enfin, en avril 2007, le gouvernement a mis en place « une mission de préfiguration de l'établissement public d'aménagement chargé de supporter cette opération [...] ». L'ingénierie territoriale de l'État se retrouve à travers la création d'un établissement public d'aménagement, celui-ci étant considéré comme « aménageur de l'État »[13]. L'EPA lui-même, dans le document édité par ses soins relatif au projet de territoire (déc. 2011), fait expressément mention aux « personnalités qualifiées (qui) apportent également leur expertise aux travaux de l'EPA (p. 76) »[14]. L'ingénierie territoriale de l'État s'enrichit d'une ingénierie de missions, en fonction des étapes à franchir dans la réalisation de l'OIN.

B. L'EPA Plaine du Var, une institution étatique porteuse d'ingénierie territoriale pour le projet d'OIN

Le Code de l'urbanisme indique que « l'État peut créer des établissements publics d'aménagement ayant pour objet de favoriser l'aménagement et le développement durable de territoires présentant un caractère d'intérêt national » (art. L. 321-14). Ces compétences sont fort larges puisqu'elles sont ainsi envisagées par le code, pour répondre aux objectifs précités :

> « Les établissements publics d'aménagement ont pour mission principale de conduire toute action de nature à favoriser l'aménagement, le renouvellement urbain et le développement économique de leur territoire, dans le respect de la diversité des fonctions urbaines, de la mixité sociale dans l'habitat ainsi que de la protection de l'environnement. »

Il y a, dans ce quasi-blanc-seing (« conduire toute action de nature à... »), beaucoup de latitude offerte à l'EPA Plaine du Var, notamment pour développer de l'ingénierie territoriale, et ce d'autant que les ambitions sont légales et constitutionnelles. Ce sont les articles 6 et 7 de la Charte de l'environnement qui ont permis à l'EPA de fonder puis fabriquer la « boîte à outils » pour répondre, d'une part, à la nécessaire conciliation de la protection, de la mise en valeur de l'environnement, du développement économique et du progrès social, propre au développement durable, d'autre part, à l'obligatoire information et participation « de toute personne » à l'élaboration des décisions publiques ayant une incidence sur l'environnement.

12. *http://www.ecovallee-plaineduvar.fr/le-territoire.*
13. *http://www.cohesion-territoires.gouv.fr/Les-etablissements-publics-d.*
14. *http://www.ecovallee-plaineduvar.fr/sites/default/files/fichiers/epa_projet_de_territoire_decembre2011_light_0.pdf.*

1. Le développement durable, un thème clé pour l'ingénierie territoriale

Créé par décret du 30 juillet 2008, l'établissement public d'aménagement de la plaine du Var, renommé en 2015 établissement public d'aménagement Éco-Vallée Plaine du Var, annoncera sans surprise dans son projet de territoire cette double mission de développement et de protection de l'environnement. Cependant, une orientation est affichée clairement : l'OIN vise à étayer le développement de la ville de Nice puis de la métropole dans une logique de compétitivité/attractivité des territoires, tout en étant capable de faire montre d'une démarche environnementale. Le projet de territoire de l'OIN est en effet exposé en ces termes par l'EPA :

> « L'opération Éco-Vallée est "d'intérêt national" d'une part par sa capacité à accélérer le développement d'une des villes les plus internationales de France dans la compétition européenne des métropoles, et d'autre part par son ambition à devenir un territoire de démonstration des politiques du Grenelle de l'environnement. »

Cette démonstration des politiques environnementales va se manifester sur le plan sémantique. D'une part, l'OIN Plaine du Var devient une Éco-Vallée, d'autre part l'EPA affiche une politique d'éco-exemplarité l'Éco-Vallée Plaine du Var. Si le périmètre de l'OIN est fort vaste, 10 000 ha et concerne donc plusieurs communes géographiquement liées à ladite vallée du Var, la ville de Nice (puis la Métropole NCA présidée par le maire de Nice) occupe dans le projet de territoire une place assez prépondérante tant sur le plan du développement que de l'environnement. Elle joue également un rôle d'influence, notamment dans la mesure où la ville de Nice a été retenue depuis 2010 dans le cadre de la démarche Éco-Cité, lequel « favorise l'émergence d'une nouvelle façon de concevoir, construire et gérer la ville ». Elle bénéficie ainsi du soutien financier de l'action « Ville de demain », c'est-à-dire des investissements d'avenir, coordonnée par le Commissariat général à l'investissement et gérée par la Caisse des dépôts. La proximité entre l'OIN Plaine du Var et la ville de Nice, notamment en la personne de son maire qui a été au cœur de l'émergence cette opération, expliquera que, pour faire écho à l'Éco-Cité niçoise, l'OIN se baptise aussi « Éco-Vallée » à même de développer une logique d'éco-exemplarité.

Par ailleurs, le territoire de l'OIN se superpose au moins partiellement à celui de la ville de Nice. Parmi les quatre premières opérations mises en œuvre par l'EPA et « ses partenaires », trois s'inscrivent dans le périmètre de l'Éco-Cité Nice Côte d'Azur : le Grand Arénas (le futur centre d'affaires international est une zone d'aménagement concerté créée en 2013), Nice Méridia (zone d'aménagement concerté également créée en 2013), la technopole urbaine du développement durable et l'opération bi-rive de La Baronne-Lingostière (en cours d'études). L'Éco-Vallée a une dimension largement économique à l'étude des documents publiés et vise aussi l'intérêt de l'ensemble des communes englobées dans l'OIN (La Gaude, Saint-Laurent-du-Var, Carros… qui font partie de la Métropole). L'Éco-Vallée, dans un but d'attractivité, permettra ainsi de disposer et de développer :

« 450 hectares mutables (surfaces disponibles pour des projets d'aménagement), 3 millions de m^2 de capacité constructible, 50 000 nouveaux emplois, 2,5 milliards d'euros d'investissements prévus (80 % privés). »[15] Le projet de territoire mentionne que « moins de 5 % du territoire feront l'objet d'une urbanisation. [...] Au sein de ces espaces dits mutables, le principe de densité s'inscrit en contrepoint de l'étalement urbain et du mitage qui ont trop longtemps caractérisé la plaine du Var »[16].

L'EPA, institution classique d'aménagement, va devoir promouvoir des outils pour répondre à un objectif d'éco-exemplarité. En tant que tel, cet établissement public va nécessairement faire de l'ingénierie territoriale pour que l'OIN soit fidèle au principe du développement durable. L'ambition de cette Éco-Vallée est de proposer un « autre modèle de développement et d'urbanisme ». On peut considérer, par cette formule employée par l'EPA, qu'il s'agit d'éviter les erreurs passées de la Côte d'Azur d'un développement excessivement centré sur l'immobilier, qui ont conduit à l'étalement urbain, à une raréfaction du foncier et à son augmentation corrélative, à la réduction des terres agricoles, au manque de prise en compte des richesses et des contraintes environnementales.

Le projet de territoire (3 millions de m^2 de capacité constructible) et les réalisations opérées ou en cours montrent que le choix est de bâtir par densification. L'économie et l'emploi sont les premiers enjeux listés par l'OIN : « L'opération Éco-Vallée porte une ambition économique essentielle pour le développement de la Métropole Nice Côte d'Azur et plus largement des Alpes-Maritimes[17]. »

Mais pour rester conforme à la démonstration des politiques du Grenelle de l'environnement, l'EPA a développé des outils intéressants. Son deuxième enjeu affiché est l'éco-exemplarité. L'OIN envisage en effet « une urbanisation responsable, avec des espaces naturels et agricoles qui constitueront des respirations entre des pôles urbanisés »[18].

L'éco-exemplarité n'ayant pas de définition précise, l'EPA a décliné celle-ci en trois points qui révèlent l'ingénierie territoriale qu'il déploie pour répondre aux objectifs du développement durable. Il promeut ainsi « l'écologie industrielle » pour chercher à réduire les impacts environnementaux des activités des entreprises, notamment dans l'industrie, la construction, le transport et le commerce. L'EPA s'appuie sur l'État, et en particulier sur l'action développée par le ministère de l'Industrie (Direction générale de la compétitivité, de l'industrie et des services – DGCIS – qui deviendra la Direction générale des entreprises). Ce dernier a sélectionné au sein de l'OIN « la zone industrielle de Carros-Le Broc parmi les cinq

15. *http://www.ecovallee-plaineduvar.fr/oin-eco-vallee/un-territoire-vivant.*
16. Voir p. 41 du projet de territoire 2011, *op. cit.*
17. Voir *http://www.ecovallee-plaineduvar.fr/les-enjeux/economie-et-emploi.*
18. Voir *http://www.ecovallee-plaineduvar.fr/les-enjeux/eco-exemplarite.*

zones françaises pilotes pour expérimenter des démarches d'écologie industrielle et qui doit aboutir à l'édition d'un guide de bonnes pratiques ». La protection de l'environnement ne se formalise donc pas par des dispositions réglementaires, mais par un droit mou, n'entraînant aucune contrainte pour le secteur industriel concerné. Dans cette voie, l'EPA a élaboré deux référentiels : d'une part, « un cadre de référence pour la qualité environnementale », d'autre part, un « guide pour la biodiversité ». Le « cadre de référence pour la qualité environnementale de l'aménagement et de la construction dans la plaine du Var » est d'inciter « tous les acteurs de la construction dans l'Éco-Vallée (les maîtres d'ouvrage publics et privés, les promoteurs, l'ensemble des maîtrises d'œuvre et des entreprises parties prenantes des projets de construction ou d'aménagement) "à l'excellence environnementale" en mettant "l'environnement au cœur de leur projet" »[19]. Là encore, la démarche est « souple : le dispositif n'impose pas une certification de qualité environnementale plutôt qu'une autre et, au contraire, les opérateurs disposent de la latitude de choisir une certification dans le cadre d'un panel de référentiels intégrés ou de s'inscrire dans un ensemble d'objectifs spécifiques à l'Éco-Vallée ». Enfin, le guide de la biodiversité indique lui-même qu'il met à disposition « une boîte à outils constituée de mesures ou de solutions techniques à mettre en œuvre aux deux échelles : la vallée en général et les opérations d'aménagement elles-mêmes »[20]. C'est bien là que s'exprime l'ingénierie territoriale, et dès que des obligations juridiques sont à mettre en avant au titre de la protection de l'environnement, le fondement reste notamment le PLU avec son arsenal réglementaire, lui-même contraint par la hiérarchie des normes (espaces boisés, loi Littoral, loi Montagne, Natura 2000…) et les servitudes liées aux risques tels que les inondations.

Ainsi, on peut considérer que l'EPA ne s'encombre pas réellement des rigueurs du droit dont il laisse le soin aux communes et/ou à l'intercommunalité de les intégrer dans leurs documents d'urbanisme. La marque de l'ingénierie territoriale de l'EPA est de s'accommoder des contraintes du droit, comme on peut le relever à travers la sémantique qui est employée sur son site et d'aider à leur application dans les aménagements autorisés. Elle vise à exposer et afficher qu'elle prend en compte les objectifs du développement durable afin de pouvoir atteindre le but fonctionnel assigné à ce territoire par l'OIN, qui est surtout de construire, de développer du bâti, d'accueillir des entreprises.

Le principe de concertation sera également intégré par l'EPA qui a formalisé la prise en compte de cette obligation juridique par divers biais facilités grâce à une démarche d'ingénierie territoriale qui ne le quitte pas.

---

19. Voir *http://www.ecovallee-plaineduvar.fr/les-enjeux/eco-exemplarite.*
20. Voir *http://www.ecovallee-plaineduvar.fr/les-enjeux/eco-exemplarite/le-guide-pour-la – biodiversite.*

2. La concertation « imaginée » par l'EPA Plaine du Var

Dans ce domaine, l'EPA ne manque pas d'emphase pour auto-qualifier de « larges » les processus de concertation qui l'animent *ab initio*. En effet, le document officiel de l'EPA sur la « concertation continue »[21] indique :

> « Depuis sa création, l'EPA Plaine du Var a mis en place un large partenariat et des réunions de concertation élargies tant pour les opérations que pour les documents stratégiques. »

Juridiquement, l'EPA ne pouvait faire l'économie de la concertation, puisque l'OIN se matérialise par des zones d'aménagement concerté. C'est là une obligation légale. Selon le principe général du droit de l'urbanisme mentionné à l'article L. 103-2 :

> « Font l'objet d'une concertation associant, pendant toute la durée de l'élaboration du projet, les habitants, les associations locales et les autres personnes concernées : [...] 2° La création d'une zone d'aménagement concerté ; 3° Les projets et opérations d'aménagement ou de construction ayant pour effet de modifier de façon substantielle le cadre de vie, notamment ceux susceptibles d'affecter l'environnement... »

Cette obligation existait aussi plus anciennement avec l'ancien article L. 300-2 du Code de l'urbanisme qui a introduit la concertation de façon systématique à partir de la loi de 2003 urbanisme et habitat.

L'EPA a initialement organisé des « ateliers d'acteurs » pour l'élaboration du projet de territoire qui aboutira en décembre 2011. Aurait ainsi contribué à ce projet de territoire « l'ensemble des partenaires ». Il développe ensuite ce processus en créant de toutes pièces un « comité permanent de concertation » dans l'objectif de « susciter un engagement collectif » et « analyser et débattre des principaux enjeux d'aménagement durable... » Sur la base de ses réflexions s'organisent des réunions élargies, et ouvertes au grand public. Sans surprise, ce comité permanent de concertation

> « entend refléter au mieux la diversité des acteurs et parties prenantes de ce vaste territoire (représentants de l'État, des collectivités territoriales, des milieux économiques, du monde associatif et de personnalités qualifiées) ».

De manière complémentaire, l'EPA est en concertation avec les partenaires institutionnels grâce à une « gouvernance collaborative » et avec le public, nécessairement, par le prisme *a minima* des enquêtes publiques. L'EPA est ainsi l'instrument de l'ingénierie territoriale. Il est « organisé autour d'une équipe de professionnels de l'aménagement et de l'urbanisme » qui se trouve tenue par une obligation de résultat, « concrétiser sur le terrain les orientations fixées à l'opération » et qui dispose de la souplesse nécessaire dans les moyens pour y parvenir. Tous les

21. Voir *http://www.ecovallee-plaineduvar.fr/oin-eco-vallee/une-concertation-continue*.

outils de l'ingénierie territoriale développés par l'EPA convergent donc pour la réussite du projet de territoire et des fonctions de développement assignées à l'OIN (10 000 hectares, 12 000 entreprises, 50 000 emplois créés…).

Le développement de l'OIN est même irrigué par les débats de l'ingénierie territoriale tels que présentés par les auteurs (voir Piveteau, *op. cit.*). En l'occurrence, les thématiques de la gouvernance et du développement durable alimentent l'OIN Éco-Vallée Plaine du Var en laissant l'ingénierie territoriale jouer le rôle de « boîte à outils » pour trouver les solutions aux obstacles à la réalisation du projet territorial.

II. L'ingénierie territoriale au service des obligations juridiques à respecter par l'OIN Plaine du Var

L'ingénierie territoriale est vouée au service de la réussite de l'OIN. Deux thèmes essentiels surgissent à travers la mise en œuvre de l'OIN, régulièrement appréhendés comme « débat de l'ingénierie territoriale », et pour autant au cœur des contraintes juridiques liées au développement durable. D'un côté est soulevé

> « un débat institutionnel » : « L'ingénierie territoriale sert-elle une organisation de la gouvernance locale, ou, à l'inverse, alimente-t-elle la complexité et l'opacité des systèmes de décision[22] ? »

Dans le cas de l'OIN de la Plaine du Var, le système de gouvernance est assez complexe en raison de sa nature à la fois nationale et locale dans toute la multiplicité que peut revêtir ce dernier terme. La question de la gouvernance territoriale se pose alors au sein de l'OIN.

D'un autre côté, parmi les autres débats soulevés par l'ingénierie territoriale, Vincent Piveteau précise que

> « c'est la question des savoirs utiles au service des situations nouvelles : sommes-nous suffisamment bien appareillés pour aborder des défis territoriaux nouveaux, des crises émergentes (transition environnementale post-carbone ou post-énergie, transition économique) ? »

En l'occurrence, c'est le défi climatique qui se pose à l'OIN Plaine du Var, lequel peut aggraver le risque des inondations qui a par ailleurs été identifié très tôt dans la DTA des Alpes-Maritimes.

22. V. Piveteau, *op. cit.*

A. Une gouvernance territoriale spécifique : la dimension locale prédominante

1. Une gouvernance en phase avec la recomposition de l'organisation administrative française

L'opération d'intérêt national Éco-Vallée est une opération d'aménagement, décidée juridiquement par l'État, qui considère qu'il y va de l'intérêt de l'État de la classer comme telle, et relevant de la compétence de celui-ci. Il s'agit d'une « opération d'urbanisme à laquelle s'applique un régime juridique particulier en raison de son intérêt majeur. [...] Une OIN est menée par l'État qui conserve dans ces zones la maîtrise de la politique d'urbanisme »[23].

Mais l'OIN Plaine du Var a été entreprise sur le fondement d'une requête locale. En effet, le site de l'OIN affiche clairement la place maîtresse jouée par l'actuel maire de Nice : « À l'initiative de Christian Estrosi, l'État a mis de gros moyens en jeu : il en a fait l'une des opérations d'intérêt national de France, avec le développement durable comme ligne directrice[24]. » Les dimensions de l'OIN, nationale et locale, se confondent en raison des cumuls et successions de mandat détenus par cette personnalité.

De surcroît, la place de l'échelon local est d'autant renforcée que l'État n'a cessé de promouvoir l'intercommunalité dans la réorganisation administrative du territoire français, des métropoles en particulier. En l'occurrence, la Métropole NCA, première métropole en France (2012), a servi de laboratoire à la loi du 27 janvier 2014 de modernisation de l'action publique territoriale et d'affirmation des métropoles qui énumérera 14 métropoles, vues comme moyens d'une meilleure attractivité et compétitivité au bénéfice de l'ensemble du territoire national. Il s'agit bien d'une stratégie de fonctionnalisation du territoire qui permet de recomposer l'organisation administrative française et laisse jouer un rôle essentiel à ces intercommunalités, où une commune assure une prééminence rien que par le nom donné à la métropole qui reprend, même partiellement, le nom de la ville : Bordeaux Métropole, Brest Métropole, Grenoble-Alpes Métropole, l'Eurométropole de Lille, Montpellier Méditerranée Métropole, la métropole du Grand Nancy, Nantes Métropole, Nice Côte d'Azur Métropole, Rennes Métropole, Rouen Normandie Métropole, la métropole européenne de Strasbourg, Toulouse Métropole.

Dans le cadre général du développement durable, le statut de métropole a été créé par la loi du 16 décembre 2010 pour affirmer le rôle des grandes agglomérations comme moteurs de la croissance et de l'attractivité du territoire. La Métropole Nice Côte d'Azur s'inscrit dans cette finalité, et l'OIN plaine du Var en est un support. En pratique, il y a une superposition de la Métropole sur le territoire de

23. CEREMA, *http://outil2amenagement.cerema.fr/operation-d-interet-national-oin-r314.html.*
24. Voir *http://www.ecovallee-plaineduvar.fr/oin-eco-vallee.*

l'OIN[25], au point que la première englobe la seconde. Cette fusion de l'OIN au sein de la Métropole est clairement exprimée en 2014 dans le projet stratégique et opérationnel (PSO) qui énonce que « les acteurs locaux et l'État se sont mobilisés dès 2007 pour développer dans la plaine du Var, au cœur de la métropole azuréenne, une "Éco-Vallée" »[26]. Les fonctions de président de la Métropole NCA et de président de l'EPA sont assurées par une seule personne, le maire de la ville de Nice, Christian Estrosi. Ce cumul des fonctions a pour conséquence une dimension locale très affirmée dans la gouvernance de l'OIN.

La gouvernance qui se veut partenariale est précisément fondée sur un protocole-cadre de partenariat pour l'Éco-Vallée conclu pour 2011-2026, mais qui ne concerne que les institutions parties prenantes traditionnelles, c'est-à-dire la commune, le département, la région, l'État et son établissement public d'aménagement. Les différentes collectivités territoriales étant présentes, cette représentativité des divers échelons territoriaux laisse augurer des jeux de pouvoirs et contre-pouvoirs pour animer ce partenariat. Cependant, sans mettre en doute l'impartialité des différents acteurs institutionnels, la réalité des contre-pouvoirs semble à nuancer au regard des rôles variables endossés par les représentants des collectivités précitées et la connexité qui a pu se nouer entre eux. C'est en particulier le cas concernant l'État, représenté par M. Jean-Michel Drevet, préfet des Alpes-Maritimes, pour la signature de protocole-cadre de partenariat : depuis 1980, celui-ci a été directeur de cabinet de Ch. Estrosi ; puis il a appartenu au même gouvernement que M. Estrosi ; il a été préfet des Alpes-Maritimes de mai 2011 à juillet 2012 ; enfin, d'août 2014 à juin 2017, il a été directeur général des services de la ville de Nice et de la Métropole NCA. Si le projet d'OIN est soutenu par Ch. Estrosi comme ministre délégué à l'Aménagement du territoire du gouvernement Dominique de Villepin (juin 2005-mai 2007), la ville de Nice est également représentée dans ce protocole par le même Christian Estrosi, qui en deviendra le maire en 2008. La même remarque vaut pour la communauté urbaine Nice Côte d'Azur, qui évoluera en métropole et qui est également présidée par M. Estrosi. Seule la région Provence-Alpes-Côte d'Azur est tenue à l'époque par le Parti socialiste, représentée alors par M. Michel Vauzelle, président du conseil régional. Mais, à compter de 2015-2017, la présidence de la région échoit à M. Ch. Estrosi, le parti Les Républicains ayant obtenu la majorité. Le département des Alpes-Maritimes, est représenté dans ce protocole de partenariat par son président, M. Éric Ciotti, président du conseil général, mais Ch. Estrosi a été quelques années précédentes,

25. S. BRESSON-GILET, « Les processus de métropolisation à la lumière d'une OIN, le cas de l'Éco-Vallée Plaine du Var », octobre 2015, *https://hal.archives-ouvertes.fr/hal-01222190/document*.
26. Voir *http://www.nicecotedazur.org/uploads/media_items/eco-vall%C3%A9e-plaine-du-var.original.pdf*.

président du conseil départemental (18 septembre 2003-14 décembre 2008) après avoir été vice-président de cette collectivité (18 mars 2001-17 septembre 2003) et conseiller général (1985-1993).

Quant à l'établissement public d'aménagement Plaine du Var, également signataire du protocole, le premier directeur général de l'EPA Plaine du Var (2007-2010), Thierry Bahougne, a été préalablement le conseiller technique du ministre Estrosi au ministère de l'Aménagement du territoire (2006-2007).

Cette configuration de l'organisation du pouvoir illustre assez bien ce que les auteurs de science politique appellent « la démocratie de l'entre-soi »[27]. La question que pose alors le « débat de l'ingénierie territoriale » est celle de savoir s'il n'y a pas ici une forme de confiscation du pouvoir de décision, la concertation avec le grand public risquant alors peut-être d'être périphérique dans les dispositifs mis en place par l'EPA.

2. Le défi de la concertation avec le grand public

Des associations, comme cela est très fréquent sur tout territoire faisant l'objet d'aménagements importants au point de remodeler le cadre de vie, contestent le projet de territoire, et se considèrent mises à l'écart, malgré une démarche développée en ce sens. En effet, le site de l'OIN Plaine du Var communique fortement sur la concertation mise en place et les solutions inventées.

Un livret de concertation a ainsi été rédigé par l'EPA Plaine du Var[28]. Ce livret entend par « son objet, élaborer de façon partagée le projet stratégique et opérationnel (PSO). Véritable "feuille de route de l'Éco-Vallée", le PSO a pour vocation d'identifier, pour les prochaines années, les actions à réaliser, leur localisation, les moyens et leur calendrier et garantir leur cohérence ». Cependant, ce PSO est un document qui intervient en aval du projet de territoire défini préalablement. L'EPA le présente en effet comme permettant de « finaliser la stratégie et préciser les priorités opérationnelles du "Projet de Territoire" adopté en 2012 ».

La concertation qui a été envisagée et organisée en 2014 touche donc un projet de territoire pour lequel la stratégie de développement et les projets d'aménagement ont déjà été arrêtés. En effet, le projet de territoire a déjà fixé, les espaces d'action (« "quatre centralités majeures" pour servir de guide à la stratégie d'aménagement et de développement : Estuaire, Var Central, Méandre et Confluence »), les principes à respecter (dont l'éco-exemplarité, le tressage des activités autour du fleuve, une politique de transport et de déplacements préalable à la constitution de sites de vie et d'activités). Par ailleurs, un certain nombre d'actions et de stratégies ont

27. P. Perrineau et L. Rouban (dir.), *La démocratie de l'entre-soi*, Presses de Sciences Po, mars 2017.

28. Voir *http://www.nicecotedazur.org/uploads/media_items/eco-vall%C3%A9e-plaine-du-var.original.pdf*.

déjà été arrêtées. C'est le cas du schéma directeur du réseau de transport urbain de NCA à horizons 2030, d'ores et déjà validé le 4 décembre 2009 par le conseil communautaire de Nice Côte d'Azur, du plan de déplacement urbain dont le projet a été arrêté en novembre 2012, du programme local de l'habitat (PLH) de NCA fixé pour la période 2010-2015. Certaines opérations d'aménagement ont déjà été lancées dans le cadre des périmètres opérationnels d'intervention du fonds « Ville de demain ». Ainsi le projet de territoire daté de 2011 présenté par l'EPA indique nécessairement qu'il s'agit ici bien plus qu'un projet, en mentionnant qu'« au moment de la rédaction de ce document, trois maîtrises d'œuvre urbaines portées par l'EPA sont en cours : Grand Arénas, Méridia, La Baronne-Lingostière »[29].

La concertation de la base citoyenne et associative se fera concrètement pour l'avenir, lors des évolutions du territoire annoncées par des documents d'aménagement ou d'urbanisme au plan régional, départemental ou communal. Ainsi à l'échelle régionale, on note comme ancrage possible à la concertation, le schéma régional d'aménagement et de développement durable du territoire en cours de révision (SRADDT), le schéma régional des infrastructures de transport (SRIT), la stratégie de cohérence régionale et d'aménagement numérique (SCORAN), le plan régional de l'agriculture durable. À l'échelle plus locale, sont à signaler comme support à la concertation, le schéma directeur départemental d'aménagement numérique (SDDAN) porté par le conseil départemental, le schéma de cohérence territorial de Nice Côte d'Azur (SCoT) et les PLU en cours d'élaboration ou de révision. On peut comprendre le sentiment de frustration de certaines associations locales qui ont réussi à sensibiliser par un biais que nous ignorons, le ministre alors compétent, Mme Duflot. Elle a en effet adressé une note interne, dont l'objet est le développement durable et la concertation, datée du 5 mars 2013, en tant qu'autorité de tutelle, au directeur de l'EPA[30]. Il est intéressant de relever que la ministre indique dans ce document :

> « Sans attendre les orientations stratégiques de l'État, que je vous communiquerai les prochains mois […], je souhaite vous faire part de mes attentes pour que l'EPA contribue pleinement au développement et à l'aménagement durable de son territoire. »

Parmi ces attentes expressément formulées, la ministre mentionne que l'EPA doit élaborer

> « une vision cohérence de son action » [et] « cette vision doit être construite avec les autres acteurs de l'aménagement et du développement durable agissant sur son territoire dont l'EPA devra rechercher l'adhésion et pour lesquels elle doit également constituer un cadre cohérent, porteur d'une

29. Voir p. 39, point 2.2 du projet de territoire : *http://www.ecovallee-plaineduvar.fr/sites/default/files/fichiers/epa_projet_de_territoire_decembre2011_light_0.pdf.*
30. Voir *http://www.gir-maralpin.org/AmenagementTerrit/EpaMetlMinDuflotObjectifsDDC.2013.03.05.pdf.*

> vision d'ensemble, vertueuse et partagée. [...] dans toutes ses réalisations, et notamment pour construire et conforter la vision stratégique dont il est le garant, je souhaite que l'EPA associe étroitement l'ensemble des acteurs et en particulier le grand public, dans une démarche de concertation qui dépasse les simples prescriptions légales en la matière ».

Il y a donc une quasi-injonction de la ministre de faire plus que ce que loi impose. Dans cette perspective, l'ingénierie territoriale de l'EPA est alors le moyen de trouver les solutions idoines.

En l'occurrence, comme préalablement exposé, l'EPA n'a pas été inactif et a veillé à la formalisation d'une concertation/participation. Il a créé, comme signalé précédemment, le comité permanent de concertation (CPC) avec quatre réunions en moins d'un an (6 novembre 2013, 17 janvier 2014, 17 avril 2014 et 10 juillet 2014). Puis, l'élaboration du projet stratégique et opérationnel de l'EPA a permis à ce dernier de fixer les modalités d'une concertation publique où les différentes « personnes concernées » ont eu des rendez-vous, quatre en majorité, pour ce faire sur un délai de six mois (juillet 2014 à décembre 2014). Les différents acteurs du comité permanent de concertation, dont les associations, ont pu intervenir par le biais de « groupes de travail », le public (*lato sensu*) par des « ateliers citoyens », les partenaires institutionnels par des « ateliers urbains », l'EPA sans surprise par des conseils d'administration et enfin les élus communaux, intégrés dans l'OIN, les moins concertés, n'ont bénéficié que de deux seules « réunions des maires ».

Ensuite, l'EPA Plaine du Var a mis en ligne à partir de la mi-juillet 2014, la première version du projet de diagnostic de son projet stratégique et opérationnel (PSO). Les membres du comité permanent de concertation ont été informés que ce projet était consultable sur les sites de l'EPA et de la préfecture des Alpes-Maritimes et qu'étaient attendues des éventuelles remarques, observations et propositions avant le 8 septembre 2014 afin d'intégrer au mieux lesdites suggestions. L'EPA n'a pas ménagé ses efforts.

Le fait est que le territoire de l'OIN est un espace où se cristallisent les contestations. Le dispositif de concertation *via* les ateliers citoyen sera un échec dans la mesure les associations expriment un rejet global, notamment sur le fondement de considérations environnementales. Ainsi, la concertation se meurt et se transforme en action contentieuse devant le juge administratif, au motif premier de l'insuffisance des analyses de l'impact du projet stratégique et d'orientation (PSO). Le tribunal administratif de Nice avait annulé le PSO estimant que ce projet stratégique et opérationnel aurait dû être précédé d'une étude d'incidences Natura 2000 (jugement n° 1503595 du 22 juin 2017). La cour d'appel par un arrêt du 22 juin 2018[31] déboutera les requérants en estimant que « la délibération qui

31. *https://www.legifrance.gouv.fr/affichJuriAdmin.do?oldAction=rechJuriAdmin&idTexte=CETATEXT000037274510&fastReqId=1916684380&fastPos=1.*

approuve ce document n'est pas susceptible de faire l'objet d'un recours pour excès de pouvoir » eu égard à ses effets (acte ne faisant pas grief). Le Conseil d'État a depuis été saisi en septembre 2018. Ce sont donc des préoccupations liées au respect de l'environnement et des outils juridiques qui y pourvoient qui permettent de fonder l'action contentieuse. Ainsi, le dernier type d'interrogation qui nous retiendra sera celui de savoir si l'ingénierie territoriale développée pour l'OIN de la Plaine du Var permet de faire face au défi territorial majeur que sont les inondations.

B. L'ingénierie territoriale déployée au sein de l'OIN permet-elle de faire face au défi territorial majeur, à savoir les inondations ?

La DTA des Alpes-Maritimes avait identifié les risques d'inondation provenant du fleuve et des vallons adjacents. La crue de 1994 ne viendra pas démentir la réalité du phénomène.

L'ensemble de la plaine du Var a ainsi fait l'objet d'un plan de prévention des risques inondation (PPRI) approuvé par arrêté préfectoral du 18 avril 2011[32].

Sur ce registre, l'EPA fait preuve de prudence et se repose sur des documents contraignants à l'égard desquels il n'y a guère de place pour une « boîte à outils ». La prévention des risques va en effet de pair avec la responsabilité administrative, voire pénale. Dans le projet de territoire de l'OIN, le chapitre relatif à la prise en compte des risques est très explicite : « Il s'agit de se conformer au règlement des plans de prévention des risques naturels et technologiques lorsqu'ils existent et notamment de veiller, en fonction du zonage, aux prescriptions en matière d'urbanisme et de construction qui y sont précisés. »

Dans le prolongement du plan de prévention, deux programmes d'actions de prévention des inondations (PAPI) ont été élaborés et signés par les partenaires institutionnels (préfet, région, département, métropole, EPA). Le premier PAPI (basse vallée du Var, 2009-2014) entre l'État et le département, a permis de réaliser et d'engager les travaux de protection les plus prioritaires, avec un chiffrage à 23 millions d'euros selon les indications données par le site de l'Éco-Vallée[33].

Ces actions se rattachent également aux orientations du schéma d'aménagement et de gestion des eaux (SAGE) « Nappe et basse vallée du Var ». Le périmètre de la Plaine du Var est en effet inclus en totalité dans le périmètre du SAGE. Outre les objectifs de valorisation et de préservation de la ressource en eau, il y a un « objectif de gestion des risques », à savoir « gérer les crues, en améliorant la morphologie

---

32. Voir *http://www.ecovallee-plaineduvar.fr/les-enjeux/gestion-des-risques*.
33. Voir *http://www.ecovallee-plaineduvar.fr/actualites/programmes-d-actions-de-prevention-des-inondations-de-la-vallee-du-var*.

du lit du Var, notamment en rétablissant le transport solide pour retrouver une continuité sédimentaire et en assurant son aménagement en cohérence avec les enjeux économiques et écologiques ».

Cette triple démarche est également relayée par le contrat de rivière, dénommé comme le SAGE « Nappe et basse vallée du Var » (2011-2015), et qui se trouve porté quant à lui par le département. Il est intéressant de noter que le SAGE depuis sa révision approuvée par la commission locale de l'eau (CLE), dont l'EPA est membre, est constitué d'un plan d'aménagement et de gestion durable de la ressource (PAGD) et d'un règlement opposable aux tiers. Dans ce domaine, le recours à la norme réglementaire est l'outil classique et efficace qui permet à la personne publique d'imposer aux aménageurs des contraintes dans le sens du développement durable, de la protection des biens et des personnes, au final dans la tradition de l'ordre public qui anime nombre des décisions et l'action publiques.

Néanmoins, en matière de contraintes d'urbanisme, l'EPA vise toujours à « promouvoir les bonnes pratiques en aménagement et en construction tenant compte du risque inondation auprès des aménageurs » et montre à nouveau un volet d'ingénierie territoriale, comme « facilitateur » de mise en œuvre de ces contraintes liées à cette question du risque inondation[34]. Le second programme d'actions de prévention des inondations (2013-2018) a permis de poursuivre les efforts sur les ouvrages de protection hydraulique, mais aussi de développer une politique de prévention et gestion de crise (amélioration des systèmes de surveillance des crues et des inondations, amélioration des dispositifs d'alerte et gestion de crise, amélioration de la prise en compte du risque inondation dans l'urbanisme). Dans ce domaine, l'État a un savoir-faire certain, développé depuis les drames tels que Vaison-la-Romaine, et l'EPA Plaine du Var est amené à intervenir sur ce registre, notamment selon les termes qu'il emploie comme « animateur ». En effet, au-delà du travail nécessaire de l'élaboration des plans de gestion de crise, faut-il encore que les personnes concernées s'approprient ces documents et ce rôle d'animateur est fondamental pour éviter des scénarios catastrophes aggravés par le comportement des futures victimes, insuffisamment averties (défaut de culture du risque). Enfin, le plan de prévention des risques inondation a également prescrit l'élaboration d'un schéma de cohérence hydraulique et d'aménagement d'ensemble (SCHAE), obligation à laquelle s'est soumise l'EPA en 2011. Cette planification doit, selon l'EPA, permettre « de définir les modalités d'un aménagement urbain durable dans une zone située derrière un ouvrage de protection et sans augmenter le risque ni le déplacer ». Juridiquement, ce type de contrainte imposée aux aménageurs relève du PLU qui doit traduire dans son règlement les servitudes résultant du plan de prévention des risques. Il s'avère que le PPRI a été révisé

34. Voir *http://www.ecovallee-plaineduvar.fr/actualites/programmes-d-actions-de-prevention-des-inondations-de-la-vallee-du-var*.

partiellement (arrêté préfectoral du 25 juin 2013) pour un des secteurs importants d'aménagement (le secteur du Grand Arénas) afin d'intégrer les dispositions du SCHAE prescrit par le PPRI initial. Depuis le 12 décembre 2012 sur le bassin Rhône-Méditerranée, 31 territoires à risque important d'inondation (TRI) ont été arrêtés, dont le TRI Nice-Cannes-Mandelieu qui inclut tout le périmètre de l'Éco-Vallée. Dans le prolongement de ce classement, le conseil départemental, avec l'État, a procédé à l'élaboration de la stratégie locale de gestion du risque inondation (SLGRI) à l'échelle du TRI. Cette stratégie devra fixer pour ce territoire, les objectifs de réduction des conséquences dommageables des inondations.

Il y a ici une mobilisation des multiples acteurs traditionnellement impliqués dans l'administration d'un territoire. Mais, une implication plus originale et assez représentative d'une démarche liée à l'ingénierie territoriale se trouve illustrée par la présence de l'université de Nice Côte d'Azur à travers un institut de recherche, notamment sur la thématique des risques. Il s'agit de l'Institut Méditerranéen du Risque, de l'Environnement et du Développement Durable qui relève de l'opération « Campus prometteurs », mise en œuvre et financée par l'État. Cet institut est accueilli par l'EPA au sein du projet de technopôle urbain de « Nice Méridia », lequel vise à une politique en faveur du développement endogène. L'OIN Plaine du Var cherche en effet à développer la « formation, recherche, activités de technologies, fertilisation croisée, essaimage, soutien à la création d'entreprises, présence d'entreprises de financement de *"Start-up"* ». Un des buts premiers affiché dans le projet de territoire est de « permettre à la métropole de bénéficier de la présence significative d'activités technologiques et notamment de fixer localement les jeunes diplômés »[35]. L'ingénierie territoriale s'ouvre, au moins partiellement, sur l'université dans le cadre de l'OIN Plaine du Var, ce qui est une reconnaissance de la qualité des chercheurs qui y sont impliqués. Pour autant, le recours à l'ingénierie privée reste toujours présent, notamment lors de la réalisation des études ou des notices d'impact pour lesquels des cabinets privés interviennent régulièrement. Il n'y a pas de ce point de vue une confiscation de l'ingénierie territoriale par le secteur public auquel il est parfois reproché une forme de concurrence déloyale vis-à-vis du secteur privé[36].

La fonctionnalisation du territoire de l'OIN Plaine du Var montre une assez large variété d'acteurs de l'ingénierie territoriale. La volonté de succès de cette vaste opération d'aménagement a commandé et commandera encore l'hétérogénéité des savoirs sollicités.

---

35. Voir p. 69 du projet de territoire dans : *http://www.ecovallee-plaineduvar.fr/sites/default/files/fichiers/epa_projet_de_territoire_decembre2011_light_0.pdf.*
36. Voir *https://www.lemoniteur.fr/article/comment-l-ingenierie-publique-cannibalise-le-prive.610189.*

Bibliographie

- Bresson-Gilet S., « Les processus de métropolisation à la lumière d'une OIN, le cas de l'Éco-Vallée Plaine du Var », octobre 2015
- Perrineau P. et Rouban L. (dir.), *La démocratie de l'entre-soi*, Presses de Sciences Po, mars 2017.
- Piveteau V., « L'ingénierie territoriale, défi pour la gouvernance », *Pour* 2011/2, nº 209-210, p. 159.
- Pontier J.-M., « Identité territoriale ? », *AJDA* 2018, p. 1513.

FINANCEMENT PUBLIC DE L'INGÉNIERIE TERRITORIALE TOURISTIQUE

De la taxe de séjour au *front office* France Tourisme Ingénierie

par

Jacques SPINDLER

Professeur émérite en gestion
Université Nice Sophia Antipolis, IAE de Nice-GRM

> « Le niveau d'investissement outre qu'il constitue un levier majeur de renforcement de l'attractivité des destinations et filières, est un outil puissant de compétitivité des entreprises. L'investissement dans le développement de l'industrie du tourisme est donc une exigence pour l'internationalisation du tourisme français et pour la diffusion des flux sur l'ensemble des territoires. »
>
> Conseil interministériel du tourisme, 19 janvier 2018[1].

Le choix du mot « ingénierie » ne relève pas d'un quelconque effet de snobisme. Il est utilisé dans le sens officiel qui lui a été donné par le ministère du Développement industriel et scientifique dans un arrêté du 12 janvier 1973 relatif à l'enrichissement du vocabulaire français, à savoir :

> « Ensemble des fonctions allant de la conception et des études à la responsabilité de la construction et au contrôle des équipements d'une installation technique ou industrielle (en anglais : "*engineering*")[2]. »

Il s'agit donc d'études de projets sous tous leurs aspects (techniques, économiques, financiers, etc.) qui nécessitent un travail de synthèse coordonnant les travaux de plusieurs équipes de spécialistes.

---

1. Service de presse de Matignon (2018), *Conseil interministériel du tourisme – Assurer le succès touristique de nos territoires*, 19 janvier, p. 8.
2. *JORF* 18 janvier 1973, p. 723.

L'ingénierie est publique lorsqu'elle permet de réaliser un ouvrage ou un projet d'investissement grâce à une collectivité territoriale ou à une organisation administrative[3].

Appliquée au tourisme, l'ingénierie peut donc désigner l'ensemble des activités qui étudient, conçoivent, réalisent et gèrent tout ou partie d'un aménagement (stations balnéaires et de montagne, parcs naturels, etc.), d'un établissement (hôtels, centres de bien-être, musées, etc.) ou d'un équipement (routes, ports, canaux, etc.). L'État met donc en œuvre une ingénierie lorsqu'il étudie (travaux préparatoires), conçoit (rédige un texte), réalise (fait voter) et gère (en précisant par exemple l'affectation des ressources d'un prélèvement). L'ensemble de ces activités visent, dans le domaine qui nous intéresse, à rendre un territoire plus attractif, surtout s'il regroupe plusieurs destinations.

L'un des buts de l'ingénierie touristique nous semble, d'ailleurs, de permettre aux innovations localisées, qui ont été souvent sources de progrès[4], de se diffuser le plus largement possible dans l'ensemble d'un espace géographique[5].

Dès la loi du 24 septembre 1919[6], le caractère moteur de certaines communes dans le développement du tourisme a été reconnu. C'est cette même loi qui a étendu à l'ensemble des communes touristiques la taxe de séjour, qui avait été instituée, à la charge des touristes, par la loi du 13 avril 1910[7], en précisant que son produit devait être affecté à des travaux « d'assainissement ou d'embellissement ». On ne faisait pas référence à l'époque à l'ingénierie touristique, mais on commençait de fait à la pratiquer, d'autant que le prélèvement qui avait été créé s'est progressivement étendu à un très grand nombre de communes (de montagne, de littoral, etc.), voire aux départements, sans oublier, plus tard, les établissements publics de coopération intercommunale (EPCI). La localisation communale des flux touristiques a peu à peu laissé la place aux territoires porteurs de destinations. Ces deux notions ne

3. N. Dantonel-Cor, « Les prestations techniques d'ingénierie publique au service des collectivités territoriales » *in Mélanges en l'honneur du Professeur Gérard Marcou*, Paris, éd. IRJS, 2017, p. 129.

4. On a pu écrire à ce sujet que les localités non touristiques ont dû « attendre le XXe siècle, parfois sa seconde moitié, pour connaître des innovations semblables aux lieux touristiques, dans le domaine des moyens de communication (réseau de transport, téléphone, etc.), du confort et de l'hygiène publique et privée (réseaux d'eau et d'évacuation des eaux usées, éclairage électrique, etc.) », R. Knafou *et al.*, « Une approche géographique du tourisme », *L'espace géographique*, n° 3, 1997, p. 196.

5. Voir J.-M. Hazebroucq, « Destinations innovantes et développement du tourisme », *in Tourisme et innovation – La force créative des loisirs*, Paris, L'Harmattan, coll. « Marchés et organisations », Cahiers d'Économie et de Gestion de la Côte d'Opale n° 3, 2007, p. 137.

6. « Loi du 24 septembre 1919 portant création des stations hydrominérales, climatiques et de tourisme, établissant des taxes spéciales dans lesdites stations, et réglementant l'office de tourisme », *JORF* n° 261 du 26 septembre 1919, p. 10530 et s.

7. « Loi du 13 avril 1910 concernant la création de stations hydrominérales et climatiques et l'établissement de taxes spéciales dans lesdites stations pour favoriser le développement de l'industrie hydrominérale », *JORF* n° 103 du vendredi 15 avril 1910, p. 3429-3430.

doivent d'ailleurs pas être confondues, d'autant qu'avec l'internationalisation du tourisme l'espace de référence varie en fonction de l'origine géographique des touristes : « Force est de constater que la destination est d'abord faite, pensée et projetée par les touristes. Un touriste américain considère que la Normandie est une destination, et non Deauville. Un touriste chinois voudra visiter la Riviera et non pas Nice, puis Cannes[8]. » Autrement dit, la destination peut être une région qui ne correspondra pas nécessairement à un découpage administratif précis.

L'État n'a malheureusement pas réussi à mettre en place, de manière pérenne, une administration capable de prolonger ses efforts pour accroître le tourisme. La loi de 1919 avait assigné à l'Office national du tourisme, créé au sein du ministère des Travaux publics et des Transports, quatre objectifs : 1° Centraliser et mettre à la disposition du public les renseignements de toute nature concernant les différentes formes du tourisme ; 2° Rechercher les moyens propres à développer le tourisme et, au besoin, prendre toutes mesures tendant à améliorer les conditions de transport de circulation et de séjour des touristes ; 3° Organiser la propagande en France et à l'étranger aussi bien pour les stations de tourisme que pour les stations hydrominérales et climatiques, et faire connaître l'ensemble des beautés naturelles ou artistiques et richesses naturelles de la France ; 4° Encourager et favoriser, par tous les moyens, l'amélioration et les conditions d'habitation et de séjour dans les stations hydrominérales, climatiques ou de tourisme et en faciliter l'accès.

Le bilan de cet organisme aura été des plus modestes puisqu'il a disparu en 1935 à la suite d'erreurs de gestion et aux conséquences de la crise économique[9]. On retiendra surtout de cette période le début de la généralisation de la taxe de séjour dans le but de financer des dépenses destinées à favoriser la fréquentation touristique. Les promoteurs de la loi de 1910 avaient justifié cette imposition « par la nécessité de donner à nos stations balnéaires un instrument fiscal leur permettant de lutter, par des travaux d'amélioration, contre la concurrence, de plus en plus dangereuse [...], des stations étrangères souvent mieux aménagées que les nôtres »[10]. Première forme d'ingénierie territoriale, avant la lettre, dans la mesure où l'État mettait en avant des questions économiques et financières soulevées par le développement d'espaces dédiés au tourisme[11].

8. C. CLERGEAU, *Management des entreprises du tourisme – Stratégie et organisation*, Paris, Dunod, coll. « Management Sup », 2014, p. 260.

9. B. LARIQUE, « Les débuts et déboires de l'organisation officielle du tourisme en France : l'expérience malheureuse de l'Office national du tourisme (1910-1935) », *Revue Entreprises et Histoire*, n° 47, 2007, p. 73-92.

10. Notice, attachée à la loi, rédigée par M. Henri SERRE, *in Annuaire de législation française, contenant les principales lois votées en France en 1910*, Paris, LGDJ, 1911, p. 159-160.

11. J. SPINDLER, « Le financement des politiques locales du tourisme », *Annuaire des collectivités locales*, tome 25, 2005, p. 56.

Fort de ces principes, l'État français est devenu concepteur de territoires touristiques, puis, lorsqu'il a découvert les vertus de l'hybridation du public et du privé, peut-être parce qu'il a manqué de ressources financières, il est passé d'une ingénierie privilégiant la production (I) à une ingénierie mettant l'accent sur la gestion (II).

I. L'ingénierie publique de production des territoires touristiques

Les théories de l'économie publique[12] évoquent une double production. D'une part, celle des biens publics non marchands comme les équipements collectifs et les infrastructures (routes, aéroports, ports de plaisance, sites historiques, musées, etc.) et, d'autre part, celle des normes juridiques (lois, décrets, arrêtés) qui, s'imposant à tous, peuvent être considérées comme des biens collectifs. Dans ces deux cas, la production est éclairée par les « concernements » collectifs de l'État et non par ceux des individus.

Cette analyse s'applique parfaitement à la production publique des territoires touristiques[13], avant même l'invention du terme « ingénierie », en sachant que l'État producteur de biens non marchands (A) s'est assez rapidement replié sur son activité de réglementation (B).

A. L'ingénierie territoriale de l'État producteur de biens non marchands

Ce sont les orientations fixées par les différents plans nationaux de développement qui permettent le mieux d'identifier les périodes au cours desquelles l'État s'est donné pour objectif de « produire » un certain nombre de biens touristiques[14].

Le Ier Plan (1949-1952) prévoyait de relancer la « destination-France », notamment grâce à l'extension du réseau routier, l'amélioration du réseau ferroviaire, la construction de 20 000 chambres d'hôtel et la modernisation de 180 000 autres. Les IIe et IIIe Plans (1953-1956 et 1957-1961) ont essentiellement mis l'accent sur la régionalisation et les infrastructures locales. Tous ces objectifs n'ont été que très partiellement atteints. Il faut dire que jusqu'à cette époque, « les crédits publics ont été fixés bien davantage en fonction de la situation économique et financière qu'en fonction des besoins exprimés. Le souci légitime d'assurer avant tout l'expansion des industries de base, l'impression – trompeuse – d'avoir affaire à un secteur marginal réservé aux pays pauvres et besogneux, enfin quelques

---

12. Voir J. BENARD, *Économie publique*, Paris, Economica, 1985, p. 28 et s.
13. Voir J. SPINDLER, « Le financement du tourisme », *in* M. LEROY et G. ORSONI (dir.), *Le financement des politiques publiques*, coll. « Finances Publiques/Public Finance », Bruxelles, éd. Bruylant, 2014, p. 298-299.
14. Voir H. DURAND *et al*, *Économie et politique du tourisme*, Paris, LGDJ, coll. « Systèmes », 1994, p. 38 et s.

doutes sur l'aptitude de certaines des entreprises intéressées à prendre en charge l'expansion harmonieuse de ce secteur paraissent être à l'origine de cette attitude. Dans tous les pays où l'expansion du tourisme a été rapide, l'État est intervenu non seulement pour encourager l'initiative privée, mais aussi pour se substituer à elle lorsqu'elle est restée défaillante ou que les entreprises intéressées se sont consacrées trop exclusivement à la défense des positions acquises »[15].

L'État ne s'est véritablement impliqué dans des opérations de développement touristique d'envergure qu'avec la création des missions interministérielles d'aménagement touristique (MIAT), et notamment celle du Languedoc-Roussillon en 1963.

Les géographes, qui ont pris à leur compte l'étude du tourisme, ont bien montré que la création de territoires touristiques donne généralement naissance à des modèles reproductibles nécessitant parfois l'initiative de « l'ordre » public[16] et que l'État s'est aperçu qu'il n'y avait pas de territoires touristiques en friches. En effet, ils paraissent posséder « certaines qualités propres à leur assurer longue vie, à travers le développement de leur urbanité »[17].

Le problème qui se posait aux aménageurs de l'époque était double : d'une part, l'existence d'une forte pression touristique (la fréquentation très concentrée sur les mois d'été voyait de façon quasiment constante 50 % des touristes choisir le littoral comme lieu de villégiature) ; d'autre part, l'absence de maîtrise foncière (soumis à aucune règle d'urbanisme, l'espace fréquenté par ces vacanciers connaissait un développement anarchique). La difficulté n'était donc pas de trouver de l'espace, mais bien plutôt de l'organiser de façon à le protéger et éviter sa dégradation. De fait, jusqu'en 1965, les interventions de l'État ont porté sur l'achat des terrains choisis pour l'implantation des futures stations, les études d'urbanisme et les premiers travaux d'équipement. Ce sont ces travaux, très variés (boisement, adduction d'eau, télécommunications, routes, ports de plaisance, etc.), qui ont été poursuivis tout au long du Ve Plan (1966-1970). L'importance exceptionnelle du projet a justifié le choix d'une procédure hors du commun pour le réaliser. La direction de l'opération a été confiée par un décret du 18 juin 1963[18] à une mission interministérielle comprenant les représentants des ministères intéressés et les préfets de la région. L'aménagement des stations proprement dites et les opérations commerciales induites ont été effectués par des sociétés d'économie

15. *Rapport général de la Commission du Tourisme* (1961), IVe Plan de développement économique et social, Paris, Imprimerie Nationale, p. 34.
16. MIT (Mobilité, Itinéraires, Tourismes), *Tourisme 2 – Moments de lieux*, Paris, Belin, 2005, p. 173 et s.
17. MIT (Mobilité, Itinéraires, Tourismes) (2011), *Tourisme 3 – La révolution durable*, Paris, Belin, 2011, p. 271.
18. « Décret n° 63-580 du 18 juin 1963 portant création d'une mission interministérielle pour l'aménagement touristique du littoral Languedoc-Roussillon », *JORF* 19 juin 1963, p. 5427.

mixte auxquelles participaient les collectivités locales les plus concernées. Mais la conception de l'aménagement, la réalisation des infrastructures de base, le contrôle permanent de l'exécution des opérations, etc. (activités quasi identiques à celles énumérées par la définition de l'ingénierie) étaient de la compétence exclusive de l'État représenté par la mission interministérielle[19]. Pour remplir toutes ces tâches, l'État avait en 1963 défini un budget total de 700 millions de francs. À la fin 1980, lorsque la mission a été stoppée, les dépenses courantes en francs courants correspondaient à 860 millions, c'est-à-dire en francs 1963 à 620 millions. L'opération a donc été accomplie dans les limites prévues.

D'autres interventions du même type ont été menées par la suite notamment en Aquitaine[20], et surtout en zone de montagne[21].

Face au succès grandissant des sports d'hiver, l'État a décidé de promouvoir un « Plan neige », pour sauver par le tourisme la montagne en voie de dépeuplement. À cette fin, il met en place le 10 août 1964 une Commission interministérielle d'aménagement de la montagne (CIAM) et le Service d'étude d'aménagement touristique de la montagne (SEATM). C'est le temps des stations de « 3e génération » dites « stations intégrées » (1965-1975) créées *ex nihilo*. Il s'agissait d'aménager des espaces d'altitude, le plus fonctionnellement possible, au service du ski, avec un habitat vertical, le tout étant dirigé par un acteur central (gestionnaire des pistes, des remontées mécaniques, des bâtiments, etc.) en collaboration avec les collectivités locales. L'objectif annoncé était celui de faire émerger une nouvelle génération de lieux touristiques performants susceptibles d'attirer des devises étrangères. L'État a pris un certain nombre de mesures réglementaires et a offert des prêts à taux réduits. Il a renforcé ses efforts au cours du VIe Plan (1971-1975).

Mais à l'issue de cette période, les stations créées à « partir de rien » ont fait l'objet de vives critiques au regard notamment des impacts sociaux, des expropriations, de la confiscation des choix de développement, etc.[22] On va alors assister à un changement important dans l'aménagement touristique de la montagne, avec

19. L'article 6 du décret précisait : « La mission est chargée de définir le programme général d'aménagement de la côte du Languedoc-Roussillon, d'en déterminer les moyens d'exécution et d'en suivre la réalisation par l'État, les collectivités locales et par tout organisme public ou privé agissant avec l'aide de l'État ou sous son contrôle » et ajoutait dans son article 10 : « Les crédits nécessaires aux travaux d'aménagement et d'équipement sont inscrits au budget des charges communes du ministère des Finances et des Affaires économiques. Ils sont transférés au budget des différents départements ministériels intéressés […]. »

20. « Décret no 67-931 du 20 octobre 1967 portant création d'une mission interministérielle pour l'aménagement de la côte aquitaine », *JORF* 24 octobre 1967, p. 10460.

21. « Création d'une commission interministérielle en vue d'étudier les conditions générales de développement du tourisme en montagne », arrêté du 10 août 1964, *JORF* 5 janvier 1965, p. 113.

22. Voir par exemple, J.-P. Guerin et H. Gumuchian, « Mythe, tourisme hivernal et aménagement de l'espace : l'exemple de la station intégrée », *Revue de géographie alpine*, tome 65, no 2, 1977, p. 169-179.

en 1977 la directive nationale de l'aménagement de la montagne[23] qui a mis en avant la fragilité de l'espace montagnard et *in fine* l'obligation de mieux articuler, par voie réglementaire, développement économique et protection des territoires.

B. L'ingénierie territoriale de l'État producteur de règles de droit

Les planificateurs avaient exprimé dès l'élaboration du VIe Plan « le souci désormais primordial de lutter systématiquement contre les effets nocifs dus aux "agressions touristiques" et en mettant l'accent sur la nécessité d'une politique de l'environnement »[24]. Ils étaient revenus à la charge lors de la préparation du VIIe Plan en insistant sur la nécessité de « freiner le processus de dégradation paysagère et d'appropriation activé par la pression des investisseurs fonciers français et étrangers »[25].

Retrouvant l'esprit de la loi du 22 juillet 1960[26], qui avait rendu possible la création des parcs nationaux qui, il est vrai, étaient plus orientés vers la protection des sites, de la faune et de la flore que vers le développement du tourisme, l'État a mobilisé son activité de production de normes juridiques en faveur de la préservation des territoires. Il s'est alors rendu compte que si l'acquisition publique constitue l'un des moyens disponibles, son usage se trouve limité en raison même de son coût, mais aussi parce qu'il fait supporter par le contribuable l'essentiel de la charge foncière de la préservation de l'espace. Au contraire, la voie réglementaire par l'encadrement des possibilités de plus-values et les servitudes qu'elle comporte engendre un « manque à gagner » que supportent les propriétaires des terrains valorisés par les nouvelles utilisations de l'espace. Il s'est donc avéré souhaitable pour répartir équitablement la charge de la préservation des espaces naturels à usage de loisir et de tourisme, d'intervenir à la fois par voie d'acquisition lorsque l'urgence, le caractère ponctuel ou exceptionnel le justifient (la loi du 10 juillet 1975 a créé à cet effet le Conservatoire de l'espace littoral et des rivages lacustres)[27], et par voie réglementaire de manière générale (la loi du 3 janvier 1986 a précisé ce qu'il fallait entendre par domaine public littoral, servitudes de passage et d'usage, etc.)[28].

23. « Décret no 77-1281 du 22 novembre 1977 approuvant la directive d'aménagement national relative à la protection et à l'aménagement de la montagne », *JORF* 24 novembre 1977, p. 5513.

24. *Rapport de la Commission Tourisme* (1971), VIe Plan, Paris, LDf, p. 43.

25. *Tourisme et loisirs* (1976), Préparation du VIIe Plan, Paris, LDf, p. 43 et s.

26. « Loi no 60-708 du 22 juillet 1960 relative à la création de parcs nationaux », *JORF* du 23 juillet, p. 6751 et s.

27. « Loi 86-2 du 3 janvier 1986 relative à l'aménagement, la protection et la mise en valeur du littoral », *JORF* 4 janvier 1986, p. 200 et s.

28. « Loi 86-2 du 3 janvier 1986 relative à l'aménagement, la protection et la mise en valeur du littoral », *JORF* 4 janvier 1986, p. 200 et s.

En revanche, les parcs naturels régionaux (PNR) (décret du 1er mars 1967)[29] sont des équipements destinés aux loisirs dans la nature. Il peut y avoir parc naturel, d'après le décret du 1er mars 1967, quand le territoire de tout ou partie d'une ou plusieurs communes « présente un intérêt particulier, par la qualité de son patrimoine naturel et culturel, pour la détente, le repos des hommes et le tourisme, et qu'il importe de le protéger et de l'organiser ». On dénombre actuellement 52 parcs naturels régionaux, dont la surface représente 15 % du territoire national.

La question centrale qui s'est posée, et qui le demeure encore, consiste à déterminer qui doit financer la protection et l'aménagement de ces parcs naturels. Dans la mesure où les parcs et réserves naturelles font partie du patrimoine national et qu'ils sont ouverts à l'ensemble de la population, les dépenses nécessitées par leur création, leur équipement, leur entretien et leur administration devraient logiquement être financées par les contribuables. Mais ceux-ci n'en profitent pas également. Certains contribuables ne se rendront jamais dans un parc. D'autres, au contraire, peuvent les visiter tous et y retourner très souvent. Le problème est donc de savoir si toutes les dépenses doivent être couvertes par l'impôt ou si, au contraire, certaines ne pourraient pas être alimentées par des redevances ?

En France, le financement est essentiellement assuré par l'impôt. Il n'est demandé aucune participation financière aux usagers des parcs. D'ailleurs, la « consommation » de la nature et des sites ne génère pas, dans notre pays, de consentement à payer. Ces espaces sont considérés comme étant socialisés, ouverts à tous, en dehors de la sphère marchande.

Pourtant à l'étranger, il est admis que les coûts d'administration et d'entretien des espaces naturels doivent être partagés entre les usagers et les contribuables[30]. Pour que ce principe soit accepté dans notre pays, il conviendrait de proposer un partage équilibré entre l'impôt et la redevance. Il semble que l'on pourrait percevoir un droit à l'entrée des parcs ou du moins établir le paiement d'un service rendu[31]. Sans être dissuasif, son niveau devrait, toutefois, être suffisamment élevé pour souligner la valeur des zones protégées. Le caractère « anti-social » de cette mesure pourrait être compensé par la mise en place d'un tarif différentiel privilégiant l'accès des personnes à revenus modestes, des groupes de jeunes... On trouve ici toutes les difficultés engendrées par le financement des biens collectifs. Si les dispositions relevant d'une logique écologique sont très rares dans le système fiscal français, on peut dire qu'elles sont totalement à imaginer dans le domaine du tourisme. Il

---

29. « Décret n° 67-158 du 1er mars 1967 instituant des parcs naturels régionaux », *JORF* 2 mars 1967, p. 2131.
30. Voir S. DEPRAZ et S. HÉRITIE, « La nature et les parcs naturels en Amérique du Nord », *L'information géographique*, n° 4, vol. 76, 2012, p. 14.
31. Voir A. VOURC'H et J.-M. NATAL, *Sites naturels, contribution du tourisme à leur gestion et à leur entretien*, Urbanis/Odit-France, Paris, LDf, 2003.

est possible d'avancer dans cette perspective l'idée de prélèvements spécifiques à la fréquentation de certains sites naturels, ou à l'utilisation de certains équipements touristiques.

Deux initiatives semblent toutefois répondre à ces attentes : on peut mentionner l'instauration d'un « péage » pour accéder à certains sites de ski de fond. Cette redevance, qui a été créée en application l'article 81 de la loi du 9 janvier 1985 relative au développement et à la protection de la montagne[32], a permis de dégager des ressources pour contribuer à la gestion des espaces ouverts au ski nordique, mais les flux financiers correspondants restent très limités. De même, l'article 48 de la loi du 2 février 1995 a créé une taxe due par les entreprises de transport maritime qui embarquent des passagers à destination de certains espaces naturels protégés et dont le montant est destiné à « la personne publique qui assure la gestion de l'espace naturel protégé »[33].

Ces deux exemples illustrent bien, d'une part, l'amorce d'un consentement à payer pour accéder à des sites naturels, et, d'autre part, l'existence d'une ingénierie publique puisque l'État, à côté des phases d'étude, de conception, de réalisation, propose une gestion des ressources financières générées par les prélèvements créés en précisant leur affectation, anticipant peut-être ce qui allait devenir l'axe central de la politique publique en faveur des territoires touristiques.

32. « Loi n° 85-30 du 9 janvier 1985 relative au développement et à la protection de la montagne », *JORF* 10 janvier 1985, p. 320 et s. L'article 81 de cette loi, codifié dans le Code des collectivités territoriales, après un certain nombre d'aménagements, sous les numéros L. 2333-81 et s., stipule : « Une redevance pour l'accès aux pistes de ski de fond balisées et régulièrement damées et aux installations collectives destinées à favoriser la pratique du ski de fond peut être instituée sur délibération du conseil municipal de la commune dont le territoire supporte de tels équipements. Le conseil municipal fixe annuellement le montant de la redevance et les conditions de sa perception. Dans le cas d'installations s'étendant sur plusieurs communes, le montant et les conditions de perception de la redevance sont fixés sur délibérations conjointes des conseils municipaux concernés. »

33. « Loi n° 95-101 du 2 février 1995 relative au renforcement de la protection de l'environnement », *JORF* n° 29 du 3 février 1995, p. 1840 et s. L'article 48 de cette loi, dite « loi Barnier » a inséré dans le Code des douanes, une disposition visant à percevoir une taxe due par les entreprises de transport public maritime. Cette taxe est assise sur le nombre de passagers embarqués à destination :
- d'un site naturel classé ou inscrit au titre de la loi du 2 mai 1930 ayant pour objet de réorganiser la protection des monuments naturels et des sites de caractère artistique, historique, scientifique, légendaire ou pittoresque ;
- d'un parc national créé en application de l'article L. 241-1 du livre II nouveau du Code rural ;
- d'une réserve naturelle créée en application de l'article L. 242-1 du livre II nouveau du même code ;
- d'un site appartenant au Conservatoire de l'espace littoral et des rivages lacustres, en application de l'article L. 243-1 du livre II nouveau du même code ;
- ou d'un port desservant exclusivement ou principalement un des espaces protégés mentionnés ci-dessus, mais sans y être inclus.

II. L'ingénierie publique de gestion des territoires touristiques

Le VIIe Plan de développement (1976-1980) avait mis l'accent sur la nécessité d'augmenter le tourisme étranger. Pour contribuer à atteindre cet objectif, un certain nombre d'études spécialisées et la mise en place d'un appareil statistique spécifique ont permis de commencer à prendre la mesure réelle du phénomène touristique. Ainsi, les enquêtes menées à partir de 1976 sur les dépenses des touristes étrangers en France et sur les dépenses touristiques des collectivités locales ont permis ultérieurement l'établissement des comptes satellites du tourisme.

Déjà perceptible au niveau du VIIIe Plan (supprimé en 1981), une nouvelle conception de l'État – partenaire, cogestionnaire – a été très largement développée dans le cadre du IXe Plan (1984-1988)[34]. Ainsi, pour ses rédacteurs, la promotion du tourisme par un renforcement et une modernisation de l'effort d'information et de commercialisation à l'étranger ne pouvait se faire qu'en « associant plus étroitement les collectivités territoriales et les professionnels » au sein de contrats de plan. Cette politique du tourisme était bien orientée vers la recherche d'une plus grande efficacité économique puisqu'elle se trouvait intégrée au programme prioritaire d'exécution (PPE) no 7 : « Mieux vendre en France et à l'étranger[35]. » C'est ainsi qu'a été constituée, en 1987, sous la forme d'un groupement d'intérêt économique (GIE)[36], Maison de la France, qui, en regroupant État, collectivités locales, associations et entreprises du tourisme, a été chargée d'assurer la promotion et l'information du tourisme français tant au niveau national que sur le plan international. C'est l'une des preuves du souci de rendre plus efficace l'action de l'État lequel « externalise » son savoir-faire en créant une agence *ad hoc* en matière d'ingénierie (A) qui va évoluer vers une nouvelle entité, toujours d'actualité, laquelle fait appel à un puissant partenaire pour développer les territoires touristiques (B).

34. « Loi no 83-645 du 13 juillet 1983 définissant les choix stratégiques, les objectifs et les grandes actions du développement de la nation pour le 9e Plan (première loi de Plan) », *JORF* 17 juillet 1963, p. 2214.

35. Voir « Rapport sur le 9e Plan de développement économique, social et culturel (1984-1988) », annexé à la loi précitée, mais faisant l'objet d'un fascicule paginé de 1 à 96, p. 13.

36. Un GIE est un groupement composé de personnes physiques ou morales. Il relève du droit privé. Il a pour but de faciliter, voire développer, l'exercice de l'activité économique de ses membres. Bien que doté de la personnalité morale, un GIE n'est ni une société ni une association. Il ne peut être constitué que pour une durée déterminée et ne doit pas avoir pour objectif de réaliser des bénéfices pour lui-même.

A. L'officialisation d'une ingénierie territoriale touristique externalisée

Le Xe Plan de développement (1989-1992)[37] n'a fait que confirmer la volonté de promouvoir les nouveaux modes d'action publique[38]. Le partenariat a été réaffirmé avec la nécessité de réunir les « forces des multiples partenaires publics et privés capables de produire et de valoriser les ressources touristiques du pays ». L'esprit compétitif a été quant à lui réclamé en des termes empruntés à la gestion des entreprises :

> « L'objectif du Plan est la mise en place concertée d'une véritable filière de production touristique : conception de produits touristiques diversifiés, prestations intégrées, promotion et commercialisation à l'échelle internationale. Dans ce contexte, il conviendra de privilégier les produits à forte valeur ajoutée plutôt que l'accroissement des flux en volume [...][39]. »

On retrouve dans ce programme les éléments d'une ingénierie touristique qui va être confiée à une agence dédiée à ce genre de gestion.

C'est par un arrêté du ministre de l'Économie et des Finances, du ministre du Budget et du ministre délégué au Tourisme, en date du 16 mars 1993[40], qu'a été approuvée la constitution d'un groupement d'intérêt public (GIP)[41] dénommé

37. Préparé en 1992, le projet de XIe plan, prévu pour couvrir la période 1993-1997, ne sera pas adopté. Le Commissariat général du Plan (CGP) disparaîtra quant à lui en 2006, année de création du Centre d'analyse stratégique (CAS), transformé en 2013 en Commissariat général à la stratégie et à la prospective (CGSP) plus communément appelé aujourd'hui France Stratégie. La fin de l'œuvre de « reconstruction du pays » et les mutations de l'économie ont fait perdre de leur pertinence aux plans nationaux, auxquels il était de plus reproché leur rigidité et leur caractère centralisé. Les pouvoirs publics ont commencé à établir, conformément à la loi du 2 juillet 1982 portant réforme de la planification, des contrats de plan État-régions (CPER) donnant l'impression plus à un saupoudrage pour corriger les défaillances du marché plutôt qu'à l'esquisse de projets visant à le créer et le façonner. Dans l'enveloppe initiale des CPER 2007-2013, le volet « tourisme » s'élevait à 42 M€... mais le montant des crédits réalisés à la fin de 2013 n'a été que de 16 M€ ! La contractualisation 2014-2020 ne mentionne pas le « tourisme » de manière explicite... si ce n'est à travers l'économie numérique. Il est vrai que nombre de CPER font figurer le tourisme dans leurs « secteurs stratégiques » (CPER Rhône-Alpes), leurs « projets structurants » (CPER Centre-Val de Loire), leurs « projets territoriaux de développement durable » (CPER Languedoc-Roussillon), etc., mais sans qu'apparaisse une ligne budgétaire précise. (J. SPINDLER, « Tourisme », *in* N. KADA *et al.* (dir.), *Dictionnaire encyclopédique de la décentralisation*, Berger-Levrault, Paris, 2017, p. 1028).

38. « Loi no 89-470 du 10 juillet 1989 approuvant le Xe Plan (1989-1992) », *JORF* 11 juillet 189, p. 8679.

39. « Loi no 87-470... », *op. cit.*, annexe, p. 8703.

40. « Arrêté du 16 mars 1993 portant approbation de la convention constitutive d'un groupement d'intérêt public », *JORF* no 65 du 18 mars 1993, p. 4220.

41. Un GIP, personne morale de droit public, permet à ses membres (publics ou privés) d'exercer des activités d'intérêt général à but non lucratif en mettant en commun les moyens nécessaires à leur exercice, ce qui le distingue d'un GIE qui vise, comme on l'a noté plus haut, à faciliter ou à développer l'activité économique de ses membres.

Agence française de l'ingénierie touristique (AFIT)[42]. L'objet de cette nouvelle structure était : « Le soutien à l'adaptation de l'offre touristique, l'étude des financements des investissements ; en liaison avec les organismes compétents, il conduit des actions à l'étranger en faveur de l'ingénierie touristique française. »

Ce GIP s'est substitué à la délégation aux investissements et aux produits touristiques (DIP), qui avait été créé par un décret relatif à l'organisation de l'administration centrale du tourisme afin de « favoriser le développement et l'adaptation des équipements et des produits touristiques » (art. 3)[43]. La convention signée par l'AFIT précisait qu'elle devait « apporter son concours aux administrations ou établissements spécialisés en matière d'export et des savoir-faire et d'investissements ». Au titre de cette assistance dans la conduite de projets, le GIP devait participer « de manière croissante à la mise en réseau des territoires touristiques ». Dans les thèmes de travail définis en accord avec les orientations définies par le secrétaire d'État au tourisme il était prévu, du moins pour l'année 2003, celui du management public de l'économie touristique et plus précisément celui des « stratégies touristiques sur les territoires, le financement public du tourisme, les relations entre le secteur public et le secteur privé, la gestion publique de l'espace et l'organisation publique de l'offre ». Parmi les principes directeurs devant guider l'AFIT on pouvait noter celui d'« encourager la répartition des activités sur le territoire »[44].

À l'échéance de la convention constitutive de l'AFIT, qui avait été fixée au 16 mars 2005, ce GIP a été renouvelé, mais sous le nom « Observation, Développement et Ingénierie Touristiques » (ODIT France)[45]. Cette « nouvelle » entité, issue de la fusion de l'Agence française de l'ingénierie touristique, de l'Observatoire national du tourisme et du Service d'étude et d'aménagement touristique de la montagne, s'est substituée à ces différentes organisations à compter du 1er janvier 2005 et pour une durée de huit ans.

---

42. L'AFIT a été constituée par les personnes morales suivantes :
– l'État, représenté par les ministères de l'Éducation nationale et de la Culture, du Budget, de l'Environnement, de l'Équipement, du Logement et des Transports, de l'Agriculture et du Développement rural, de la Jeunesse et des Sports, du Tourisme, du Commerce extérieur et le secrétariat d'État à l'Aménagement du territoire ;
– au titre des partenaires privés : SAE, CEPME, Club Méditerranée, Pierre et Vacances, Caisse centrale de crédit coopératif, SNCF, Union nationale des associations de tourisme et de plein air, VVF, tourisme en espace rural, GEFIL, Fédération nationale des comités départementaux de tourisme, Fédération nationale de l'industrie hôtelière, Observatoire national du tourisme.

43. « Décret n° 89-626 du 30 août 1989 relatif à l'organisation de l'administration centrale du ministère du Tourisme », *JORF* 7 septembre 1989, p. 11321.

44. M.-Cl. Beaudeau, *Rapport d'information [...] sur l'Agence de l'ingénierie touristique (AFIT)*, Sénat, n° 42, 2003, p. 22, 23 et 24.

45. « Arrêté du 24 janvier 2005 approuvant le renouvellement et les modifications de la convention constitutive d'un groupement d'intérêt public », *JORF* n° 21 du 26 janvier 2005, p. 1368.

ODIT France était un outil de développement interministériel favorisant la conception et l'optimisation des politiques territoriales d'aménagement et de développement touristiques. Il ressort de son étude sur l'offre touristique française[46] plusieurs orientations qui ne pouvaient que développer l'ingénierie touristique des territoires : d'abord, celle concernant l'organisation de la prospective avec la mise en place d'un système global « d'intelligence économique », permettant la collecte d'informations de proximité fiables, afin de faciliter la prise de décision en matière d'investissement et de promotion; ensuite, celle, visant à augmenter les investissements matériels et immatériels, l'objectif étant d'atteindre un niveau équivalent à 10 % de la consommation touristique annuelle; enfin, et surtout, celle ciblant l'aménagement et l'organisation des territoires afin de soutenir leur attractivité et de développer des pôles de compétitivité et d'excellence. L'enjeu était de passer d'une « France en vrac » à des offres spécialisées et ciblées. Ce qui impliquait la nécessité de s'appuyer sur des filières d'excellence et des territoires à forte identité.

Mais la durée de vie d'ODIT France a été courte. La disparition de cet organisme s'est inscrite dans le profond bouleversement de l'organisation institutionnelle du tourisme, engagé dans le cadre de la révision générale des politiques publiques (RGPP). Ce GIP, comme le GIE Maison de la France, s'est trouvé, dès janvier 2009[47], sous la tutelle de la Direction générale de la compétitivité, de l'industrie et des services créée au sein du ministère de l'Économie, de l'Industrie et de l'Emploi, à la suite de quoi ces deux institutions ont de fait disparu, puis été supprimées par la loi du 22 juillet 2009 qui a toutefois essayé de conserver et même renforcer la logique d'ingénierie territoriale touristique.

À l'occasion de l'assemblée générale extraordinaire de Maison de la France, en mai 2009, le secrétaire d'État chargé du Commerce, de l'Artisanat, des petites et moyennes Entreprises, du Tourisme et des Services a entériné la création d'un nouveau GIE, Atout France, l'agence de développement touristique de la France. Né du rapprochement du GIE Maison de la France et du GIP ODIT France, Atout France est devenu le seul opérateur de l'État dans le secteur du tourisme, mais en continuant à « assumer les fonctions d'ingénierie touristique, d'observation économique et de promotion autrefois exercées par Maison de la France et ODIT France. De plus, Atout France développera son action à l'international et dans le domaine de la formation ». Atout France n'était donc pas à proprement parler un nouvel organisme, mais la raison « commerciale » de l'agence de développement touristique de la France. Sur le plan juridique, la démarche a été quelque peu acrobatique. Le GIE a en effet été créé alors qu'il n'avait aucune existence légale puisque la

46. ODIT France, *Offre touristique : la stratégie d'ODIT France*, Paris, ODIT-France, 2006, 283 p.
47. « Décret n° 2009-37 du 12 janvier 2009 relatif à la direction générale de la compétitivité, de l'industrie et des services », *JORF* n° 0010 du 13 janvier 2009.

loi de développement et de modernisation des services touristiques – qui a créé cette agence – n'a été adoptée qu'en juillet 2009[48]. Pour le secrétaire d'État, Atout France constituait un « modèle unique, original et réussi de "Partenariat public privé" [permettant] d'établir un véritable effet de levier des politiques publiques »[49].

L'article 7 de la loi du 22 juillet 2009 précise :

> « Le groupement d'intérêt économique Atout France, agence de développement touristique de la France, placé sous la tutelle du ministre chargé du Tourisme [...] poursuit un triple objectif de promotion du tourisme en France, de réalisation d'opérations d'ingénierie touristique et de mise en œuvre d'une politique de compétitivité et de qualité des entreprises du secteur. [Il] définit la stratégie nationale de promotion de la "destination France" conformément aux orientations arrêtées par l'État. [Il] concourt à la mise en œuvre des politiques publiques en faveur du tourisme. »

Concernant l'ingénierie touristique Atout France fait état sur son site internet de ses capacités d'expertise :

> « L'ingénierie de Atout France s'appuie sur une équipe aux compétences et à l'expérience diversifiées, mais également sur l'ensemble des savoir-faire présents dans le GIE et dans le réseau des Ambassades. Une trentaine d'experts – en *marketing* territorial et numérique, urbanisme, hébergement touristique ou accompagnement de projets d'investissement – localisés au siège à Paris et en région pour la moitié des effectifs dans le cadre de partenariats spécifiques avec l'État ou les collectivités territoriales, agissent sur tous les champs de l'ingénierie touristique.
>
> L'équipe Ingénierie et Développement intervient en mode projet et se mobilise :
>
> – En amont, pour élaborer des stratégies de développement touristique s'appuyant sur les travaux de prospective et veilles concurrentielles dans les filières et destinations (urbaines, rurales, littorales, montagne) pour apporter du conseil en stratégies marketing, digitale et financière s'appuyant sur la conduite d'études de marché, d'études clientèles (existantes et potentielles).
>
> – Sur le terrain, pour apporter de l'expertise aux acteurs publics et privés en matière d'investissement, d'assistance opérationnelle (étude d'opportunité et de positionnement), de schéma d'aménagement ou de développement, de dispositifs de classement ou d'actions de mises aux normes réglementaires (accessibilité et sécurité incendie notamment), pour expertiser les principaux projets d'aménagement et d'investissement liés aux UTN[50] de massifs en montagne (principalement des projets d'hébergement, des équipements de loi-

48. « Loi n° 2009-888 du 22 juillet 2009 de développement et de modernisation des services touristiques », *JORF* n° 0169 du 24 juillet 2009, p. 12352.
49. H. NOVELLI, Annonce de la « création d'Atout France, nouvelle agence au service du tourisme français », Communiqué de presse, Paris, 19 mai, 2009, n° 420.
50. Unités touristiques nouvelles.

sir et de bien-être ou des domaines skiables) et accompagner les programmes de restructuration immobilière des opérateurs du tourisme social et associatif.

– En aval, pour évaluer les retombées économiques, mesurer et réajuster les politiques et les actions engagées (événements, sites et équipements).

L'Agence participe activement à la mutation qualitative de l'offre et à la stimulation des stratégies de réinvestissement des opérateurs dans les différentes filières et destinations concernées[51]. »

À titre d'exemple, Atout France est intervenu dès 2013 dans le pays rémois afin de lui permettre de se doter d'un schéma de développement touristique. L'équipe Ingénierie et Développement d'Atout France a accompagné l'office de tourisme de Reims, maître d'ouvrage de l'opération, et ses partenaires (CRT, CDT, etc.), tout au long de la démarche, du lancement de la consultation pour le recrutement d'un prestataire, à la diffusion du schéma réalisé par Horwath HTL France, *leader* du conseil en hôtellerie, tourisme et loisirs.

Dans le cadre de ce projet, Atout France a apporté à l'office du tourisme rémois : son expérience en matière de stratégie territoriale et de schéma de développement touristique ; une identification des questionnements permettant la réalisation par étapes du projet ; une méthodologie pour assurer le bon déroulement et l'avancement du projet ; un appui au pilotage du prestataire qui a été sélectionné pour réaliser le schéma, etc. D'abord critiqué, cet éclectisme a amené les pouvoirs publics à faire appel à un partenaire influent pour conforter, parmi tout un ensemble d'actions, l'ingénierie territoriale touristique.

B. Le renforcement partenarial de l'ingénierie territoriale touristique

L'alliance 46.2 qui s'est formée en 2014[52] à l'initiative d'une vingtaine de grandes entreprises dont l'activité est partie prenante du tourisme, au point pour certaines (Accor, Caisse des dépôts, Disneyland, SNCF, etc.) d'être membres d'Atout France, écrivait dans un Livre blanc[53] :

« Il est [...] permis de s'interroger sur la pertinence de maintenir une ingénierie publique du tourisme. Aucun de nos voisins n'entretient ce type de fonction dans le secteur public. Aucun de nos voisins n'a adopté non plus de concept "d'agence de développement touristique" couvrant à la fois la promotion internationale et interne, le développement de produits, la qualité des hébergements et leur labellisation, l'ingénierie, la gestion des agences de voyages, la veille, l'observation statistique, etc. ».

51. Voir *http://atout-france.fr/services/trouver-l-expertise-dont-vous-avez-besoin* [consulté le 8 juin 2018].

52. Voir *https://www.alliance46-2.fr*.

53. Alliance 46.2 (2015), *Le tourisme en France*, Livre blanc, p. 24.

On peut toutefois se demander si les organismes espagnols de tourisme, et notamment la Société d'État pour la gestion de l'innovation et des technologies touristiques (SEGITTUR), l'office national du tourisme (Turespaña) et le Réseau national d'établissements et installations de tourisme (Paradores De Turismo De España), ne jouent pas le même rôle qu'Atout France[54]. Il existe même en Belgique et plus particulièrement en Wallonie, rattaché directement au ministère en charge du Tourisme, un centre d'ingénierie touristique qui est une structure de développement économique et touristique associant des municipalités actives dans le secteur. Il organise et met en œuvre des politiques d'ingénierie touristique qui mutualisent les responsabilités et coordonnent les actions au niveau territorial, tout en coordonnant plus généralement les études effectuées par des consultants spécialisés.

Le Conseil interministériel du tourisme (CIT) « Assurer le succès touristique de nos territoires » du 10 janvier 2018[55] a mis l'accent, conformément au souhait d'Alliance 46.2, sur la promotion, mais aussi sur l'investissement et, à ce titre, n'a pas hésité à envisager la transformation d'Atout France.

Le CIT a décidé de créer un *front office* « ingénierie » destiné à appuyer les montages de projets touristiques. Baptisé France Tourisme Ingénierie (FTI), il vise à corriger ce qui a été insuffisant par le passé et qui a pu contribuer à bloquer certains projets. Installé au sein d'Atout France et associant la Caisse des dépôts, ce *front office* partenarial doit accompagner les territoires et les porteurs de projets privés[56]. Comme a pu l'écrire une députée : « L'expertise de la Caisse des dépôts est essentielle en ingénierie de projets : ce qui manque, ce ne sont pas les fonds, mais l'accompagnement au montage de projets[57]. » En relation avec les régions, FTI doit être un accélérateur d'investissement et d'innovation intégré aux territoires. Il soutient un certain nombre de projets structurants pour l'offre touristique des territoires français. Par ailleurs, là où il y a expérimentation deux axes sont privilégiés : celui de l'adaptation de l'offre hôtelière et celui du développement touristique de station de taille modeste. Le deuxième comité de pilotage du tourisme du 4 juin 2018 a communiqué une liste de treize stations de montagne et balnéaires qui ont été retenues pour le dispositif FTI d'assistance aux collectivités locales dans le prolongement des décisions du Conseil interministériel du tourisme du 10 janvier[58].

---

54. OCDE (2016), *Tendances et politiques du tourisme de l'OCDE 2016*, Paris, Éditions OCDE, p. 184.

55. Voir Service de presse de Matignon, *Conseil interministériel du tourisme – Assurer le succès touristique de nos territoires*, 19 janvier 2018.

56. La Caisse des dépôts est de plus en plus au service des projets locaux, au point de la doter officiellement, depuis le 30 mai 2018, d'une Banque des territoires.

57. É. Bonivard, *Rapport [...] sur le projet de loi de finances pour 2018*, Annexe n° 2, Action extérieure de l'État : Tourisme, Assemblée nationale, n° 273, 2017, p. 33.

58. Ces stations vont bénéficier pendant dix-huit mois d'un appui en ingénierie d'Atout France et de la Banque des territoires *via* le *front office* FIT, voir ministère de l'Europe et des Affaires étrangères (2018), *Deuxième comité de pilotage du tourisme*, Annexe au communiqué de presse, 4 juin, p. 1.

Pour accompagner cette évolution, l'État s'est engagé également à renforcer le volet investissement des contrats de destination[59] dont les premiers, arrivés à échéance en décembre, vont être prolongés par avenant pour trois ans. Jusqu'alors centrés sur la promotion d'une marque de territoire, ils doivent désormais présenter un plan de financement.

L'opérateur national Atout France est appelé à se transformer. S'il lui est demandé d'être de plus en plus un média d'influence de toutes les destinations, une fenêtre créative et culturelle sur tous les territoires, mettant l'accent sur la convivialité et la vitalité d'un pays en mouvement et ouvert à tous ; on attend de lui également qu'il intervienne de manière croissante sur le développement de l'offre touristique par une offre d'ingénierie à disposition des porteurs de projets.

En cohérence avec ce nouvel équilibre entre l'action sur les marchés et celle sur les produits, la gouvernance d'Atout France va évoluer. Celle-ci va se traduire par une implication plus forte des exécutifs territoriaux, notamment régionaux, et celle des acteurs publics et privés qui portent l'investissement, l'innovation ou la création en contribuant chaque jour au rayonnement de l'offre touristique française.

L'ambition du gouvernement est de faire d'Atout France « la maison commune du tourisme », qui rassemble la totalité des acteurs et démultiplie l'efficacité de leurs actions, en les mutualisant et en assurant la cohérence. Il est plus que jamais essentiel de mettre fin à l'éparpillement des actions : il faut au contraire les fédérer afin d'en augmenter l'impact.

Il y a eu le temps de la « production » publique des équipements touristiques, il y a maintenant celui de la « gestion » la plus efficace possible des partenariats établis entre le secteur public et les entreprises privées en vue d'accompagner les attentes en matière d'ingénierie territoriale touristique. À ce sujet, il semble nécessaire de rappeler que les entreprises du tourisme ne sont pas des organisations productives classiques : le consommateur – le touriste – va vers le produit. Celui-ci correspond à un territoire porteur de destinations, lesquelles recouvrent tout un ensemble d'éléments qui vont des infrastructures de communications, à la qualité de l'environnement, en passant par l'image d'un pays à l'étranger. Dans beaucoup d'autres secteurs, le produit va vers le consommateur. C'est là une différence majeure. La compétitivité touristique n'est donc pas comparable à celle de la plupart des autres activités économiques, ce qui milite en faveur d'une reconnaissance spécifique du tourisme en tant qu'acteur principal du réseau territorial qu'il anime.

59. S. BÉDÉ, J. SPINDLER (dir.), *Les contrats de destination – Un outil d'attractivité et de valorisation des territoires*, coll. « GRALE », Paris, L'Harmattan, 2017.

Bibliographie

- Alliance 46.2, *Le tourisme en France*, Livre blanc, 2015.
- Beaudeau M.-Cl., *Rapport d'information [...] sur l'Agence de l'ingénierie touristique (AFIT)*, Sénat, n° 42, 2003.
- Bédé S. et Spindler J. (dir.), Les contrats de destination – Un outil d'attractivité et de valorisation des territoires, L'Harmattan, coll. « GRALE », Paris, 2017.
- Bonnivard É., *Rapport [...] sur le projet de loi de finances pour 2018, Annexe n° 2 Actions extérieures de l'État : Tourisme*, Assemblée nationale, n° 273, 2017.
- Clergeau C., *Management des entreprises du tourisme – Stratégie et organisation*, Paris, Dunod, coll. « Management Sup », 2014.
- Dantonel-Cor N., « Les prestations techniques d'ingénierie publique au service des collectivités territoriales » *in Mélanges en l'honneur du Professeur Gérard Marcou*, Paris, éd. IRJS, 2017.
- Durand H., Gouirand P. et Spindler J., *Économie et politique du tourisme*, Paris, LGDJ, coll. « Systèmes », 1994.
- Hazebroucq J.-M., « Destinations innovantes et développement du tourisme », *in Tourisme et innovation – La force créative des loisirs*, Paris, L'Harmattan, coll. « Marchés et organisations », Cahiers d'Économie et de Gestion de la Côte d'Opale n° 3, 2007, p. 137.
- Larique B., « Les débuts et déboires de l'organisation officielle du tourisme en France : l'expérience malheureuse de l'Office National du Tourisme (1910-1935) », Revue *Entreprises et Histoire*, n° 47, 2007.
- MIT (Mobilité, Itinéraires, Tourismes), *Tourisme 2 – Moments de lieux*, Paris, Belin, 2005.
- MIT (Mobilité, Itinéraires, Tourismes), *Tourisme 3 – La révolution durable*, Paris, Belin, 2011.
- OCDE, *Tendances et politiques du tourisme de l'OCDE 2016*, Paris, Éditions OCDE, 2016.
- ODIT France, *Offre touristique : la stratégie d'ODIT France*, Paris, ODIT-France, 2006.
- Spindler J., « Le financement des politiques locales du tourisme », *Annuaire des collectivités locales*, tome XXV, 2005.
- Spindler J., « Le financement du tourisme », *in* M. Leroy et G. Orsoni (dir.), *Le financement des politiques publiques*, Bruxelles, éd. Bruylant, coll. « Finances Publiques/Public Finance », 2014.
- Spindler J., « Tourisme », *in* N. Kada *et al.* (dir.), *Dictionnaire encyclopédique de la décentralisation*, Berger-Levrault, Paris, 2017.
- Vourc'h A. et Natal J.-M., *Sites naturels, contribution du tourisme à leur gestion et à leur entretien*, Urbanis/Odit-France, LDf, 2003.

Table des matières

Partie II

QUELQUES APPROCHES SPÉCIFIQUES ET SECTORIELLES

DROIT PUBLIC
AUX ÉDITIONS L'HARMATTAN

Dernières parutions

CONSTITUTIONNALISME ET MÉTISSAGE CULTUREL AU-DELÀ DES DROITS DE L'HOMME

Salvatore Bonfiglio

Les sociétés multiculturelles demandent une réinterprétation des principes constitutionnels, capable de favoriser la cohésion sociale, notamment par l'extension des droits fondamentaux aux « non-citoyens ». Il s'agit de reconnaître à l'individu en tant que tel un statut de droits fondamentaux, pour affirmer ainsi le caractère à la fois moral et juridique de la dignité de la personne.

(Coll. Harmattan Italia, 208 p., 26 euros)

ISBN : 978-2-336-31233-0, EAN EBOOK : 9782140103193

LA CONSTITUTION HAÏTIENNE DE 1987 EST-ELLE UN PRODUIT IMPORTÉ ?
Essai sur le folklorisme médiatique

Luné Roc Pierre Louis

Faire-voir, faire-entendre, faire-croire et faire-rêver sont des marqueurs symptomatiques du jeu des médias. Aussi le présent ouvrage scrute-t-il le folklorisme médiatique à travers la déchéance et le mal-être que véhiculent les indigénistes haïtiens à l'encontre de la Constitution de 1987, amendée par le biais du double préjugé où cette constitution serait à la fois un produit importé d'un Autre et une invention sans précédent dans l'histoire de la formation sociale haïtienne. Pourtant, les présentes sédimentations révèlent que rarissimes sont les dispositions de la Constitution de 1987 amendée qui ne proviennent de l'une ou l'autre de ses 21 prédécesseurs.

(210 p., 21,5 euros)

ISBN : 978-2-343-15533-3, EAN EBOOK : 9782140100550

LA COUR CONSTITUTIONNELLE ET LE PEUPLE AU BÉNIN
D'un juge constitutionnel institué à un procureur suzerain

Oladé Okunlola Moïse Laleye
Préface de Pierre E. Ehoumi - Postface de l'abbé Arnaud Eric Aguénounon

L'institution d'un nouveau juge constitutionnel après la longue nuit du régime révolutionnaire totalitaire au Bénin de 1972 à 1989 s'illustre comme l'achèvement de la lutte du peuple pour la démocratie, les libertés de l'Etat de droit depuis les origines précoloniales du pays. Après un quart de siècle d'exercice de son office, la cour constitutionnelle pèche irrésistiblement par la qualité de sa productivité jurisprudentielle. Cet ouvrage propose d'ouvrir un débat sur la cour constitutionnelle au regard d'une évaluation objective de sa production juridictionnelle, voire institutionnelle. Ainsi la justice constitutionnelle retrouvera son sens et sa mission républicaine.

(Coll. Études africaines, 686 p., 49 euros)

ISBN : 978-2-343-14822-9, EAN EBOOK : 9782140095801

L'ÉVOLUTION CONSTITUTIONNELLE ET JURIDICTIONNELLE DE LA RÉPUBLIQUE CENTRAFRICAINE À TRAVERS LES TEXTES

Danièle Darlan
Préface de Jean-Dominique Penel

Ce livre offre une synthèse claire et indispensable à toute personne qui veut comprendre comment se sont élaborées et modifiées les sept institutions successives de la République centrafricaine depuis l'indépendance en 1960 jusqu'en 2017 et comment, dans le même temps, les institutions judiciaires se sont façonnées et enrichies, du moins au niveau des textes, car l'application, pourtant logiquement nécessaire, de la Justice pose encore bien des problèmes.

(Coll. Études africaines, 174 p., 18,5 euros)

ISBN : 978-2-343-15418-3, EAN EBOOK : 9782140096358

LES FINANCES LOCALES SÉNÉGALAISES

Abdourahmane Dioukhané

L'étude des finances publiques locales du Sénégal, pays membre de l'UEMOA, s'appuie à la fois sur la règlementation édictée au plan communautaire et sur les textes internes régissant la matière. Après avoir présenté le périmètre des finances locales et abordé la question de leur autonomie, l'auteur analyse, successivement, les questions relatives au cadre budgétaire et comptable des budgets locaux, à leur financement, à leur élaboration, à leur exécution et au contrôle de cette exécution.

(Coll. Finances publiques, 236 p., 25 euros)

ISBN : 978-2-343-15088-8, EAN EBOOK : 9782140094101

LE DROIT DE L'ENVIRONNEMENT : DE L'INITIATION AU MÛRISSEMENT

Contribution d'une juriste sénégalaise

Mariane Seck

Préface du pr Babacar Gueye

La protection juridique de l'environnement semble s'être amorcée au niveau local dans la globalité des pays riches ou pauvres. Bien que ces derniers soient à la traîne de par leur capacité à mettre en pratique leur arsenal juridique naissant, il n'en demeure pas moins que l'élan intentionnel international emportera tous les pays dans la vague protectionniste.

(Coll. Harmattan Sénégal, 236 p., 22,5 euros)

ISBN : 978-2-343-14673-7, EAN EBOOK : 9782140090820

VERROUS ET CONTRÔLES CONSTITUTIONNELS EN AFRIQUE

Pour des mécanismes efficients

Claude Kayembe-Mbayi

Préface d'Etienne Tshisekedi Wa Mulumba

Cet ouvrage nous plonge dans la réalité peu reluisante des révisions constitutionnelles intempestives en Afrique. Qu'est-ce qui ne va pas décidément en Afrique ? Ce continent est-il à jamais condamné à jouer le parent pauvre de la démocratie ? Ce système de gestion des Etats lui convient-il ? La pratique électorale lui est-elle adaptée ? Existe-t-il une démocratie propre à l'Afrique ?

(Coll. Études africaines, 466 p., 44 euros)

ISBN : 978-2-343-11187-2, EAN EBOOK : 9782140090547

LA CONSTITUTION CONGOLAISE DU 25 OCTOBRE 2015

interprétée article par article

Lovane Lhakhy-Tsamby

La constitution est la loi suprême d'un État. Lorsqu'elle n'est ni lue, ni comprise, chaque citoyen peut y aller de son interprétation. C'est pourquoi cet ouvrage, à caractère pédagogique, vise à éluder les avis juridiques partisans ou fantaisistes de certains individus.

(Coll. Harmattan Congo-Brazzaville, 200 p., 20,5 euros)

ISBN : 978-2-343-13141-2, EAN EBOOK : 9782140054617

PRÉCIS DE CONTENTIEUX DES CONTRATS PUBLICS AU CAMEROUN

Jacques Biakan

Préface de Alain Ondoua

L'étude met en exergue les caractéristiques particulières du contentieux des contrats publics. Elle rend visible les sources du contentieux des contrats publics et développe d'abord les mécanismes ou instruments "d'évitement du contentieux" et ensuite les techniques "d'accomplissement du contentieux". Ce livre est une source profonde de connaissances scientifiques, techniques et procédurales en matière de contentieux des contrats au Cameroun et, à titre d'exemple comparatif, en France.

(162 p., 17,5 euros)

ISBN : 978-2-343-13541-0, EAN EBOOK : 9782140053139

LA SOUVERAINETÉ DE LA COPRINCIPAUTÉ D'ANDORRE

Diesteffany Gil Machado Leão Torres

Fruit d'une sentence arbitrale entre la France et l'évêque d'Urgel, l'Andorre se présente comme un modèle de souveraineté sui generis grâce ou à cause de l'indivisibilité de sa souveraineté entre le coprince épiscopal et le coprince président de la République française. Cela lui a permis de se construire et de se développer grâce aux soutiens français et espagnol. Mais l'appui des coprinces semble s'affaiblir, et d'autres partenaires, comme le Conseil de l'Europe, voire l'Union européenne, prennent une importance grandissante.

(Coll. Droit comparé, 294 p., 30 euros)

ISBN : 978-2-343-13170-2, EAN EBOOK : 9782140049064

LA RÉFORME CONSTITUTIONNELLE DU 20 MARS 2016 AU SÉNÉGAL

La révision consolidante record

Ismaïla Madior Fall

L'objectif de cet essai est de présenter la vision, la philosophie, les objectifs et le modus operandi de la réforme constitutionnelle du 20 mars 2016 dont l'histoire révélera l'étendue de la richesse et qui est, sans nul doute, en dehors de celle de 1976 ayant fait passer le pays du parti unique au multipartisme, la plus marquante de l'évolution démocratique du Sénégal.

(Coll. Harmattan Sénégal, 200 p., 20,5 euros)

ISBN : 978-2-343-06449-9, EAN EBOOK : 9782140045417

LE SERVICE PUBLIC MARCHAND EN AFRIQUE ET DANS LE MONDE

Rigobert Akoulabo

Le service public marchand a été longtemps le pilier de l'économie de tout État, de l'Occident à l'Afrique. Du fait qu'il soit marchand, le service public est soumis aux règles de la concurrence, soumises elles-mêmes à certaines dérogations. Le système d'arbitrage opte pour une certaine harmonisation des systèmes juridiques en Europe et en Afrique.

(Coll. Harmattan Congo-Brazzaville, 130 p., 14,5 euros)

ISBN : 978-2-343-10354-9, EAN EBOOK : 9782140043437

L'EXPLOITANT DE BANQUE ET LE DROIT AU TCHAD

Thomas Dingamgoto

De toutes les activités entrepreneuriales, le secteur bancaire est de celles qui font l'objet d'un encadrement législatif scrupuleux et d'une veille règlementaire permanente. Si l'histoire du droit bancaire tchadien est étroitement liée à celle du droit bancaire français, les textes législatifs et règlementaires des activités bancaires au Tchad ont connu des évolutions internes notables. Pour l'exploitant de banque comme pour l'ensemble des acteurs de la chaîne économique et financière, ces mutations rendent indispensables l'appropriation de ces normes nouvelles.

(Coll. Études Eurafricaines, 674 p., 49 euros)

ISBN : 978-2-343-16034-4, EAN EBOOK : 9782140104879

L'ÉGALITÉ DE L'HOMME ET DE LA FEMME DANS LE MARIAGE

Etude comparée des droits du Bénin, du Burkina Faso et du Mali

Aïssata DABO

Des États africains ont rénové leurs législations sur le mariage dans l'idée de les conformer au dispositif juridique international, qui place désormais l'égalité homme-femme au centre des débats. Toutefois, l'objectif est largement dévié par le pluralisme juridique qui demeure, en droit et en fait, un frein pour l'indifférenciation des droits des sexes. Cet ouvrage se propose de rechercher la mesure de l'égalité, en matière de mariage, réellement promue par les droits béninois, burkinabè et malien.

(Coll. Études africaines, 614 p., 49 euros)

ISBN : 978-2-343-15377-3, EAN EBOOK : 9782140105197

LA NATIONALITÉ ET L'APATRIDIE EN AFRIQUE

Charles Lasserre Yakite

Le droit à la nationalité est un droit humain fondamental reconnu par le droit international. Les apatrides ne peuvent se prévaloir de la protection de la nationalité et sont donc vulnérables à la privation de leurs droits. Les États africains doivent élaborer des cadres législatifs et mettre en place des politiques nationales pour lutter contre l'apatridie. Cet ouvrage vise à faire des recommandations à l'Union africaine et aux organisations internationales intéressées pour résoudre l'épineux problème de nationalité et de l'apatridie.

(Coll. Études africaines, 156 p., 17 euros)

ISBN : 978-2-343-15353-7, EAN EBOOK : 9782140104725

LE CONTENTIEUX DE L'ANNULATION AU CONGO

Lovane Lhakhy-Tsamby

Dans ce livre, l'auteur examine la question relative au contentieux de l'annulation, au Congo. Lorsqu'un acte administratif est entaché d'illégalité, il est susceptible d'annulation. Au Congo, l'annulation d'un acte administratif illégal relève de la compétence exclusive de la chambre administrative de la Cour suprême. La Cour constitutionnelle est exceptionnellement compétente pour annuler un acte administratif entaché d'illégalité lorsqu'il est pris dans le domaine électoral. Elle n'est pas juge de la légalité des actes administratifs au même titre que le juge administratif ordinaire.

(Coll. Harmattan Congo-Brazzaville, 120 p., 14 euros)

ISBN : 978-2-343-15430-5, EAN EBOOK : 9782140104305

PROTECTION DE LA QUALITÉ DES EAUX DOUCES AU CANADA ET DANS L'UNION EUROPÉENNE

Le partage des compétences

Claire Joachim

Cet ouvrage analyse l'organisation des rapports entre les ordres juridiques par le droit constitutionnel canadien et le droit de l'Union européenne. Cette étude est innovante car : la grille d'analyse du droit constitutionnel canadien a été appliquée à l'Union européenne. Ce qui met en évidence des mécanismes similaires dans le partage des compétences. Le domaine de la protection de la qualité des eaux douces a été choisi pour révéler les enjeux de ces relations dans une perspective globale. Ce travail fait ressortir que l'intégration européenne est accentuée par une centralisation des compétences. Ainsi, la sphère du pouvoir des états membres se vide progressivement de sa substance. Le droit entrerait donc en mutation à l'aune de la protection de l'environnement.

(Coll. Le Droit aujourd'hui, 546 p., 49 euros)

ISBN : 978-2-343-10974-9, EAN EBOOK : 9782140104541

LE BIEN-ÊTRE ANIMAL : DE LA SCIENCE AU DROIT

Sous la direction de Sophie Hild et Louis Schweitzer

Chercheurs, experts, membres de la Commission européenne ou du ministère de l'Agriculture se sont succédé pour répondre à plusieurs questions du plus haut intérêt : quelle définition scientifique donner au bien-être de l'animal ? Sur quels critères l'évaluer ? Quels droits nationaux ou internationaux le prennent-ils en compte ? Quels animaux sont concernés ? Quels obstacles s'opposent au souci d'assurer le bien-être animal ? Les réponses données conforteront les démarches à conduire en faveur de dispositions réglementaires nouvelles.

(Coll. Colloques et rencontres, 364 p., 37 euros)

ISBN : 978-2-343-15918-8, EAN EBOOK : 9782140104329

Structures éditoriales du groupe L'Harmattan

L'Harmattan Italie
Via degli Artisti, 15
10124 Torino
harmattan.italia@gmail.com

L'Harmattan Hongrie
Kossuth l. u. 14-16.
1053 Budapest
harmattan@harmattan.hu

L'Harmattan Sénégal
10 VDN en face Mermoz
BP 45034 Dakar-Fann
senharmattan@gmail.com

L'Harmattan Cameroun
TSINGA/FECAFOOT
BP 11486 Yaoundé
inkoukam@gmail.com

L'Harmattan Burkina Faso
Achille Somé – tengnule@hotmail.fr

L'Harmattan Guinée
Almamya, rue KA 028 OKB Agency
BP 3470 Conakry
harmattanguinee@yahoo.fr

L'Harmattan RDC
185, avenue Nyangwe
Commune de Lingwala – Kinshasa
matangilamusadila@yahoo.fr

L'Harmattan Congo
67, boulevard Denis-Sassou-N'Guesso
BP 2874 Brazzaville
harmattan.congo@yahoo.fr

L'Harmattan Mali
Sirakoro-Meguetana V31
Bamako
syllaka@yahoo.fr

L'Harmattan Togo
Djidjole – Lomé
Maison Amela
face EPP BATOME
ddamela@aol.com

L'Harmattan Côte d'Ivoire
Résidence Karl – Cité des Arts
Abidjan-Cocody
03 BP 1588 Abidjan
espace_harmattan.ci@hotmail.fr

L'Harmattan Algérie
22, rue Moulay-Mohamed
31000 Oran
info2@harmattan-algerie.com

L'Harmattan Maroc
5, rue Ferrane-Kouicha, Talaâ-Elkbira
Chrableyine, Fès-Médine
30000 Fès
harmattan.maroc@gmail.com

Nos librairies en France

Librairie internationale
16, rue des Écoles – 75005 Paris
librairie.internationale@harmattan.fr
01 40 46 79 11
www.librairieharmattan.com

Librairie l'Espace Harmattan
21 bis, rue des Écoles – 75005 Paris
librairie.espace@harmattan.fr
01 43 29 49 42

Lib. sciences humaines & histoire
21, rue des Écoles – 75005 Paris
librairie.sh@harmattan.fr
01 46 34 13 71
www.librairieharmattansh.com

Lib. Méditerranée & Moyen-Orient
7, rue des Carmes – 75005 Paris
librairie.mediterranee@harmattan.fr
01 43 29 71 15

Librairie Le Lucernaire
53, rue Notre-Dame-des-Champs – 75006 Paris
librairie@lucernaire.fr
01 42 22 67 13

www.ingramcontent.com/pod-product-compliance
Lightning Source LLC
LaVergne TN
LVHW011457061026
849535LV00004BA/1118
* 9 7 8 2 3 4 3 1 6 7 2 2 0 *